《水利水电施工》编审委员会

中国电力建设集团有限公司
中国水力发电工程学会施工专业委员会　主编
全国水利水电施工技术信息网

中国水利水电出版社
www.waterpub.com.cn
·北京·

图书在版编目（CIP）数据

水利水电施工. 2025年. 第2册 / 中国电力建设集团有限公司，中国水力发电工程学会施工专业委员会，全国水利水电施工技术信息网主编. -- 北京 : 中国水利水电出版社，2025. 6. -- ISBN 978-7-5226-3476-0

Ⅰ. TV5-53

中国国家版本馆CIP数据核字第2025BV7208号

书　　名	水利水电施工　2025 年第 2 册 SHUILI SHUIDIAN SHIGONG 2025 NIAN DI 2 CE
作　　者	中国电力建设集团有限公司 中国水力发电工程学会施工专业委员会　主编 全国水利水电施工技术信息网
出版发行	中国水利水电出版社 （北京市海淀区玉渊潭南路 1 号 D 座　100038） 网址：www.waterpub.com.cn E-mail: sales@mwr.gov.cn 电话：(010) 68545888（营销中心）
经　　售	北京科水图书销售有限公司 电话：(010) 68545874、63202643 全国各地新华书店和相关出版物销售网点
排　　版	中国水利水电出版社微机排版中心
印　　刷	北京印匠彩色印刷有限公司
规　　格	210mm×285mm　16 开本　10.25 印张　394 千字　4 插页
版　　次	2025 年 6 月第 1 版　2025 年 6 月第 1 次印刷
定　　价	36.00 元

四川省紫坪铺水利枢纽工程，由中国水利水电第十二工程局有限公司（以下简称“水电十二局”）承建。该工程坝高156.5m，经受住了2008年汶川8级特大地震的严峻考验，荣获国际堆石坝里程碑工程特别奖

广西壮族自治区左江治旱驮英水库及灌区工程，由水电十二局承建

浙江省珊溪水利枢纽工程，由水电十二局承建。该工程分别获2006年度国家优质工程银质奖和全国用户满意工程

贵州省夹岩水利枢纽及黔西北供水工程，由水电十二局承建。该工程是国务院确定的172项重大水利工程之一，是贵州省水利建设“一号工程”

河南省郑州市二七区郭家咀水库恢复建设加固项目，由水电十二局承建

甘肃省九甸峡水利枢纽工程，由水电十二局承建。该工程获 2013 年度国际堆石坝里程碑工程奖

浙江省衢州市龙游县高坪桥水库工程，由水电十二局承建。该工程分别获 2021 年度中国电建优质工程奖、2021 年度“衢江杯”优质工程奖和 2022 年度“钱江杯”优质工程奖

浙江省丽水市松阳县黄南水库工程，由水电十二局承建。该工程获 2023 年度“钱江杯”优质工程奖

贵州省黔南布依族苗族自治州三都水族自治县鸭寨水库首部枢纽工程，由水电十二局承建

引江济淮工程（安徽段）菜巢分水岭以北庐江境水利施工标，由水电十二局承建

江西省抚州市东乡区北港河综合治理工程 PPP 工程，由水电十二局承建。该工程获 2021 年度中国电建优质工程奖

河北省石家庄市滹沱河生态修复二期工程，由水电十二局承建

浙江省扩大杭嘉湖南排杭州三堡排涝工程，由水电十二局承建。该工程分别获 2016 年浙江省建设工程“钱江杯”奖、2016—2017 年度中国建设工程鲁班奖、2017—2018 年度中国水利工程优质（大禹）奖和 2018 年度国家水土保持生态文明工程奖

浙江省宁波市甬新闸泵站工程，由水电十二局承建。该工程分别获 2016 年宁波市“甬江建设杯”优质工程奖和 2017—2018 年度中国水利工程优质（大禹）奖

浙江省开化水库工程，由水电十二局承建

南水北调中线工程（总干渠黄河北—羑河北鹤壁段），由水电十二局承建。该工程分别获 2024 年度河南省水利建设“红旗渠杯”优质工程奖和 2024 年度中国电建优质工程奖

浙江省东阳市石马潭水库工程 EPC 工程总承包工程，由水电十二局与中国电建集团贵阳勘测设计研究院有限公司承建

深圳市茅洲河（光明区）水环境综合整治工程项目河道底泥处置工程，由水电十二局承建。该工程是国内首座永久性、全封闭式底泥处置工程，获 2024 年度中国电建优质工程奖

茅洲河水环境综合治理工程东坑水调蓄池及调蓄湖工程，由水电十二局承建

河北省廊坊市文安县赵王新河治理工程（文安段）施工第 1 标段，由水电十二局承建

广东省湛江市引调水工程，由水电十二局承建

四川省广汉市第二水厂工程，由水电十二局承建，该工程获 2024 年度中国电建优质工程奖

四川省凉山彝族自治州盐源县牦牛坪光伏发电工程，由水电十二局承建

浙江省温州市平阳县一期 A 区、B 区 2 个 50MWp 光伏复合发电工程，由水电十二局承建

江西省赣州市南康区隆木乡风电场项目一标段施工总承包工程，由水电十二局承建

广西壮族自治区百色市田东县农光互补光伏发电项目（一期）工程 EPC 总承包工程，由水电十二局承建

江苏省盐城市光海一期 29.3MW 屋顶分布式光伏工程，由水电十二局承建

湖北省中节能荒湖农场 200MW 渔光互补光伏电站二期 100MW 建设项目 EPC 总承包工程，水电十二局承担了光伏区、升压站等主体工程施工和部分设备采购

本书封面、封底、插页照片均由中国水利水电第十二工程局有限公司提供

前　言

《水利水电施工》是全国水利水电施工行业内反映水利水电工程施工前沿技术、创新科技成果、科技情报资讯和工程建设管理经验的综合性技术丛书。本丛书以总结水利水电工程前沿施工技术、推广应用创新科技成果、促进科技情报交流、推动中国水电施工技术和品牌走向世界为宗旨。《水利水电施工》自2008年在北京公开出版发行以来，至2024年年底，已累计编撰发行102分册，深受行业内广大工程技术人员的欢迎和有关部门的认可。

为进一步提高《水利水电施工》丛书的质量，增强丛书内容的学术性、可读性、价值性，自2017年起，对丛书的版式由原杂志型调整为丛书型。调整后的丛书版式继承和保留了国际流行大16开版本、每分册设计精美彩页6～12页、内文黑白印刷的原貌。

本书为《水利水电施工》2025年第2册，全书共分7个部分，分别为：土石方及导截流工程、地基与基础工程、地下工程、混凝土工程、试验与研究、机电及新能源工程、企业经营与项目管理，共包含各类技术文章和管理文章34篇。

本书可供从事水利水电施工、设计以及有关建筑行业、金属结构制造、路桥市政建设以及轨道交通施工行业的相关技术人员和企业管理人员学习借鉴和参考。

编者

2025年5月

目　录

混凝土工程

试验与研究

机电及新能源工程

企业经营与项目管理

Contents

Concrete Engineering

Test and Research

Electromechanical and Steel Structure Engineering

Enterprise Operation and Project Management

审稿人：张正富

悬挑式作业平台在高边坡锚索施工中的应用

史晓欢　李艳杰/中国水利水电第十二工程局有限公司

【摘　要】根据两河口水电站工程进水口边坡实际地质条件以及工期等要求，进水口高程2806.7m以下直立坡锚索施工采用搭设悬挑式作业平台以降低锚索与开挖工序的干扰，在确保边坡稳定的前提下可以加快施工进度。

【关键词】悬挑式　锚索　平台　应用

1　引言

两河口水电站工程进水口塔背高程2763.0～2806.7m为直立边坡开挖段，高度43.7m，边坡工程地质以Ⅳ类、Ⅴ类围岩为主，岩体卸荷松弛明显，边坡稳定性较差。直立边坡上段布置锚索3排，其中底排锚索距离进水塔底板30m。为保证边坡稳定、限制卸荷松弛，技术要求开挖工作面与永久支护中的预应力锚索的高差不应大于30m。

若等开挖梯段完全降至进水塔底板面高程后再搭设落地脚手架进行锚索施工，施工工序为钻孔→下索注浆→锚墩浇筑→张拉→封锚，显然会占用较长的直线工期，且锚索施工如果不能及时跟进，将对边坡稳定不利。

考虑节点工期和工程安全要求，采用搭设悬挑式锚索作业平台施工方案，以降低锚索与开挖工序的干扰，在确保边坡稳定的前提下可以加快锚索施工进度。本文论述了悬挑式作业平台在两河口水电站工程进水口高边坡锚索施工中的实际应用效果。

2　悬挑式作业平台设计

2.1　总体设计

作业平台采用联梁悬挑型式。悬挑主梁采用［8槽钢，槽口水平，其中外挑长度1.5m，主梁间距2.4m。锚固段采用M20水泥砂浆注浆密实。

在悬挑主梁上沿纵向通长铺设2根［6.3槽钢，槽口水平，间距1.1m。主梁与联梁接触位置焊接牢固并采用绑扎2圈10号铁丝作为辅助的固定措施。

主梁上部拉绳采用直径16mm钢丝绳，拉绳上端与系统锚杆连接固定。

悬挑式作业平台侧视图如图1所示。

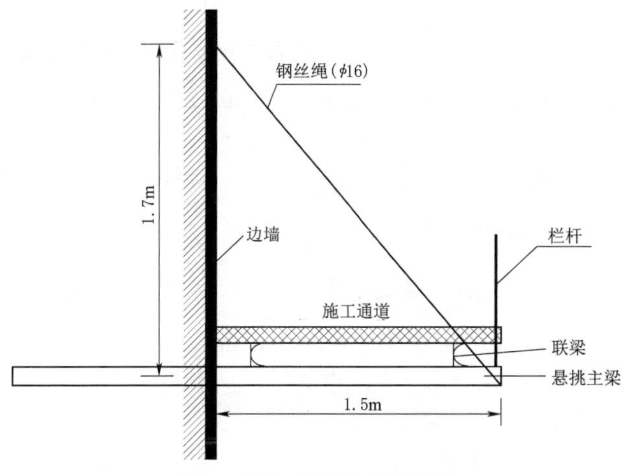

图1　悬挑式作业平台侧视图

2.2　构件设计

悬挑式作业平台构件参数信息如下。

1. 可变荷载参数

可变荷载参数[1-2] 为 1.12kN/m² (按照 3 人×80kg、张拉机具500kg、材料及其他100kg分布于5m×1.5m的区域内予以估算均布荷载，其中5m为锚墩间距、1.5m为施工作业平台宽度)。

2. 风荷载参数

该工程考虑风荷载，四川省甘孜地区基本风压为0.450kPa，风荷载高度变化系数 $\mu_z=0.840$，风荷载体型系数 $\mu_s=0.649$。

3. 永久荷载参数

根据《建筑施工扣件式钢管脚手架安全技术规范》(JGJ 130—2011)，竹串片脚手板自重标准值为0.35kN/m²。根据《扣件式钢管脚手架计算手册》，栏杆、竹串片脚手板挡板自重标准值为0.14kN/m。

4. 其他要求

作业平台在使用过程中，开挖爆破作业仍在进行，考虑爆破作用的振动影响，采用数码电子雷管进行毫秒微差控制爆破，严格控制爆破振动速度。

2.2.1 联梁

联梁[3] 选择［6.3槽钢，槽口水平，其截面特性为截面积 A 为 8.44cm²，惯性矩 I 为 50.79cm⁴，转动惯量 W_x 为16.123cm³，弹性模量 E 为206000N/mm²。取外侧联梁槽钢进行受力分析。

1. 荷载计算

竹串片脚手板自重标准值为0.35kN/m²，转化为线荷载 $Q_1=0.26$kN/m。［6.3 槽钢自重荷载 $Q_2=0.06$kN/m。栏杆、挡脚板自重荷载 $Q_3=0.14$kN/m。

经计算，均布荷载 $q=1.2\times(Q_1+Q_2+Q_3)=0.552$kN/m；集中荷载 $P=1.4\times1.12\times1.50\times2.40/2=2.822$(kN)。

2. 内力计算

内力按照集中荷载 P 与均布荷载 q 作用下的简支梁计算。联梁槽钢最大弯矩 $M_{max}=\dfrac{ql^2}{8}+\dfrac{Pl}{4}=2.09$kN·m。联梁槽钢最大挠度 $\upsilon_{max}=\dfrac{5ql^4}{384EI}+\dfrac{Pl^3}{48EI}=10$mm。

3. 承载能力计算

联梁槽钢承载能力计算如下：弯曲应力 $\sigma=\dfrac{M_{max}}{W}=129$N/mm²，屈服强度 $f=205$N/mm²，$\sigma<f$，联梁槽钢的强度满足要求。允许挠度 $[\upsilon]=l/150$，$\upsilon_{max}\leqslant[\upsilon]$，联梁槽钢的挠度满足要求。

2.2.2 悬挑主梁[3]

施工作业平台悬挑主梁按照上拉型支点的简支梁模型计算。

悬挑主梁选择［8槽钢，槽口水平，其截面特性为截面积 A 为 10.24cm²，惯性矩 I 为 101.30cm⁴，转动惯量 W_x 为 25.30cm³，弹性模量 E 为 206000N/mm²。

1. 荷载计算

(1) 受内联梁集中荷载 $P_{内}=(0.552\times2.4+2.822)/2=2.037$(kN)。

(2) 受外联梁集中荷载 $P_{外}=(0.552\times2.4+2.822)/2-0.14\times2.4=1.737$(kN)。

(3)［8槽钢自重荷载 $Q_4=0.08$kN/m。

2. 内力计算

悬挑主梁末端设置钢丝绳与上方锚杆连接，受力验算时，悬挑主梁按照上拉型支点的简支梁模型进行计算，主梁受力简图如图2所示。

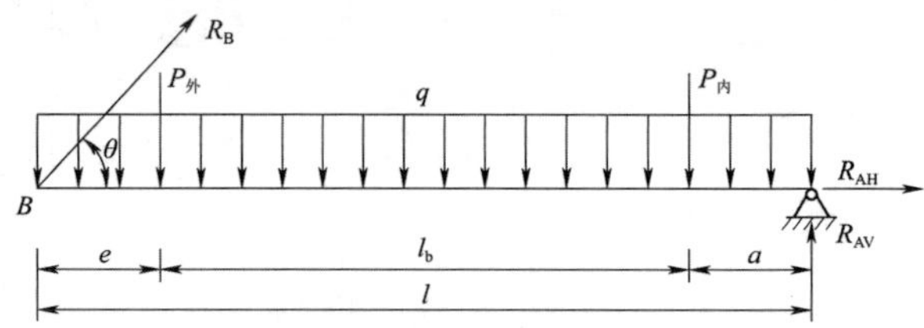

图2 主梁受力简图

$P_{内}$—受内联梁集中荷载；$P_{外}$—受外联梁集中荷载；q—均布荷载；R_B—钢丝绳对悬挑主梁末端拉力；R_{AH}—悬挑主梁支座反力水平分力；R_{AV}—悬挑主梁支座反力竖直分力；a、e—悬挑主梁外挑长度；l_b—主梁长度；l—悬挑主梁总长度

经计算，$P_{外}=1.737$kN，$P_{内}=2.037$kN，$a=e=0.2$m，$q=Q_4=0.08$kN/m，$l_b=1.1$m，$l=1.5$m。悬挑主梁支座反力 $R_{AV}=\dfrac{P_{外}e+P_{内}(l_b+e)}{l}+\dfrac{ql}{2}=2.057$kN、$R_{AH}=-\cot\theta\times\left[\dfrac{P_{外}(l_b+a)+P_{内}a}{l}+\dfrac{ql}{2}\right]=-1.620$kN，钢丝绳对悬挑主梁末端拉力 $R_B=\dfrac{1}{\sin\theta}\times\left[\dfrac{P_{外}(l_b+a)+P_{内}a}{l}+\dfrac{ql}{2}\right]=2.449$kN。

悬挑主梁弯矩 $M_1=\dfrac{P_{外}e(l_b+a)+P_{内}ae}{l}+\dfrac{qe(l_b+a)}{2}=0.365$kN·m，$M_2=\dfrac{P_{外}ea+P_{内}(e+l_b)a}{l}+\dfrac{q(e+l_b)a}{2}=0.409$kN·m，因此 $M_{max}=0.409$kN·m。

悬挑主梁挠度 $\upsilon_1=\dfrac{2P_{外}e^2(l_b+a)^2+P_{内}al^3[\omega_1-(a^2e/l^3)]}{6EIl}+\upsilon_1'=0.018$mm、$\upsilon_2=\dfrac{P_{外}el^3[\omega_2-e^2(l_b+a)/l^3]+2P_{内}(l_b+e)^2a^2}{6EIl}+\upsilon_2'=0.025$mm、$\upsilon_3=\dfrac{\upsilon_1+\upsilon_2}{2}+\dfrac{5ql^4}{384EI}-\dfrac{\upsilon_1'+\upsilon_2'}{2}=0.041$mm。其中，$\upsilon_1'=\dfrac{ql^3e}{24EI}[1-(2e^2/l^2)+(e^3/l^3)]$，$\upsilon_2'=\dfrac{ql^3(e+l_b)}{24EI}\{1-[2(e+l_b)^2/l^2]+[(e+l_b)^3/l^3]\}$，

形函数 $\omega_1=\xi-\xi^3$、$\xi=(e+l_b)/l$，$\omega_2=\zeta-\zeta^3$、$\zeta=(a+l_b)/l$。

υ_1、υ_2、υ_3 最大者为 υ_{max}。因此，最大扰度 $\upsilon_{max}=0.041$mm。

3. 承载能力计算

允许挠度 $[\upsilon]=l/150$，$\upsilon_{max}<[\upsilon]$，悬挑主梁槽钢的挠度、强度满足要求。

2.2.3 钢丝绳

钢丝绳[3] 受力计算简图如图 3 所示。

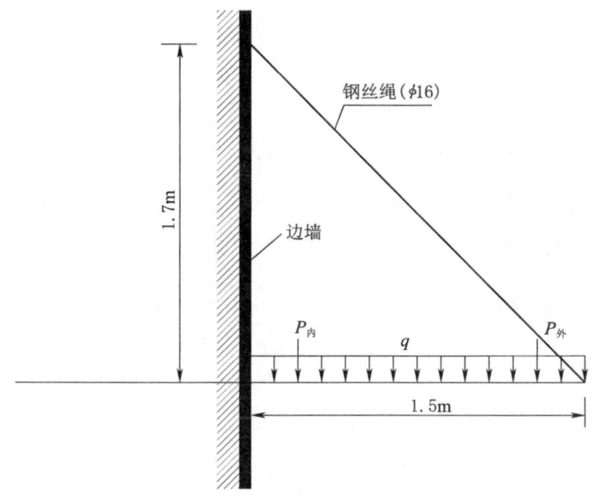

图 3 钢丝绳受力计算简图

1. 钢丝绳受力计算

经计算，$\tan\theta=1.7/1.5=0.019$，$\theta=48.6°$，根据受力平衡公式 $1.5F\sin\theta=1.3P+0.2P+1.5q\times1.5/2$，解得钢丝绳所受拉力为 3.45kN。

2. 钢丝绳选用

采用下式判断钢丝绳的钢丝破断拉力总和是否满足要求：

$$F\leqslant[F_g]$$

其中

$$[F_g]=\frac{\alpha F_g}{K}$$

式中：$[F_g]$ 为钢丝绳的容许拉力，kN；F_g 为钢丝绳的钢丝破断拉力总和，kN，直径 16mm 钢丝绳的钢丝破断拉力总和为 213kN；α 为钢丝绳之间的荷载不均匀系数，对直径 16mm 钢丝绳之间的荷载不均匀系数取值 0.9；K 为钢丝绳使用安全系数，取 6.0。

经计算，$[F_g]=31.95$kN，$F<[F_g]$，所以选取的直径 16mm 钢丝绳符合要求。

2.2.4 锚杆受力计算

边坡布置普通砂浆锚杆 C32（$L=9.0$m）和 C28（$L=6.0$m），梅花形交错布置，间距 1.5m，外露 10cm。钢丝绳上端与系统锚杆固定。

钢丝绳所受拉力为 3.45kN，根据锚杆本身的抗拉能力验算，锚杆所受拉力 $F_{水平}=F\times\sin\theta=3.45\times\sin48.6°=2.59$(kN)。

取普通砂浆锚杆 C28（$L=6.0$m）锚杆进行锚杆抗力计算：

$$N_{ak}=\frac{l_a\pi Df_{rbk}}{K}$$

式中：K 为锚杆锚固体抗拔安全系数，永久锚杆一级，取 2.6；l_a 为锚杆锚固段长度，m，取 6.0m；f_{rbk} 为岩土层与锚固体极限黏结强度标准值，kPa，应通过试验确定，按较硬岩取值 1200kPa；D 为锚杆锚固段钻孔直径，m，取 0.05m；N_{ak} 为锚杆抗拔力，kN。

经计算，$N_{ak}=434.77$kN，$F_{水平}<N_{ak}$，所以锚杆 C28（$L=6.0$m）符合要求。

3 悬挑式作业平台施工

悬挑式作业平台施工程序如下：悬挑主梁锚固段钻孔→悬挑主梁［8 槽钢安放及注浆→拉绳固定→纵向联梁［6.3 槽钢铺设及焊接→面层铺设及固定（栏杆跟进）。

（1）悬挑主梁施工：在履带式锚固钻机钻设锚索孔过程中，同步跟进主梁槽钢锚固段的钻孔工序。孔深 1m，孔径不小于 90mm。随后跟进主梁安放及注浆，锚固段采用 M30 水泥砂浆注浆密实。悬挑主梁末端设置拉绳与上方边坡锚杆可靠连接。

（2）拉绳施工：拉绳下端与主梁固定，拉绳上端与系统锚杆固定，每端采用两个固定卡扣。下端与边墙距离 1.5m，上端与墙支点距离 1.7m。

（3）纵向联梁铺设：主梁施工完成一段后，分段跟进纵向联梁的铺设，主梁与联梁接触位置焊接牢固并采用两圈 10 号铁丝进行绑扎连接作为辅助的固定措施。

（4）作业平台使用过程中，严格按照规范要求控制爆破振动速度及爆破飞石。为确保平台使用期间的安全，主梁以及拉绳连接锚杆的灌注砂浆标号在受力验算基础上提高一个等级，同时采用间隔设置双钢丝绳拉结的加固方案。

（5）竹串片脚手板铺设、临边防护栏杆和竹串片脚手板挡板安装、安全网挂设随纵向联梁铺设而跟进。

4 悬挑式作业平台使用

悬挑式作业平台使用应注意如下内容：

（1）作业平台搭设完成经验收合格后方可投入使用。

（2）作业层的施工荷载不得超过设计荷载。材料应分散堆放，不得集中堆放。

（3）施工人员必须佩戴安全帽、安全带，穿防滑鞋，挂设安全绳。

（4）禁止夜间进行作业平台的搭建、拆除作业。

（5）冰雪天气，必须随时清理平台上的冰雪，以防人员摔倒失稳。遇 7 级及以上大风时，作业平台停止使用。

（6）在施工平台上进行电、气焊作业时，应有防火措施和专人看守。平台上严禁使用碘钨灯。

（7）作业平台上用电设备的电缆必须由持证电工统一布设，并具有可靠的绝缘层，不得裸露。

（8）定期对作业平台进行安全检查，发现焊接松动等安全隐患时及时进行整改。

（9）施工过程中必须与开挖部门建立良好的信息交流机制，爆破作业期间人员全部撤离至安全地带。

5 悬挑式作业平台拆除

悬挑式作业平台拆除应注意如下内容：

（1）作业平台拆除前对施工人员进行交底，并由专人负责指挥。拆除时必须划出安全区，并设置警戒标志，派专人看守。

（2）拆除前应清除作业平台上杂物及地面障碍物。

（3）作业平台拆除作业必须由上而下逐层进行，严禁上下同时作业。

（4）当多人同时进行拆除作业时，应明确分工、统一行动，且应有足够的操作面。

（5）拆除下来的构配件必须传递，严禁直接抛下，材料分类堆放。

（6）拆除的构配件应分类堆放，以便于运输、维护和保管。

（7）遇 6 级及以上大风、雨雪、大雾天气时，应停止作业平台拆除作业。

6 结语

通过在进水口高程 2806.7m 以下直立边坡搭设悬挑式作业平台进行锚索施工，将进水口边坡开挖工作面与锚索支护工作面隔离，降低了锚索施工与开挖工序的干扰，保证了边坡稳定，加快了施工进度，保证了工期节点目标的顺利实现。

该工程悬挑式作业平台结构参考建筑行业悬挑脚手架设计结构，结合水电行业的特点进行专项设计，可应用于高边坡支护作业项目中，具有较高的推广价值。

参考文献

[1] 王玉龙．扣件式钢管脚手架计算手册［M］．北京：中国建筑工业出版社，2008.

[2] 中华人民共和国住房和城乡建设部．建筑施工扣件式钢管脚手架安全技术规范：JGJ 130—2011［S］．北京：中国建筑工业出版社，2011.

[3] 中华人民共和国住房和城乡建设部．钢结构设计标准：GB 50017—2017［S］．北京：中国建筑工业出版社，2019.

植被混凝土生态护坡在明渠边坡支护中的应用

王佳强　王　琦　刘　红/中国水利水电第十二工程局有限公司

【摘　要】本文以广西驮英灌区驮英东干渠工程施工为例，采用植被混凝土生态护坡技术代替传统的框格梁草皮护坡施工，对各种类型开挖边坡上支护的施工进行总结，为以后类似工程的施工提供经验借鉴。

【关键词】植被混凝土　边坡　支护

1　引言

引调水工程的渠道开挖线路长、开挖裸露边坡多，而且边坡地质情况复杂多样，传统的框格梁草皮护坡施工难度大、成本高、安全风险高、施工周期长。植被混凝土生态护坡技术采用特定的混凝土配方和种子配方，利用挂网、打锚杆+喷射混凝土技术、土工合成材料使用技术，配合植物自身生长能力，形成具有耐降雨冲刷、牢固透气、与自然表土相近的生长基础，使护坡更牢固稳定。此做法经济、安全、高效，尤其对生态环保效果显著。本文对植被混凝土生态护坡的施工工艺和施工技术进行了深入的研究探讨，可供类似工程借鉴和推广使用。

2　植被混凝土生态护坡技术

植被混凝土是由种植土、水泥、生境基材有机料、生境基材改良剂、植物种子和水混合而成的拌和物，具有抗冲刷性强、肥力高以及固液气三相分布合理的特性，是一种典型的生境基材。

2.1　配置

植被混凝土分为基层和面层，两者应分别配置。基层配置时，固相拌和料由种植土、生境基材有机料、水泥和生境基材改良剂组成；面层配置时，除上述材料外还需增加植物种子[1]。植被混凝土配置如图1所示。

2.2　加固

在植被混凝土中设置锚钉和挂网，使植被混凝土固定在坡面上。锚钉安装稳固，出露坡面长度应控制在

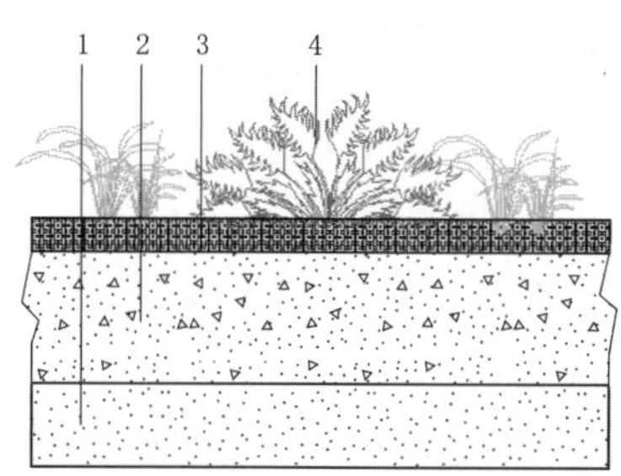

图1　植被混凝土配置图

1—土基层；2—植被混凝土基层；3—植被混凝土面层；4—植物

8～12cm，且倾角宜为5°～20°。挂网选择料丝直径不小于2.0mm的机编活络铁丝挂网或最大拉伸力不小于6.0kN/m且抗老化性不小于15a的柔性塑料挂网。网孔直径宜为50～75mm。相邻挂网搭接宽度宜为100～150mm。挂网与锚钉、挂网与挂网之间要绑扎牢固，且挂网与坡面的间距宜为喷植总厚度的2/3。

2.3　植物选择

植物应选择抗逆、繁殖、改良土壤和固土能力强的乡土护坡植物。宜与周边环境相协调，草灌及藤本植物合理搭配，硬质岩边坡、软质岩边坡宜以草本植物为主，土石混合边坡、瘠薄土质边坡宜以灌木为主，同时冷暖季节植物应配合使用。

2.4　喷植

喷枪的喷射角应控制在15°以内，喷枪口与坡面间距宜为0.8～1.2m。喷植应分两次进行，先喷植被混凝土基层，再喷植被混凝土面层。固相拌和料拌制后应在6h内使用。基层喷植厚度应符合表1规定，面层喷植厚度宜为20mm[1]。

表 1　基层喷植厚度

边坡类型	多年平均降水量/mm	坡度/(°)	厚度/mm
硬质岩边坡	>900	70～85	80
		45～70	90
	≤900	70～85	90
		45～70	100
软质岩边坡	>900	65～85	70
		45～65	80
	≤900	65～85	80
		45～65	90
土石混合边坡	>900	65～85	50
		45～65	60
	≤900	65～85	60
		45～65	70
瘠薄土质边坡	≥1200	45～85	30
	600～1200		40
	≤600		50

3　施工程序

3.1　准备

开展施工组织设计，根据施工进度计划准备施工材料及配置施工设备。材料进场后做好防水、防晒、防腐等工作。对坡面进行清坡，保证坡面基本平整，局部沟壑部位要进行修补（可采用浆砌石或生态袋填充），使坡面平顺，不出现负坡。

3.2　流程

施工工艺流程如图 2 所示。

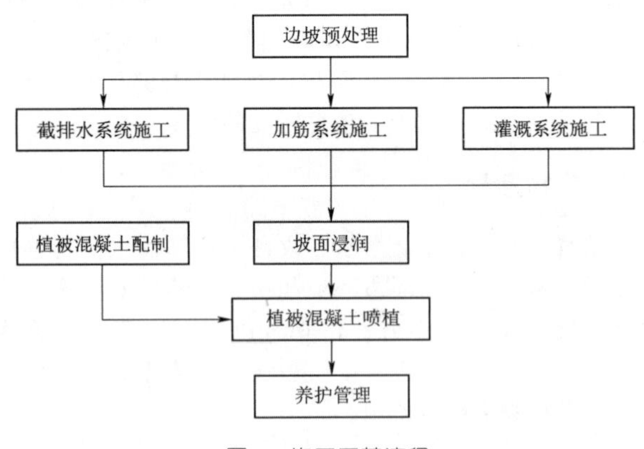

图 2　施工工艺流程

4　工程应用

4.1　工程概况

广西驮英东干渠工程位于我国广西壮族自治区崇左市扶绥县境内，明渠开挖边坡为以残坡积含碎石黏土、黏土、风化岩为主的土石混合边坡，设计坡比为 1∶1.5，每 8m 高设置一级马道，马道宽为 2.0m，马道设有排水沟，坡顶设有截水沟。原设计中设计水位以上开挖坡面采用框格梁草皮护坡，考虑技术上可行、经济合理、实施效果好、施工进度与难度等因素，经与监理、设计、业主方沟通，确定将框格梁草皮护坡变更为植被混凝土生态护坡，达到整体美观、与自然环境协调统一的目的。

4.2　施工方案

该工程保留原设计中的截、排水系统。开挖边坡验收完成后，开始植被混凝土支护施工。施工时间选在每年 10 月至次年 3 月，天气情况基本为气温渐低，清晨起雾，土壤表层易返露水，处于细雨绵绵的时节。根据该工程坡面的特点及当地气候条件、植物分布与生长情况，植被混凝土生态护坡技术施工参数见表 2，植被混凝土基材配比和混合植物种子配比见表 3 和表 4。

表 2　植被混凝土生态护坡技术施工参数表

指标	基材厚度/mm	锚钉			镀锌勾花铁丝网	
		直径/mm	长度/mm	间距/m	型号	网目/(cm×cm)
参数	80	14	400	1.5	16 号	5.5×5.5

表 3　植被混凝土基材配比表（$100m^2$）

基材部位	厚度/cm	种植土/m^3	水泥/kg	有机料/m^3	纤维/m^3	添加剂/kg	有机肥/kg	复合肥/kg
面层	2	9.6	480	2.5	1.0	480	120	5～8
基层	6	10	600	3.0	1.0	600	150	5～8

表 4　混合植物种子配比表　单位：g/m^2

种子	黑麦草	结缕草	宽叶草	狗牙根	紫花苜蓿	紫穗槐	木豆	多花木蓝	车桑子	野花组合	合计
配比	1	1	2	2	4	4	5	5	4	4	32

4.3　主要施工设备

植被混凝土生态护坡技术的主要施工设备如下。

（1）湿式混凝土喷射机，主要技术参数：喷射能力为 $5.5m^3/h$，最大传输距离为 200m，最大骨料粒径为 15mm，驱动力功率为 5.5kW。

（2）混凝土搅拌机，主要技术参数：出料容量为 250L，进料容量为 320L，生产率为 $6～8m^3/h$。

（3）移动式柴油空气压缩机，主要技术参数：工程容积流量为 $9～17m^3/min$，排气压力为 0.7MPa。

4.4　养护

养护管理措施主要包括洒水、病虫害防治和局部修

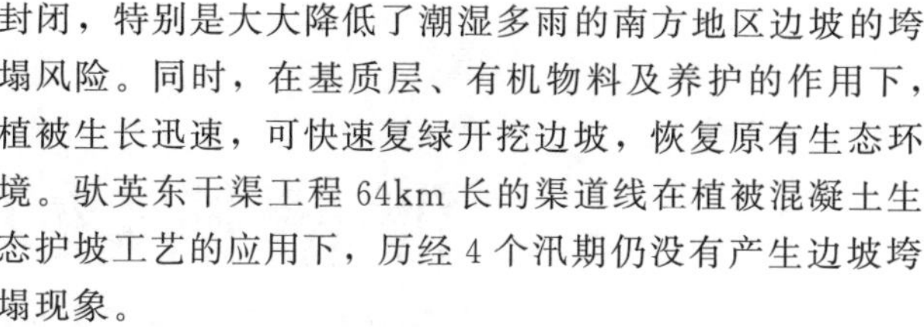

复等措施。水分补充以喷灌方式为主，整个幼苗生长期不允许出现缺水现象。发现病虫害时，应及时防治以防蔓延。由于施工、养护等其他原因造成的局部斑秃现象，应及时修复。养护管理分为苗期养护与生长期养护两个阶段。苗期养护阶段为施工结束后的第1～60天，生长期养护阶段一般为坡面喷射施工结束后的第61～365天。出苗期（1～60天）时，视坡面湿度情况每天早晚洒水养护；生长期（61～365天）时，若三日无降雨，则需根据坡面湿度实际情况安排洒水养护；每次洒水要湿透基材层。

4.5 材料要求

植被混凝土生态护坡技术的材料要求如下。

（1）种植土：选择工程所在地附近原有地表（地表以下1m以内）的砂壤土（采用养分水平高的“熟土”，非坎顶营养水平低的“生土”，若是“生土”，则需“熟化”处理），经风干粉碎过筛，要求土壤中砂粒含量不超过15%，最大粒径应小于8mm，含水量不超过20%。

（2）水泥：普通硅酸盐水泥。

（3）有机物料：采用稻壳和椰糠。

（4）纤维：优先选用植物纤维，也可采用化学纤维。

（5）植被混凝土生态改良剂：三峡大学专利产品。

（6）钢筋、铁丝网：需要有出厂合格证。

4.6 成果分析

4.6.1 应用效果

植被混凝土生态护坡施工使明渠开挖裸露边坡迅速封闭，特别是大大降低了潮湿多雨的南方地区边坡的垮塌风险。同时，在基质层、有机物料及养护的作用下，植被生长迅速，可快速复绿开挖边坡，恢复原有生态环境。驮英东干渠工程64km长的渠道线在植被混凝土生态护坡工艺的应用下，历经4个汛期仍没有产生边坡垮塌现象。

4.6.2 经济效益分析

植被混凝土生态护坡支护中小型设备每天可完成400～550m^{2}的边坡支护工作，大型机械设备施工效率可更高。该技术具有施工快捷、易操作的特点，大大加快了施工的进度。同时，植被混凝土的应用，代替了原有C20混凝土框格梁草皮施工，降低了施工成本，节约了大量的材料、人工、机械，经济效益显著。植被混凝土生态护坡与框格梁草皮护坡对比分析见表5。综合计算植被混凝土生态护坡比框格梁草皮护坡节约43元/m^2。

表5 植被混凝土生态护坡与框格梁草皮护坡对比分析表

生态护坡	植被混凝土生态护坡	框格梁草皮护坡
单价/(元/m^2)	116	159

4.6.3 社会效益分析

植被混凝土生态护坡的使用，有效地实现了人、建筑、环境三者的和谐统一，从而实现了将社会效益、经济效益和生态效益三者有力结合的目标；同时，植被混凝土的特殊性，有效地延长了渠系建筑物的寿命，社会效益显著。植被混凝土生态护坡实施效果如图3所示。

图3 植被混凝土生态护坡实施效果图

5 结语

植被混凝土生态护坡技术利用植物的根部固定土壤，以增加土壤的抗剪强度并产生边坡压实效果，它还可以发挥工程防护无法实现的作用，如节约用水、改善生态环境。植被混凝土生态护坡通过采取相关的技术措施实现边坡的保护和改善，在满足边坡稳定性的同时，还能保护和恢复生态环境，在保护边坡方面发挥着重要作用。同时该技术大大降低了高陡边坡施工安全风险，降低了传统边坡支护施工成本，在类似边坡支护施工中可以大力推广使用。

参考文献

[1] 国家能源局．水电工程陡边坡植被混凝土生态修复技术：NB/T 35082—2016 [S]．北京：中国电力出版社，2016.

渡槽槽墩基础涵管导流及土石围堰施工技术

徐颖超/中国水利水电第十二工程局有限公司

【摘　要】 驮英水库及灌区东干渠工程大榄河两岸附近主要为砂层，且存在较多流沙，为加快施工进度、早日拆除围堰、减少安全风险、创造干地施工条件，采用在导流管道开挖后埋设 *DN*2000 预制混凝土管，利用涵管进行导流，同时也可减少河道水流渗漏。

【关键词】 涵管　导流　围堰

1　引言

岜特渡槽共有 269 个槽墩，部分槽墩位于大榄河、淤泥滩和水稻田中，因此需要解决大榄河导流问题，以及淤泥滩和水稻田地上无法干地施工和设置过河施工便道的问题。根据已开挖的岜特渡槽槽墩基础揭示的地质情况来看，大榄河两岸附近主要为砂层，且存在较多流沙。因此导流管道开挖后埋设 *DN*2000 预制混凝土管，利用涵管进行导流，同时也可减少河道水流渗漏，加快施工进度、早日拆除围堰、减少安全风险、创造干地施工条件。本文论述了涵管导流及土石围堰施工技术在岜特渡槽工程中的实际应用效果。

2　涵管导流

2.1　技术参数

跨河段槽墩采用一次性拦断上、下游河流的围堰方式进行施工，围堰技术不仅能有效阻挡河道对水流的冲刷，还可确保工程的施工质量，满足预期要求[1]。围堰完成后进行涵管导流施工，由于大榄河导流时段为枯水期，且槽墩施工完成后需拆除围堰，因此该围堰堰顶高程在枯水期河水面高程上增加 0.6m 安全超高即可，可不按 $P=20\%$的洪水计算。现场实测大榄河与岜特渡槽相交处的水面高程为 102.70m，上、下游围堰堰顶高程为 102.70m+0.6m=103.30m。围堰施工安排在枯水期进行，上、下游围堰均为土石围堰[2]，上游围堰顶宽 2.0m，下游围堰顶宽 4.5m，将下游围堰作为岜特渡槽从大榄河左岸至右岸的施工便道。

导流涵管位于大榄河右岸 115～116 号槽墩之间，导流涵管进出口分别与大榄河上下游顺接，根据现场实际测量的导流管涵路线，其导流长度约 74m。现场实测大榄河与岜特渡槽相交处的水面高程为 102.70m。

岜特渡槽跨大榄河涵管导流及围堰平面布置如图 1 所示。

2.2　导流涵管流量计算

分析岜特桥下过水流量并计算涵管导流流量可知，需埋设 *DN*2000 预制混凝土管，以满足施工导流要求，计算如下。

在距离岜特渡槽跨大榄河处上游约 700m 处，有当地村民集资修建的混凝土涵管便桥（岜特桥），该桥下部埋设 5 根 *DN*2000 预制混凝土管；2020 年枯水期实测大榄河岜特桥下部涵管中水流最大流速为 0.6m/s，淹没最大高度约为 0.35m，根据 $Q=1.5675AR^{0.57}S^{0.5}$，计算单根 *DN*2000 预制混凝土管过流流量为 8.9m³/h，因此大榄河枯水期实测过流流量为 8.9m³/h×5 根=44.5m³/h。根据相关资料，在最大流速 0.6m/s 的情况下，单根 *DN*2000 预制混凝土管的过流流量为 67.9m³/h，由于 67.9m³/h 大于 44.5m³/h；因此，埋设 *DN*2000 预制混凝土管能够满足枯水期大榄河施工导流的流量要求[3]。

2.3　导流涵管及围堰施工

2.3.1　水稻田等的表土清理及淤泥清理

先对甘蔗地、淤泥滩以及水稻田等临时征地范围内的表土进行清理，清理后的表土采用挖机配合自卸汽车运至作为后期土地复垦时料源堆放地的岜特弃渣场。对于淤泥滩部位，需先对淤泥进行清理，清理后的淤泥暂

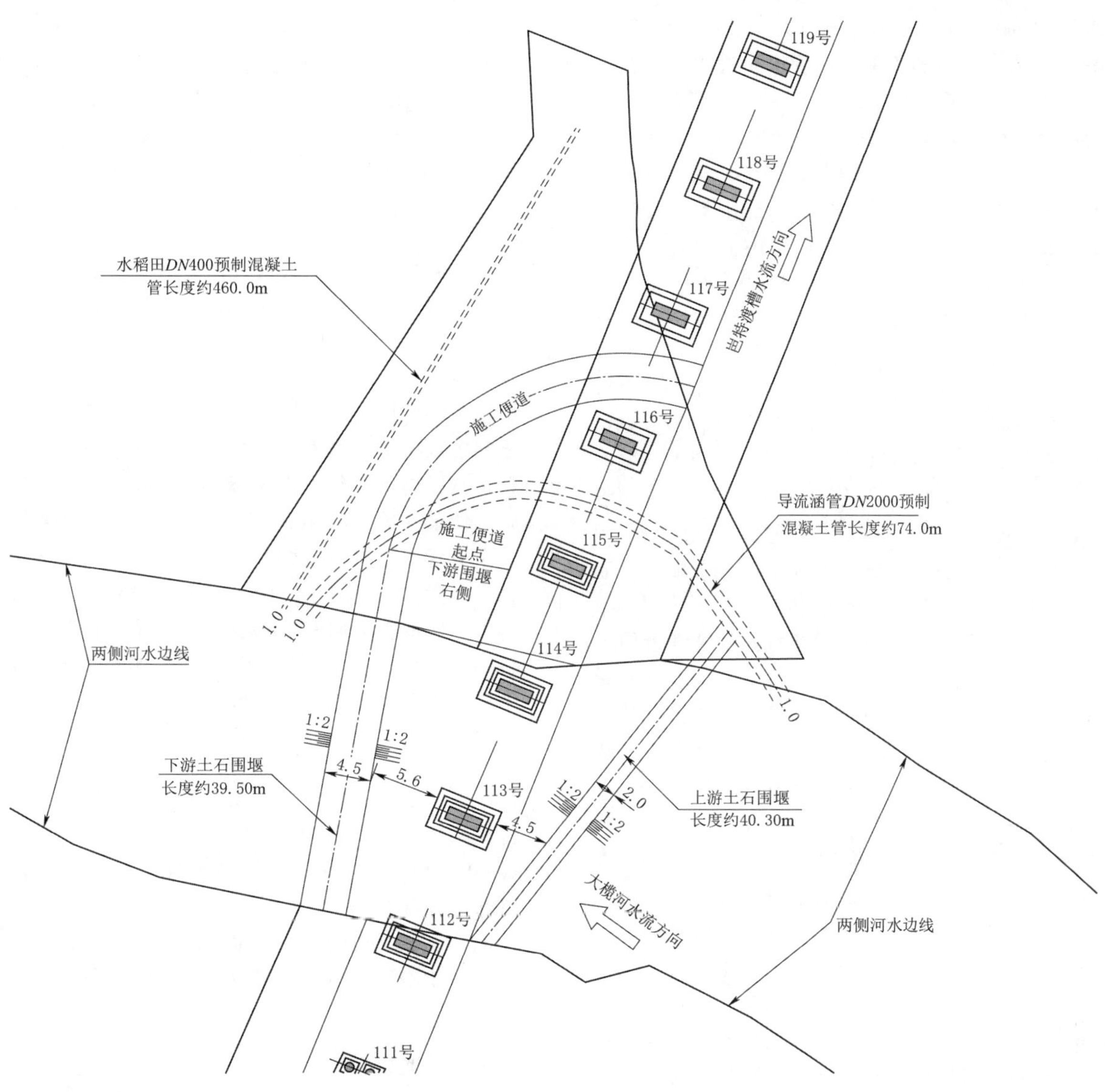

图1 邕特渡槽跨大榄河涵管导流及围堰平面布置图（单位：m）

时堆放于不影响施工的部位，待淤泥内水分挥发至能够装车运输时，再装运至邕特弃渣场弃置。

2.3.2 水稻田排水管道基础开挖

表土清理后进行水稻田内排水管道开挖施工，由下游向上游方向（水稻田埋管逆水流方向）进行开挖，*DN*400预制混凝土管出口处管底高程为101.70m，向上游方向以5%的坡度逐渐降低开挖深度。但下游出口处的第1根管道和上游进口处的第1根管道需待中间部位管道开挖及混凝土管安装完成后再进行施工，且应先进行出口位置第1根管道施工，再进行进口位置第1根管道施工。管道沟槽土石方采用自带液压破碎锤挖机进行开挖，开挖后土石料就近堆放，便于*DN*400预制混凝土管埋设后进行回填，剩余土石料用于上、下游围堰填筑施工。

2.3.3 *DN*400预制混凝土管安装埋设施工

由于115～117号槽墩处存在淤泥滩、水稻田等地质情况，且槽墩部位地势较低、积水较多，不利于槽墩开挖施工，因此决定从118号槽墩左侧水稻田处开始埋设*DN*400预制混凝土管，直至导流涵管出口下游位置，以便引排淤泥滩和水稻田中的积水，避免在槽墩开挖过程中发生因基坑渗水或基坑边坡塌方导致无法清理建基面等的情况，从而加快施工进度和施工质量。

排水管道开挖完成后，立即进行*DN*400预制混凝土管的安装埋设施工，首先将*DN*400预制混凝土管从生产厂家购买后运输至施工现场，然后采用人工配合起重吊机卸载至工作面附近，并堆放在不影响现场施工的位置，再进行混凝土管安装施工。因管道出口处管底高程为101.70m，所以向上游方向（埋管逆水流方向）以5%的坡度逐渐加高连接安装。采用人工配合吊机将堆放的*DN*400预制混凝土管吊运至施工作业面，并进行管口承插连接施工，对于承插接头部位应仔细做好胶圈放置，并做好安装后的缝隙检查工作，避免排水管接头部位出现漏水问题。*DN*400 预制混凝土管埋设总长度约 60.0m，安装完成后利用堆放在管道附近的土石料进行回填，回填剩余土石料用于上、下游围堰填筑。

2.3.4 导流涵管管道基础开挖

*DN*400 预制混凝土管安装埋设施工完成后，先利用排水管道将淤泥滩及水稻田里的积水引排至大榄河内，然后开挖导流涵管管道，管道开挖由下游向上游方向施工。但下游出口处的第 1 根管道和上游进口处的第 1 根管道需待中间部位管道开挖及混凝土管安装完成后再进行施工，且应先进行出口位置第 1 根管道施工，再进行进口位置第 1 根管道施工。管道沟槽土石方采用自带液压破碎锤挖机进行开挖，开挖后的土石料就近堆放，便于 *DN*2000 预制混凝土管涵埋设后回填，回填剩余土石料用于上、下游围堰填筑。导流管道埋设 *DN*2000 预制混凝土管，管道长度约 74.0m，导流涵管进口处 *DN*2000 预制混凝土管管底高程为 100.20m，向下游方向（顺导流涵管水流方向）以 5%的坡降逐渐降低开挖深度。

2.3.5 *DN*2000 预制混凝土管（承插式）安装埋设施工

导流管涵开挖完成后，立即进行 *DN*2000 预制混凝土管安装埋设施工，首先将 *DN*2000 预制混凝土管从生产厂家购买后运输至施工现场，然后采用起重吊机卸载至工作面附近，并堆放在不影响现场施工的位置，再进行混凝土管安装施工。混凝土管向上游方向（导流管涵逆水流方向）以 5%的坡度逐渐加高连接安装。采用人工配合吊机将堆放的 *DN*2000 预制混凝土管吊运至施工作业面，并进行管口承插连接施工，对于承插接头部位应仔细做好胶圈放置，并做好安装后的缝隙检查工作，避免涵管接头部位出现漏水问题。*DN*2000 预制混凝土管埋设总长度约 74.0m，安装完成后利用堆放在导流管道附近的土石料进行回填，回填剩余土石料用于上、下游围堰填筑。

3 围堰施工

3.1 上游围堰施工

*DN*2000 预制混凝土管安装埋设施工完成后，分别挖除导流涵管进出口处的挡水土石，使涵管内水流畅通，实现导流目的。然后进行上游土石围堰施工，围堰高约 3.1m，堰顶宽约 2.0m，围堰长度约 40.30m，上游围堰填筑的迎水面与背水面两侧边坡坡度均为 1∶1，从河床底部填筑至 103.30m 高程。上游围堰施工采用装载机配合自卸汽车由大榄河右岸向左岸填筑，填筑方法采用进占法，利用导流涵管开挖的土石料和 *DN*400 预制混凝土管开挖的土石料进行填筑。围堰填筑完成后进行堰顶压实施工，采用自行式振动碾通过进退错距法碾压，并参照明渠回填碾压参数，先静碾 2 遍后再振动碾压 4 遍，行走速度控制在 2km/h 以内，严禁欠碾或漏碾，碾压轨迹处搭接宽度为 1m。为提高围堰防渗效果，在上游围堰堰顶中间且平行于临水斜坡面位置埋设防渗土工膜，土工膜指标为 200g/m^2 土工布＋0.3mm 土工膜＋200g/m^2 土工布，土工膜接头处搭接长度不小于 0.3m，且堰顶与堰底应预留一定长度土工膜，以便填筑压实。

3.2 下游围堰施工

上游围堰施工完成后，进行下游围堰的施工。下游围堰堰顶宽约 4.5m，围堰高约 3.1m，围堰长度约 39.50m。下游围堰是邑特渡槽从大榄河左岸至右岸的施工便道，115～117 号槽墩施工便道从下游围堰右侧铺填至邑特渡槽 116 号槽墩左侧，在 116 号与 117 号槽墩之间转入邑特渡槽右侧。利用土石方作为施工便道铺填料，然后进行泥结石路面施工，以满足施工车辆通行，施工便道长约 38.50m，宽约 4.5m。下游围堰填筑的迎水面与背水面两侧边坡坡度均为 1∶1，从河床底部填筑至高程 103.30m。下游围堰施工采用装载机配合自卸汽车由大榄河右岸向左岸填筑，利用导流涵管开挖的土石料和 *DN*400 预制混凝土管道开挖的土石料进行填筑，采用进占法填筑施工。

3.3 围堰基坑降排水

上、下游围堰施工完成后进行基坑排水，基坑初期排水采用 4 台 5.5kW 潜水泵进行，施工电源配置 4 台 20kW 柴油发电机供电。初期排水完成后，正常施工期排水由 2 台 5.5kW 潜水泵进行，施工电源为 2 台 20kW 柴油发电机。初期基坑排水完成后即刻开始渡槽基础开挖及后续施工，施工顺序由 112 号槽墩向 117 号槽墩方向进行。

3.4 围堰拆除

待 112～118 号槽墩基础、墩身、槽身全部施工完成进行上下游围堰拆除。采用挖机配合自卸汽车进行围堰拆除，拆除的土石方运至邑特弃渣场。

4 结语

涵管导流法是一种有效的施工导流方法，通过合理的导流参数计算和设计，充分遵循围堰技术运用原则，把握好技术应用要点和施工方法，可以实现施工区域的干地施工，提高施工效率和质量。

参考文献

[1] 严河. 施工导流和围堰技术在水利工程中的作用[J]. 黑龙江科学，2019（8）：80－81.

[2] 于静. 水利工程施工中围堰技术的应用［J］. 建材与装饰，2019（19）：294－295.

[3] 程东普. 水利工程施工导流及围堰技术的应用分析［J］. 城市建设理论研究，2019（19）：52.

围堰束窄河道导流的倒虹吸压力钢管穿越河流施工技术

贾丰丰　郭廷凯　隗　收/中国水利水电第十二工程局有限公司

【摘　要】 广西驮英灌区东干渠工程枯潭倒虹吸工程压力钢管穿越汪庄河段，工程面临河道水环境多变、覆盖层厚重的复杂地质条件以及有限的施工空间等诸多挑战。经研究采用“围堰分两期施工＋利用缩窄后的河道导流”后进行压力钢管施工从而穿越河流的技术，为压力钢管的安装施工创造了干燥的作业环境，有效解决了上述问题，确保了安装质量。实践证明，该技术能在保证施工质量的前提下显著提高施工效率，可为类似工程提供借鉴和参考。

【关键词】 倒虹吸工程　压力钢管　围堰导流　穿越河流施工

1　引言

广西驮英灌区东干渠工程包含枯潭倒虹吸工程（长度为1.36km）和东门倒虹吸工程（长度为2.317km）。其中枯潭倒虹吸工程施工时需跨越汪庄河段，该河段宽度为57m，河水流速为0.8m/s，平均水深为4.0m，河道流量为18.24m³/s，整体水环境复杂多变；河两岸周围主要为蔗地和果地，可使用的施工空间有限；并且河两岸地质的整体覆盖层厚度较大，从上往下依次为粉质黏土层（0～5m）、含泥砂卵砾石层（0～2m）以及P_2c厚层状灰岩（0～8m）。该工程采用Q235C压力钢管穿越汪庄河段，作为倒虹吸工程穿越河流的核心构件，其安装的准确性和质量直接关系到整个工程的稳定性和安全性。本文针对工程面临的河道水环境多变、覆盖层厚重的复杂地质条件以及有限的施工空间等诸多问题，为了既能确保压力钢管的安装符合质量标准，又能有效提升施工效率，妥善应对河流穿越施工过程中的技术和环境难题，进行了因地制宜的施工技术研究。

2　综合分析

为解决上述工程问题，综合对比分析了围堰导流法、顶管法、定向钻法、盾构法、沉管法和桥梁跨越法等多种常见穿越河流的施工方法（表1）。通过全面考虑该工程的地形变化、施工空间、覆盖层情况、水文条件、施工经济性以及环境和生态影响等因素，最终综合评估认为，围堰导流法最适用于该工程。围堰导流法允许在有限的施工空间内作业，并能创造一个干地施工环境，从而有效保障施工的品质和安全。

表1　常见穿越河流施工方法分析

序号	施工方法	优点	缺点	适用性	分　析
1	围堰导流法	可在干地环境中施工，保证施工质量；适用于复杂地质条件和有限施工空间	需要建设和拆除围堰，增加工程成本，对环境和生态有一定影响	适用于需要创造干地施工环境的情况，如河流穿越工程	考虑到汪庄河的宽度（57m）和水深（平均为4.0m），围堰导流法是可行的。流速（0.8m/s）和流量（18.24m³/s）也在可控范围内，使得围堰能够有效地进行导流，且适用于复杂地质条件和有限施工空间
2	顶管法	不影响地面交通和环境	施工难度较大，需要精确的定向控制技术	地质条件稳定且管道直径较小的情况，特别适用于穿越公路、铁路等障碍物	该工程地形起伏且地质情况复杂，特别是存在厚重的覆盖层和岩溶裂隙发育的灰岩层，此外，河流的存在增加了施工的复杂性和风险。顶管法需要精确的定向控制技术，因此该工程应用顶管法施工的难度较大

续表

序号	施工方法	优点	缺点	适用性	分　析
3	定向钻法	非开挖技术，对地面设施影响小，施工速度较快	对地质条件有一定要求，不适用于岩石等坚硬地层	软土地层或砂土地层，且管道直径不大的穿越工程	该工程的地质情况包括厚层状灰岩和岩溶裂隙，这些硬质岩层不适合采用定向钻法
4	盾构法	施工安全性高，对环境影响小	设备成本较高，施工速度相对较慢	城市地铁、大型排水、大直径隧道等工程	隧洞建设成本高，施工周期长，考虑到该工程的规模和经济性要求，盾构法不是最优选择
5	沉管法	施工速度快，成本相对较低	对地质条件有特定要求，不适用于软土地层或流沙地层	河床、海峡等水域的管道穿越工程	该工程复杂的地质条件和厚重的覆盖层，特别是岩溶裂隙和溶洞的存在，会使沉管法的施工难度和风险会显著增加
6	桥梁跨越法	对地形和地质条件具有较强的适应性，施工技术相对成熟	成本较高，可能对环境造成较大影响（例如视觉污染和生态破坏）	需要跨越河流、峡谷等障碍物的工程	施工成本相对较高，并对环境造成较大的视觉污染和生态破坏

3　施工计划

围堰导流总施工时间段为2021年11月1日—12月31日，属于枯水期。为确保顺利完工，制定了详细的施工计划，采用重点部位快速施工策略，并邀请监理和业主现场联合办公，优化流程，保障工程安全高效推进。围堰导流施工计划见表2。

表2　　围堰导流施工计划

序号	施工阶段	施工时间	主要施工内容
1	一期围堰填筑	2021年11月1—15日	①一期上、下游横向围堰、纵向围堰填筑；②堰体防渗土工膜埋设；③基坑排水
2	一期围堰内结构施工	2021年11月16—30日	①基坑开挖；②管道安装、外包混凝土及镇墩混凝土浇筑；③抛填块石施工
3	二期围堰填筑	2021年12月1—8日	①埋设二期导流涵管；②涵管上部填筑；③拆除一期纵向围堰及上、下游围堰；④填筑二期上、下游围堰及纵向围堰；⑤堰体防渗土工膜埋设；⑥基坑排水
4	二期围堰内结构施工	2021年12月9—22日	①基坑开挖；②管道安装、外包混凝土及4号镇墩混凝土浇筑；③抛填块石施工
5	围堰及导流涵管拆除	2021年12月23—31日	完成导流施工

4　围堰导流方案设计与实施要点

该工程主要采用围堰分两期施工及利用缩窄后的河道进行导流的整体设计思路。

4.1　围堰导流方案设计要点

根据施工要求，选用土石围堰布设，围堰导流方案主要设计要点如下。

4.1.1　堰顶高程设计

枯水期施工和采用分期导流方式，可从外部条件上减小施工导流及降排水的难度。由于跨河段下游300m左右处有一个小型的水库，形成围堰后的上、下游水位变化不大，因此一、二期围堰可采用相同的堰顶高程。一、二期上、下游围堰及纵向围堰堰顶高程计算如下。

（1）导流时段内壅水高度：103.30m－102.90m＝0.40m。

（2）安全超高：0.50m。

（3）波浪超高：0.30m。

（4）围堰堰顶高程：102.90m＋0.40m＋0.50m＋0.30m＝104.10m。

这样的设计既考虑了施工条件，也确保了围堰的安全稳定。

4.1.2　堰顶宽度设计

枯潭倒虹吸工程跨汪庄河段施工的主要内容为ϕ2200mm PCCP管道和ϕ2200mm钢管两种管道的安装及结构混凝土浇筑。管道安装最主要的设备为150t履带吊起重机。150t履带吊两履带外边缘净距离为6.60m，每侧考虑1.5m安全距离，下游围堰需作为现场管道安装及运输的临时通道，150t 履带吊起重机的最小工作距离为 6.60m＋1.5m×2＝9.60m≈10.0m。因此，下游围堰堰顶宽度取 10.0m。

上游围堰及纵向围堰堰顶宽度主要考虑自卸汽车载重运输及其他机械安全行走问题。自卸汽车载重行走宽度为 3.0m，每侧考虑 1.0m 安全距离。因此，上游围堰及纵向围堰堰顶宽度为 3.0m＋1.0m×2＝5.0m。

4.1.3 围堰主要参数设计

1. 一期围堰

（1）一期围堰施工选择在汪庄河右岸进行。一期上游围堰长度为 51.30m，堰顶宽度为 5.0m，下游围堰长度为 53.50m，堰顶宽度为 10.0m。一期纵向围堰长度为 38.40m，堰顶宽度为 5.0m。上、下游围堰两侧边坡坡比为 1∶2，上下游围堰迎水面侧坡脚填筑 2.0m 宽块石护脚，并顺填至堰顶。

（2）枯潭倒虹吸工程跨汪庄河处河道约 57m 宽，采用分期围堰导流时纵向（顺倒虹吸轴线方向）空间较窄，因此一期纵向围堰两侧边坡坡比为 1∶1。因围堰边坡较陡，在一期纵向围堰靠河道水面侧设置 6cm×8cm 的铅丝石笼护坡，铅丝石笼护坡设置长度为 75m，高度为 4.5m。枯潭倒虹吸工程跨汪庄河段一期围堰平面布置示意如图 1 所示。

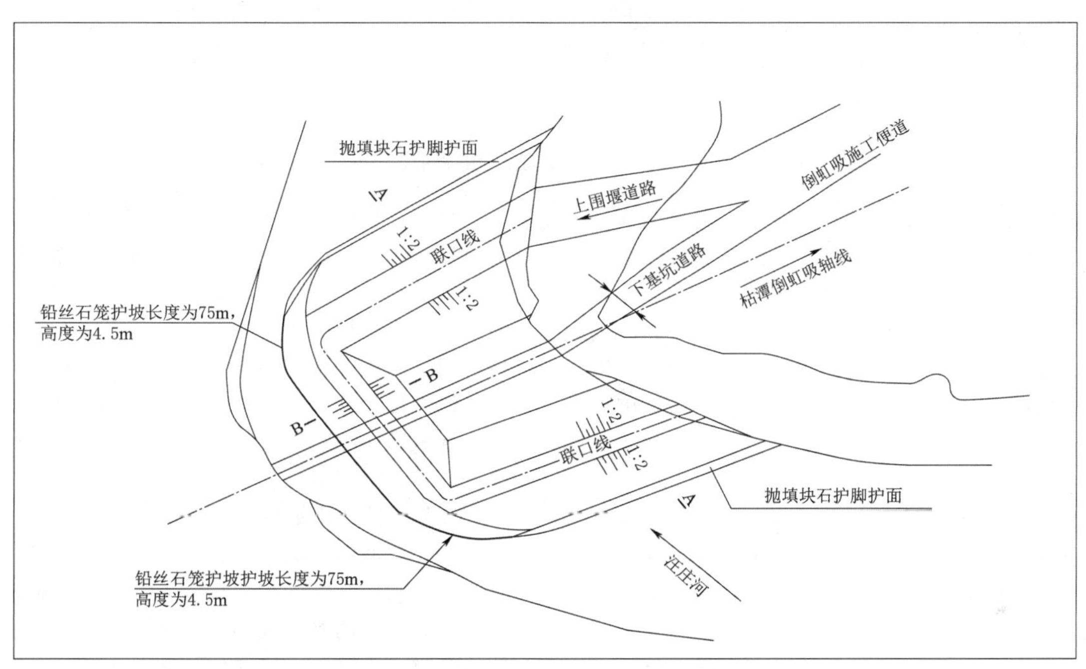

图 1 枯潭倒虹吸工程跨汪庄河段一期围堰平面布置示意图

2. 二期围堰

（1）二期围堰施工选择在汪庄河左岸进行。二期围堰施工前先在一期围堰段已经完成的块石护面上部填筑土石料至高程 100.50m 处，土石料回填范围为一期围堰基坑内全部空间。然后埋设二期导流涵管。二期导流涵管选择 ϕ2000mm 预制水泥承插管。根据曼宁公式计算得单管流量为 3.2m^3/s，由总流量可知管数：18.24m^3/s÷3.2m^3/s＝5.7，即 6 根。

（2）因此二期导流共埋设 6 排 ϕ2000mm 预制水泥承插管，涵管单排长度为 24m。涵管上部回填土石至高程 104.10m，两侧坡比为 1∶1，顶部宽度为 8.0m，同时兼作为左岸至右岸的临时道路。

（3）二期围堰结构尺寸如下：上游围堰长度为 44.3m，堰顶宽度为 5.0m；下游围堰长度为 40.60m，堰顶宽度 10.0m。二期纵向围堰长度为 16.80m，堰顶宽度为 5.0m。上、下游围堰两侧边坡坡比为 1∶2，上、下游围堰迎水面侧坡脚填筑 2.0m 宽块石护脚，并顺填至堰顶。二期纵向围堰两侧边坡坡比为 1∶1。

（4）一、二期围堰堰顶高程均为 104.10m。堰基设黏土截水槽防渗，黏土截水槽尺寸为 2.0m×2.0m（底宽×深度），开挖坡比为 1∶1。上、下游围堰和纵向围堰中间需设置双向单层防渗土工膜，土工膜伸入黏土截水槽内 1.0m，土工膜顶部高程为 103.50m，水平铺设长度为 0.4～1.0m，防渗土工膜规格为二布一膜（FN/PE－14－400－0.5）。

（5）二期上、下游围堰内侧堰脚距倒虹吸基坑开挖边线距离不小于 3m，在基坑 1.2m 范围内不得堆载土方。枯潭倒虹吸工程跨汪庄河二期围堰平面布置示意如图 2 所示。

4.2 围堰导流实施要点

4.2.1 施工工艺流程

1. 一期围堰

一期围堰施工工艺流程如下：倒虹吸表土清理→枯

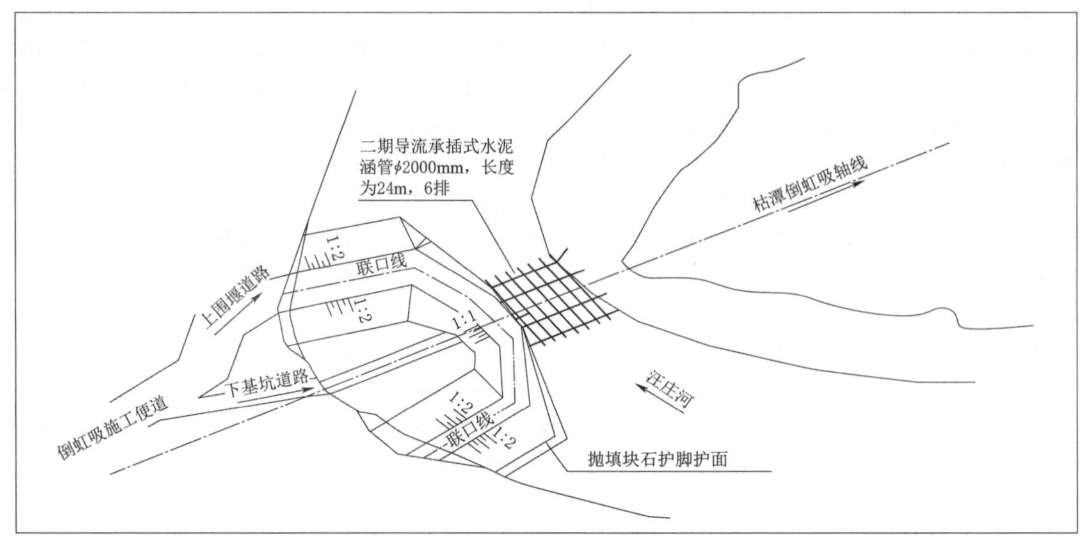

图 2　枯潭倒虹吸工程跨汪庄河二期围堰平面布置示意图

潭倒虹吸右岸管槽开挖→上、下游围堰填筑超出水面→上、下游围堰黏土截水槽施工→上、下游围堰防渗土工膜埋设→上、下游迎水侧围堰抛填块石护脚→上、下游围堰填筑至堰顶高程→纵向围堰填筑超出水面→纵向围堰黏土截水槽施工→纵向围堰防渗土工膜埋设→纵向围堰抛填块石护脚→纵向围堰填筑至堰顶高程→一期围堰填筑完成。

2. 二期围堰

二期围堰施工工艺流程如下：①对一期围堰全基坑范围填筑至高程 100.50m 处；②埋设二期围堰导流涵管，导流涵管采用承插式，涵管上游进水口及下游出水口均伸出围堰不小于 2.0m，涵管上游进口及下游出口端处均采用黏土编织袋及铅丝石笼进行加固防冲；③填筑涵管上部土石料至高程 104.10m。在拆除一期上、下游及纵向围堰的同时，按照一期围堰填筑的相同施工顺序进行二期围堰填筑。

4.2.2　围堰填筑

围堰填筑要点如下。

(1) 填筑用土、石料采用 20t 自卸汽车将倒虹吸开挖后的土、石料运输至填筑工作面，填筑顺序由右岸开始，采用进占法施工。

(2) 填料运至填筑工作面后，由有施工经验的施工人员指挥卸料，防止车辆过于靠后陷入虚土中而发生安全事故。卸料后由 50D 装载机对料堆进行推平，边推平边压实。每填筑一段距离后，由斗容为 1.4m^3 的反铲挖掘机对填筑面进行来回行走碾压，并对填筑边坡进行修整，直至围堰填筑完成。

(3) 上、下游围堰填筑时，先填筑围堰至超出水面高程，然后施工黏土截水槽、再施工防渗土工膜，堰体防渗施工完成后再行填筑堰顶高程，最后进行上游围堰堰脚 2.0m 厚抛填块石护脚护面的施工。

(4) 一期纵向围堰填筑方法与上、下游围堰相同，围堰填筑至堰顶设计高程后，进行靠河道侧 6cm×8cm 铅丝石笼护坡施工，铅丝石笼护坡采用人工进行装料，装料完成后由机械运输至工作面进行铺设。铅丝石笼填料必须全部为粒径不小于 15cm 为块石或卵石，不得采用机械装填，且不能有粒径小于 15cm 的材料混装。填筑围堰断面如图 3 所示。

4.2.3　围堰拆除

围堰拆除要点如下。

(1) 一期围堰填筑完成后的主要施工程序如下：基坑开挖（基坑经常性排水同时进行）→建基面验收→管道基础施工（同时完成镇墩基础施工）→钢结构管道安装→管道探伤验收→钢管外包混凝土施工（同时完成镇墩混凝土施工）→混凝土外观验收→管道回填→顶部块石护面施工。

(2) 二期围堰块石护面施工完成后，枯潭倒虹吸工程跨河段管道施工已全部完成，可进行上、下游围堰、二期纵向围堰、二期导流涵管及涵管上部和下部填筑料的拆除施工。

(3) 上、下游围堰的拆除施工同时进行，上、下游围堰拆除速度不宜相差过大，避免基坑内形成较多的积水，对围堰拆除增加不必要的施工难度和安全隐患。围堰拆除从右岸向左岸进行。

(4) 一期围堰拆除多余的土石料，二期上、下游围堰及纵向围堰和导流涵管上部、下部回填拆除后的土石料运至指定的弃渣场。

4.2.4　监测监控

在施工过程中，在围堰四周及开挖边坡上设置变形观测点，每天 3 次对围堰进行变形观测，同时现场施工管理人员应加强对边坡稳定的检查，如发生滑塌险情需立即组织人员撤离。

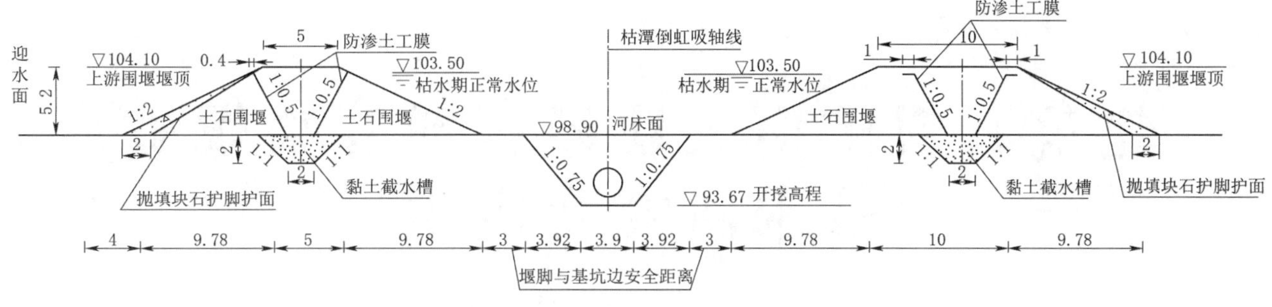

(a) 上、下游横向围堰断面图

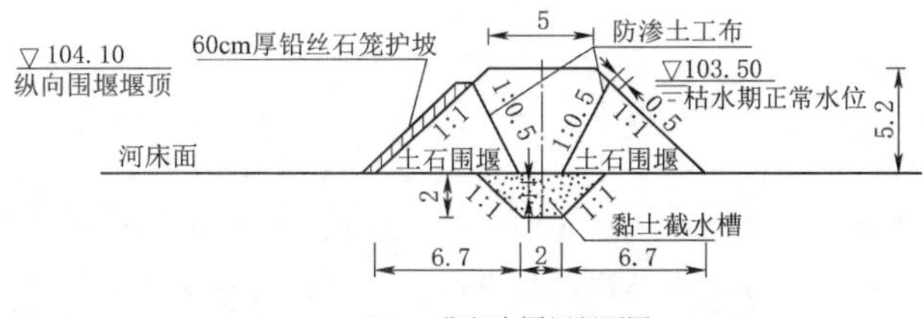

(b) 一期纵向围堰断面图

图 3　填筑围堰断面图（单位：m）

2021 年 12 月 13 日，广西驮英灌区东干渠工程枯潭倒虹吸工程跨汪庄河过河段顺利完成（图 4）。该工程最深河流处围堰截流任务的顺利完成为 2022 年正常度汛奠定了坚实基础。从 2021 年 11 月施工到工程顺利完工，未发生任何事故，并将工期缩短 10 天，社会与经济效益较显著。

图 4　广西驮英灌区东干渠工程顺利完成围堰截流任务

5　结语

围堰束窄河道导流技术在广西驮英灌区东干渠工程枯潭倒虹吸工程压力钢管穿越汪庄河段成功应用，解决了施工过程中面临的河道水环境多变、覆盖层厚重的复杂地质条件以及有限的施工空间等难题，为压力钢管安装提供了良好的环境施工，安装质量大大提高。围堰的构建和拆除过程经过精心规划，确保对河流生态环境无不利影响，并通过合理安排和紧密配合，使该技术应用既能保证施工质量，又能加快施工进度，可为类似工程提供借鉴和参考。

建筑石料矿山大块径石料开采爆破技术研究及应用

郭　丹　魏　伟　郭小亚/中国水利水电第十二工程局有限公司

【摘　要】瓯飞一期围垦工程中的海堤大块石固脚、护坡等对大块径石料（$m \geqslant 100$kg）需求量大幅提高。本文在控制爆破对周边环境影响的前提下，通过优化爆破参数，优选爆破位置，实现石料爆破开采大块径石料获得率不小于32%，局部地质条件较好部位获得率达40%。石料开采大块率显著提高，实现了料场按需供应要求，经济技术效益明显，研究成果可为类似工程提供参考。

【关键词】大块率　爆破施工　爆破参数　装药结构

1　引言

大块石是围垦工程进行护面施工的主要原料，瓯飞料场作为瓯飞一期围垦工程的专供料场，需根据工程不同时期的石料需求情况，开采不同规格的石料。根据瓯飞一期围垦工程的施工内容和施工强度分析结果，瓯飞料场大块径石料（$m \geqslant 100$kg）获得率需达到30%，方能满足大块石护面施工的进度要求，同时要避免因料场其他规格石料滞压而压缩施工工作面，影响大块石开采效率。

爆破大块石的产生部位主要在边孔和台阶坡面之间，炮孔岩粉充填部位，软、硬矿岩交接面部位，节理裂隙发育等地质较复杂的位置。影响矿山爆破产生大块径石料的因素众多，包括地质条件、爆破设计、爆破参数等。地质条件是决定矿山爆破效果的重要因素之一，当矿体的地质条件有利于裂隙发育、岩石断裂和破碎时，通常会产生更多的大块石。合理的装药密度是爆破产生大块石的关键，过高或过低的装药密度都可能导致不良的爆破效果。合理的装药排布和起爆顺序可以促使岩石在较大范围内同时破裂，形成大块石。爆破参数包括爆破药量、起爆时机、爆破孔的直径和深度等，参数的选择需要根据具体的地质条件和爆破目标进行调整，以达到产生大块石的效果。

本文在地形地质及环境现场勘查的基础上，开展爆破设计，优化爆破参数，通过优化装药设计和钻孔排布，有效提高了石料开采大块率，降低了爆破施工成本，保障了工程所需的石料供应，同时有效控制了爆堆的塌落方向、范围、高度及松散程度，提高了挖装效率，研究成果可为类似工程提供参考。

2　研究方法

基于对爆破产生大块石的影响因素的分析，根据岩石特性及施工经验初步计算孔网参数，在岩体条件相近的区域，通过试验优化爆破参数，得出爆破参数因素与开采大块率之间的响应关系。控制爆破参数相同，选择地质条件不同的位置进行爆破试验，得出岩体条件对开采大块率的影响规律。对大块径石料开采施工及试验中获取的技术参数进行总结分析，形成研究成果。技术路线如图1所示。

3　爆破工艺流程

3.1　测量放样

爆破前进行现场测量放样，保证台阶高度、坡度和钻孔深度数据符合设计要求。平台和施工便道是高效生产多种规格石料的关键，根据工程实际情况分别确定爆破平台产量，采用不同爆破参数爆破。根据不同平台产量设计不同宽度道路，以便机械设备通行，满足高强度施工时车流畅通的要求，实现高效施工。

3.2　爆破设计

装药结构是影响大块率的重要因素，装药结构设计时需要考虑岩体强度，岩体地质结构等因素。瓯飞料场岩石为深灰色流纹质晶屑凝灰岩，中风化，矿区内岩体褶皱和断裂构造发育，构造形态主要为节理，目前可见

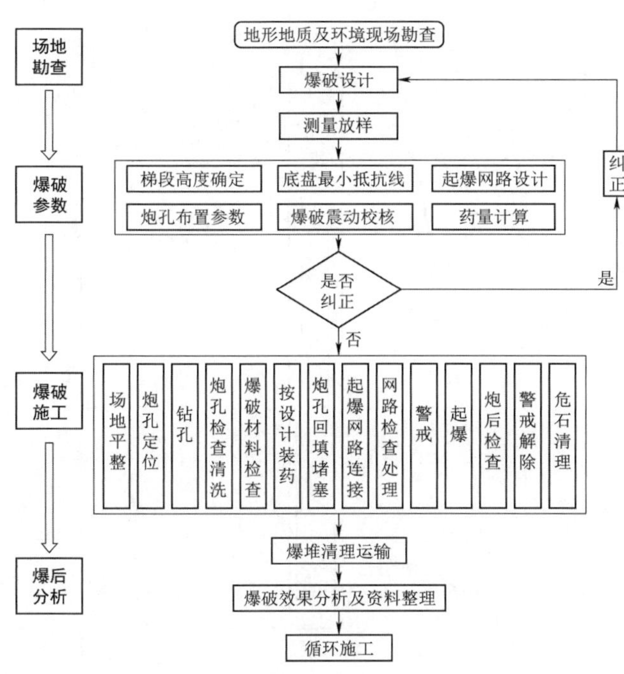

图1 技术路线

有四组。矿石天然密度为 2.59t/m^3，干燥状态平均抗压强度为 90MPa，饱和状态平均抗压强度为 79MPa，软化系数为 0.85～0.91。根据大块径石料的要求及地形地质条件进行爆破设计，实现每个炮孔的爆破大块石合格率最大提升。爆破选用 2 号岩石乳化炸药，并对间隔装药和连续装药两种装药结构进行对比。

3.2.1 间隔装药

间隔装药爆破设计如图 2 所示。

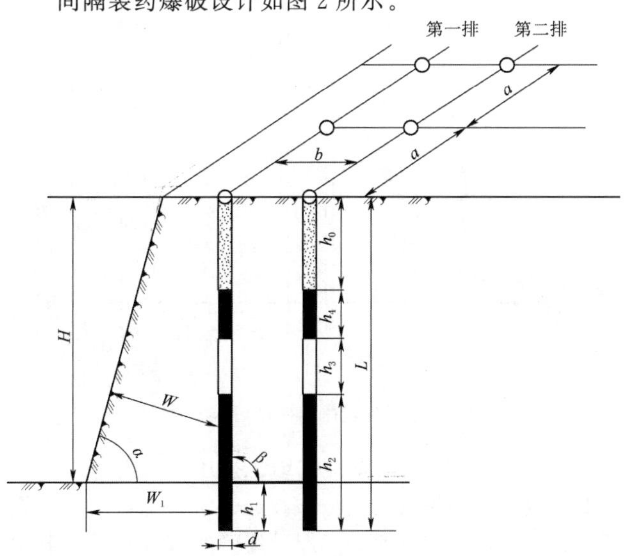

图2 间隔装药爆破设计

H—台阶高度，取 15m；d—钻孔直径，取 115mm；α—台阶面倾角；β—钻孔角度，取 90°；W—前排抵抗线；W_1—底盘抵抗线；L—钻孔孔深；h_0—堵塞长度；h_1—钻孔超深；h_2—下部装药长度；h_3—中间空气间隔段长度；h_4—上部装药长度；a—孔距；b—排距

（1）装药参数说明如下：①孔距 $a=mW_1$，m 为炮孔密集系数，取 1.2；②排距 $b=(0.6\sim1.0)W_1$，取 $b=W_1$；③单孔负担面积 $S=ab=aW_1$；④装药线密度 $q_1=\frac{\pi}{4000}d^2\Delta$，$\Delta$ 为装药密度，取 0.9g/cm^3；⑤单孔下部装药量 $Q_2=q_1h_2$；⑥单孔上部装药量 $Q_4=q_1h_4$；⑦单孔装药量 $Q=Q_2+Q_4$。

（2）设计方法如下：①底盘抵抗线 $W_1=40d=4.6\text{m}$，取 4.5m；②堵塞长度 $h_0=0.8W_1=3.68\text{m}$，取 4m；钻孔超深 $h_1=(10\sim20)d=1\text{m}$；③装药线密度 $q_1=\frac{\pi}{4000}d^2\Delta=9.35\text{kg/m}$；④钻孔间排距 $b=W_1=4.5\text{m}$，单孔负担面积 $S=ab=aW_1=1.2(40d)^2=25.4\text{m}^2$；⑤底部装药长度 $h_2=1.3W_1=5.85\text{m}$，取 6m；单孔下部装药量 $Q_2=q_1h_2=56.1\text{kg}$；⑥上部装药长度 $h_4=L-h_0-h_2-h_3=4.5\text{m}$；单孔上部装药量 $Q_4=q_1h_4=\frac{\pi}{4000}d^2\Delta h_4=25.7\text{kg}$；⑦单孔装药量 $Q=Q_2+Q_3=81.8\text{kg}$。

（3）设计校核如下：按经验取单耗 $q=0.35\text{kg/m}^3$，则 $Q=qhab=89.3\text{kg}$，设计符合要求。

3.2.2 连续装药

连续装药的爆破其他参数与间隔装药一致，连续装药爆破设计如图 3 所示。

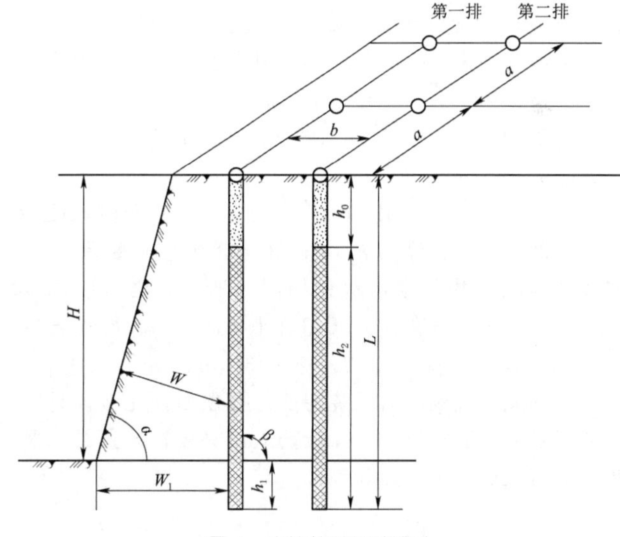

图3 连续装药爆破设计

（1）选定单耗 $q=0.35\text{kg/m}^3$；炮孔密集系数 $m=1.2$；底盘抵抗线 $W_1=4.5\text{m}$；孔距 $a=5.4\text{m}\approx5\text{m}$；堵塞长度 $h_0=(0.7\sim0.8)W_1=3.5\text{m}$；装药长度 $h_2=L-h_0=12.5\text{m}$。

（2）单孔装药量 $Q=qaW_1H=118\text{kg}$。

（3）设计校核：线装药密度 $q_1=9.35\text{kg/m}$；$Q=q_1h_2=117\text{kg}$，设计符合要求。

3.3 钻孔

布孔应根据台阶高度确定合理参数，如抵抗线、孔距、排距、炮孔超深等，炮孔布置型式直接影响爆破石料的级配。炮孔平面布置成长方形，采用双排孔进行爆破。炮孔平面布置示意如图 4 所示。

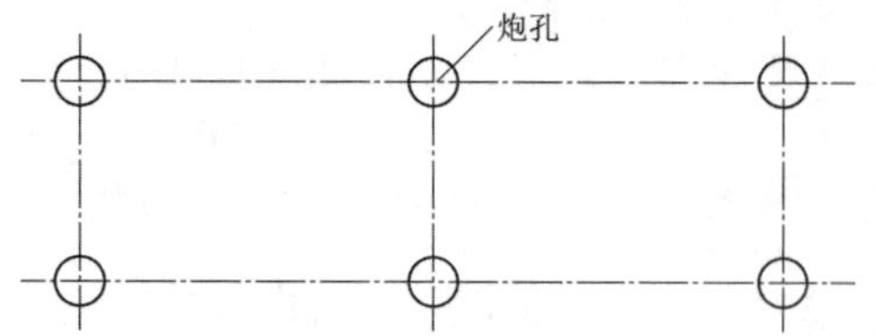

图 4 炮孔平面布置示意图

钻机的对位直接影响钻孔质量，其要求为对位准、方向正、角度精；钻孔作业要求必须熟悉岩石性质，摸清不同岩层的凿岩规律；孔口完整，孔壁光滑，保证排渣顺利；软岩慢打，硬岩快打；炮孔钻好以后，用压缩空气清除孔底的岩粉和岩屑，测量炮孔深度及角度，验收合格后，做好炮孔防护工作，防止地表水及杂物流入孔内。

3.4 装药

钻孔直径为 115mm 时，上部装药段长度为 h_4，采用 90mm 炸药药卷，使药包不挤压；下部装药段长度为 h_2，采用 90mm 炸药药卷将孔填满；中间采用 PVC 管或竹筒隔开形成间隔段；顶部堵塞段长度为 h_0，采用岩粉或炮泥逐层捣实。间隔装药炮孔装药结构示意如图 5 所示。当台阶高度 $H=15$m、垂直钻孔、钻孔超深取 $h_1=1$m、炮孔长度 $L=16$m 时，取 $h_2=6$m、$h_3=1.5$m、$h_4=4.5$m、$h_0=4$m。

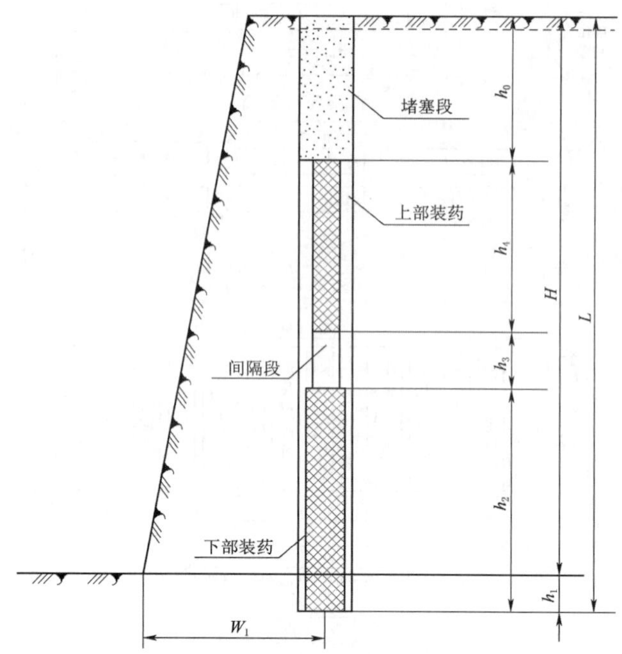

图 5 间隔装药炮孔装药结构示意图

连续装药时，采用 90mm 炸药药卷，装药段长度为 h_2，顶部堵塞段长度为 h_0，采用岩粉或炮泥逐层捣实。连续装药炮孔装药结构示意如图 6 所示。当台阶高度 $H=15$m、垂直钻孔、钻孔超深取 $h_1=1$m、炮孔长度 $L=16$m 时，取 $h_2=12.5$m、$h_0=3.5$m。

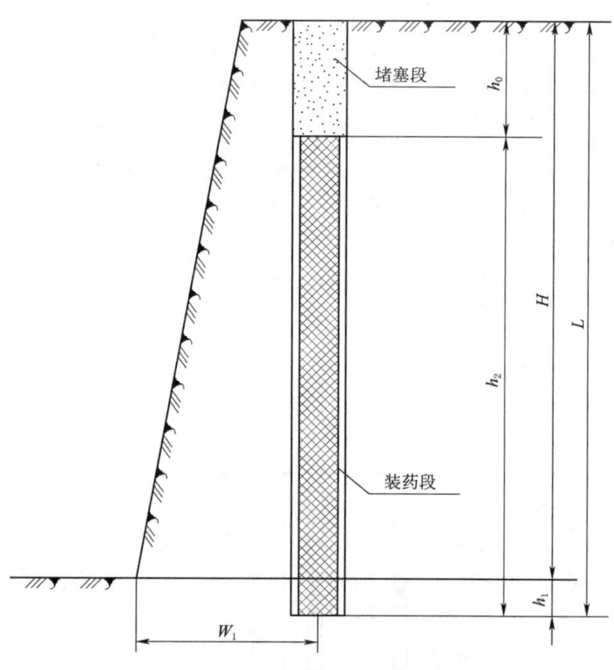

图 6 连续装药炮孔装药结构示意图

采用人工装药方式，装药前每孔顶面预先按设计数量放置各种不同规格炸药，装药人员必须按装药结构及数量进行装药，装药必须到位。

3.5 连接起爆网路

采用毫秒导爆管雷管，连接成簇并联起爆网路。同排炮孔雷管宜采用同段别雷管，后排雷管比前一排雷管延迟 100～150ms 起爆。

3.6 验收网路

网路连接所用的爆破器材必须与设计一致，确保雷管的起爆时间与设计相符。网路节点传爆雷管应呈“一”字形反向绑扎，不得打结、挤压、对折等。孔外延期连接时，导爆管均匀分布在起爆雷管上，用胶布紧密包扎，并用沙包压盖。起爆导爆管的雷管与导爆管捆扎端头的距离不小于 15cm。爆破网路的防护必须按设计进行，防护过程中必须确保网路安全。

3.7 清场、警戒和起爆

深孔台阶爆破最小安全距离不得小于 200m；沿山

坡爆破时，下坡方向飞石安全允许距离不得超过 300m。根据警戒信号，对爆区进行清场，确认安全后，起爆站按指挥部指令准时起爆。

3.8 爆后检查和危石清理

在起爆后 5min，烟尘消散后，对爆破工作面及警戒区内进行安全检查，检查内容包括：确认有无盲炮；爆堆是否稳定，有无危坡、危石；警戒区内的设备、建筑物有无受损。确认爆区安全后向爆破现场指挥人员报告，解除警戒。怀疑有盲炮时，按照规定进行盲炮的检查与排除。

4 爆破效果分析

4.1 间隔装药

间隔装药爆破因排距较小，只有前排产生大块径石料，后排块石率低，不能满足大块径石料的生产需求。根据现场调整参数及多次试验的结果，对孔距与排距进行调整，调整后间隔装药炮孔装药结构示意如图 7 所示。

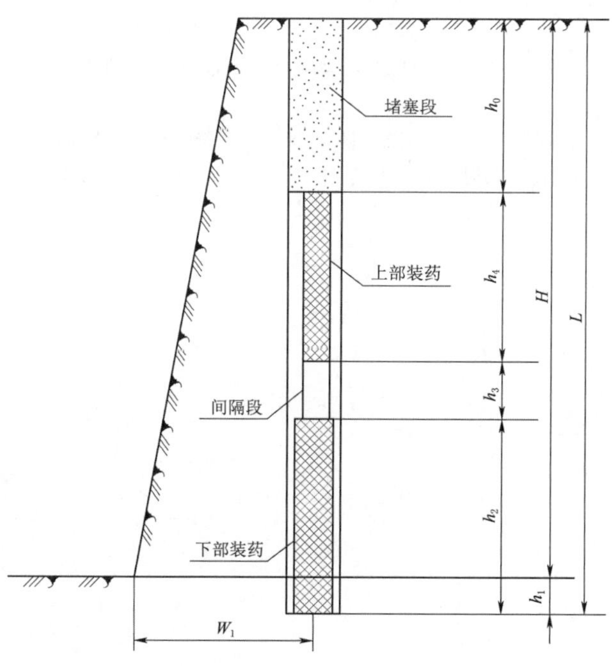

图 7 调整后间隔装药炮孔装药结构示意图

(1) 将原有孔距和排距进行适当调整，并将孔距和排距与一般爆破的孔距和排距进行对调，取孔距 $a=4$m、排距 $b=5$m。底盘抵抗线不变，$W_1=4.5$m；堵塞长度 h_0 取 6m 时上部爆破块度较好。

(2) 钻孔间排距 $b=5$m，单孔负担面积 $S=ab=20\text{m}^2$。

(3) 装药线密度 $q_1=\frac{\pi}{4000}d^2\Delta$。

(4) 底部装药长度 $h_2=W_1$；底部装药量 $Q_2=q_1h_2$。

(5) 上部装药长度 $h_4=L-h_0-h_2-h_3$；上部装药量 $Q_4=q_1h_4$。

(6) 单孔装药量 $Q=Q_2+Q_3$。

(7) 单耗 $q=\frac{Q}{abH}=0.22\text{kg/m}^3$。该设计单耗比经验单耗小，堵塞长度是经验公式最大值的 1.5 倍，爆破大块率高。

4.2 连续装药

连续装药因装药长度长，堵塞较少，爆破后整体大块径石料产量极低。根据现场多次爆破试验得出在堵塞长度为 7.5m 时，岩石较好部位的爆破大块径石料获得率可达到 40%，故根据现场试验，对连续装药爆破设计参数进行调整。调整后连续装药炮孔装药结构示意如图 8 所示。

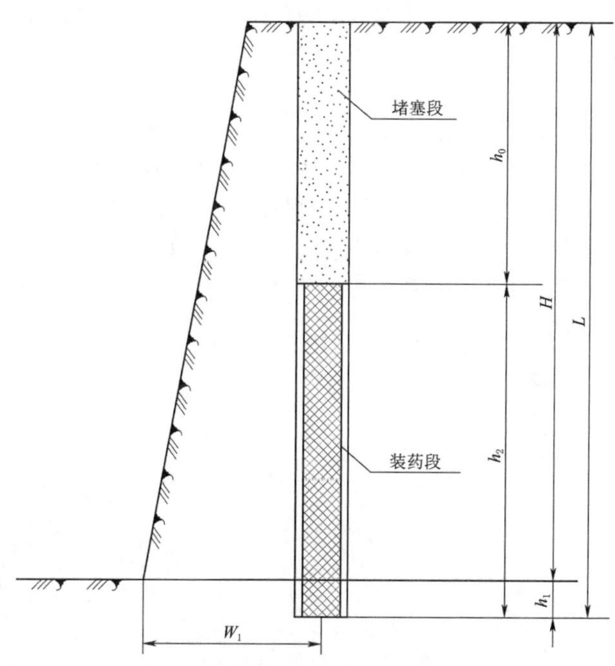

图 8 调整后连续装药炮孔装药结构示意图

(1) 根据现场试验对孔距和排距适当减小，取 $a=5$m、$b=4$m、$W_1=4.5$m 不变。

(2) 装药长度 $h_2=8.5$m。

(3) 线药密度 $q_1=9.35\text{kg/m}^3$。

(4) 单孔装药量 $Q=q_1h_2=79.5$kg。

(5) 单耗 $q=\frac{Q}{abH}=0.27\text{kg/m}^3$。该设计单耗比经验单耗小，堵塞长度是经验公式最大值的 2 倍，爆破大块率高。

根据研究成果确定的爆破参数及爆破位置，使大块率从 15%左右提高到 32%以上，局部地质条件较好处达 40%，解决了料场大块石按需供应的难题。通过实施精细化爆破，精确量化爆破参数，降低大块径石料爆破开采单耗至 0.22～0.27kg/m³，节省了成本，提高了炸药利用率，经济社会效益明显。研究成果应用于实际工程中取得良好效果。

料场爆破开采时采用的爆破孔径为 115mm，常规爆破开采采用的孔排距约 4m×3m，炸药单耗约 0.32kg/m³。建筑石料矿山大块径石料开采爆破工法经多次现场试验、调整参数，该项目采用的孔排距为 5m×4m，炸药单耗可降低至 0.22～0.27kg/m³。钻孔成本可降低至 1.10 元/m³；炸药成本可降低至 0.582 元/m³，合理设计爆破参数后，开采综合成本可降低 1.68 元/m³。

5 成果应用

研究成果应用于瓯飞一期围垦工程专供料场施工项目和玉环县漩门三期围垦工程。瓯飞一期围垦工程专供料场完成大块石供应 231.22 万 m³，最高月供应强度为 11.21 万 m³/月；玉环县漩门三期围垦工程完成大块石供应 160.78 万 m³，最高月供应强度为 13.93 万 m³。形成的大块径石料开采爆破工法有效提高了石料开采大块率，降低了爆破施工成本，保障了工程所需的石料供应，同时有效控制了爆堆的塌落方向、范围、高度及松散程度，提高了挖装效率，经济社会效益显著，具有推广应用前景。

6 结语

为提高矿山爆破时大块径石料开采率，本文通过现场爆破试验、优化爆破参数，形成了一套可有效提高大块径石料开采率的爆破施工技术。与传统台阶爆破方法相比，石料大块率从 15%左右提高到 32%以上，局部地质条件较好处达 40%，大块径石料爆破开采单耗至降低 0.22～0.27kg/m³，有效保障了施工石料供应，降低了综合成本，研究成果可为类似工程提供参考。

参考文献

[1] 连泽俭，韩凌杰，臧振涛．提高海堤迎潮面护面结构爆破大块率的试验分析 [J]．江西水利科技，2020，46 (1)：43-45.

[2] 李梅，王禹函，吴矾，等．不同装药形式对柱状结构爆破效果影响分析 [J]．爆破，2019，36 (2)：54-58，98.

[3] 耿贵刚，池恩安，刘凤钱．中深孔爆破大块产生的原因分析及降低大块率的技术措施 [J]．矿业研究与开发，2011，31 (4)：104-106，117.

[4] 张忠爱．深圳填海工程爆破大块原因分析及对策 [J]．西部探矿工程，2004 (5)：130-132.

[5] 沈兴玉，崔光峰，任昌胜，等．露天爆破大块率高及根底产生的原因及降低措施 [J]．现代矿业，2010，26 (7)：96-97.

[6] 程新涛，闫大洋，陈运成，等．规格石爆破施工技术的探讨 [J]．广东化工，2013，40 (21)：28.

基于有限元强度折减法的引水明渠边坡稳定性分析

郭廷凯　李云霞　陈方哲/中国水利水电第十二工程局有限公司

【摘　要】本文针对引水明渠设计的边坡稳定问题，以驮英水库及灌区工程的东干渠工程引水明渠边坡为研究对象，采用ABAQUS有限元软件，通过数值模拟和强度折减法进行定量分析，确定了边坡稳定安全系数、滑动面的形状及位置。结果表明，边坡安全稳定满足要求，且与现场监测数据结果吻合，验证了原设计方法的可行性和有效性，确保了该项目的施工安全。不仅为边坡工程设计和风险评估提供了科学依据，而且为类似工程提供了借鉴和参考。

【关键词】ABAQUS　数值模拟　强度折减法　引水明渠　边坡稳定性

1　引言

广西壮族自治区崇左市驮英水库及灌区工程的东干渠工程总长64.21km，其中引水明渠长46.29km。根据设计要求在渠道开挖边坡低于8m位置的边坡采用草皮护坡方式，施工长度为41.66km；超过8m位置的边坡采用框格梁草皮护坡的方式，施工长度为4.63km。边坡设计护坡方式如图1所示。

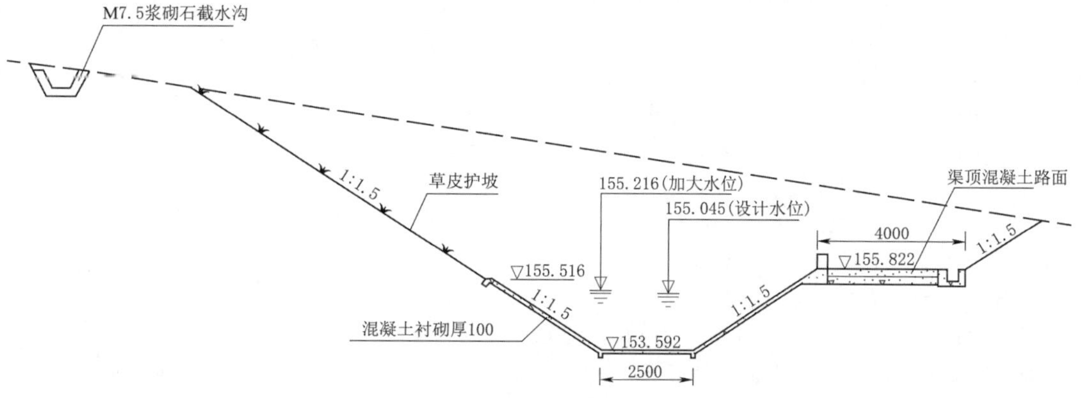

（a）未超过8m位置草皮护坡

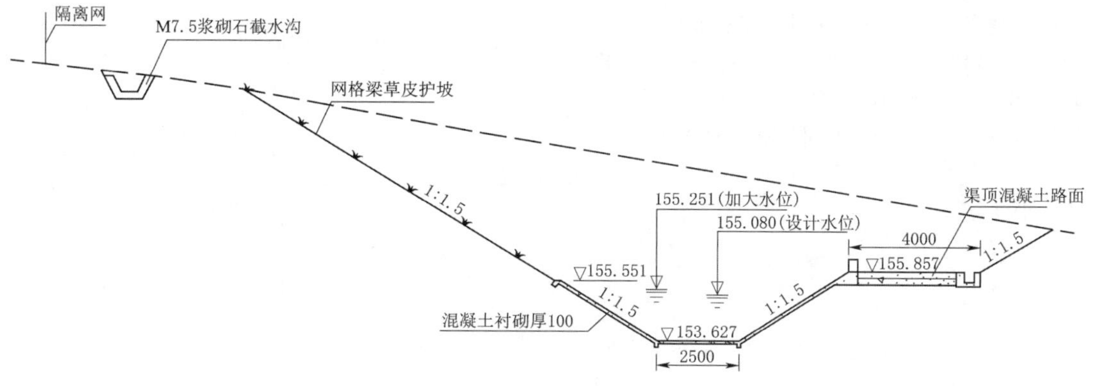

（b）超过8m位置框格梁草皮护坡

图1　边坡设计护坡方式（尺寸单位：mm，高程单位：m）

该工程采用草皮护坡进行边坡维护的占比为90%，且大部分渠道边坡高度接近8m，仅采用草皮护坡可能无法保证边坡安全，产生边坡滑动，造成边坡失稳。为避免给工程安全、进度、质量和施工成本带来影响，有必要开展该工程的边坡稳定性验证分析。

边坡稳定性是引调水工程的重要研究内容之一，直接关系到工程的安全性和经济性。常用的边坡稳定性分析方法主要有极限平衡法、有限元分析法等。极限平衡法的局限性主要体现在其假设条件的复杂且多样，存在安全系数渐变问题，难以全面考量；同时，该方法无法有效反映边坡破坏的实际过程及应力—应变分布情况，因此在应用中存在明显不足。有限元分析法优势主要体现在它是一种以弹塑理论为基础的定量方法，能处理岩石边坡工程的复杂边界、地质环境及岩体特性，如不连续、不均匀、各向异性，已成为分析边坡稳定性的有效手段，在研究和工程实践中得到广泛应用。本文论述了有限元强度折减法在引水明渠工程边坡稳定性分析中的实际应用效果。

2 有限元强度折减法的原理

ABAQUS是一款基于有限元原理的先进工程仿真软件，特别适用于复杂岩土工程的分析与模拟。通过精细的数值模拟技术，实现对岩土体在各种工况下真实响应的精准捕捉，为工程师提供详尽的分析数据，助力复杂岩土工程的科学决策与设计优化。

强度折减法是有限元分析方法的一种，其基本原理是通过不断降低边坡岩、土体的抗剪强度参数（如黏聚力 c 和内摩擦角 φ），并代入模型进行重复计算，直到边坡达到临界破坏状态。此时，边坡的折减系数 F_r（或安全系数 K）即为使边坡刚好达到临界破坏状态时，对岩、土体的抗剪强度进行折减的程度。强度折减法不仅无须事先确定滑动面的形状与位置，自动找到滑动面，提高分析的准确性和效率；而且还能将强度储备安全系数与边坡的整体稳定系数统一起来，为边坡稳定性分析提供更为全面的评估方法。因此本文结合两者优点采用ABAQUS有限元软件和强度折减法进行工程研究。

但对于边坡失稳评判，目前尚无统一判据，通常判断土坡达到临界破坏的评价标准主要为数值计算的收敛性[1]、塑性区的贯通性[2] 以及特征部位位移的突变性[3]。

3 工程算例分析

3.1 数值模型建立

根据边坡工程情况，取边坡高度为8m，建立相应的ABAQUS数值模型。数值模型具体参数如下：三维边坡主要尺寸为24m×16m×8m，边坡坡比为1∶1.5，高度为8m。边坡有限元模型网格节点数量为8513个，C3D4单元数量为43815个，典型三维边坡有限元模型如图2所示。

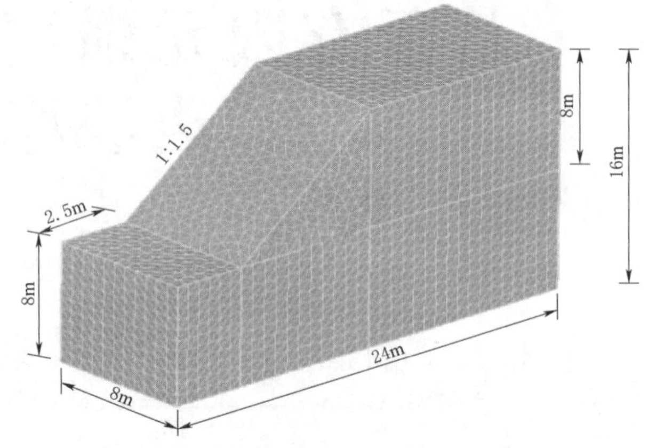

图2 典型三维边坡有限元模型

边坡土层底部固定，四周约束法向位移，整体施加重力。根据边坡的实际地质条件，边坡土体原始材料参数见表1。

表1 边坡土体原始材料参数

项目	重度 γ /(kN/m³)	弹性模量 /MPa	泊松比 μ	内摩擦角 φ/(°)	黏聚力 c /(kN/m²)
参数	16.8	12	0.3	28	20

3.2 折减强度参数计算

在ABAQUS数值模拟中，通过逐步减小岩土体的抗剪强度参数（如黏聚力 c 和内摩擦角 φ），模拟边坡的强度折减过程。因此通过调整折减系数 F_r（或安全系数 K），同时降低边坡岩、土体的抗剪强度参数（c 和 φ）。

折减后抗剪强度参数可以通过如下公式计算[1]：

$$C_m=\frac{c}{F_r} \tag{1}$$

$$\varphi_m=\arctan\left(\tan\frac{\varphi}{F_r}\right) \tag{2}$$

式中：C_m 为强度折减后黏聚力，kN/m²；c 为原始黏聚力，kN/m²；F_r 为强度折减系数；φ_m 为强度折减后内摩擦角；φ 为原始内摩擦角。

强度折减参数见表2。

表2 强度折减参数

强度折减系数 F_r	原始内摩擦角 φ/(°)	强度折减后内摩擦角 φ_m/(°)	原始黏聚力 c/(kN/m²)	强度折减后黏聚力 C_m/(kN/m²)
1.0	28	28.00	20	20.00
1.1	28	25.80	20	18.18
1.2	28	23.90	20	16.67
1.3	28	22.24	20	15.38

续表

强度折减系数 F_r	原始内摩擦角 $\varphi/(°)$	强度折减后内摩擦角 $\varphi_m/(°)$	原始黏聚力 $c/(kN/m^2)$	强度折减后黏聚力 $C_m/(kN/m^2)$
1.4	28	20.80	20	14.29
1.5	28	19.52	20	13.33
1.6	28	18.38	20	12.50
1.7	28	17.37	20	11.76
1.8	28	16.46	20	77.17
1.9	28	15.63	20	10.53
2.0	28	14.89	20	10.00

3.3 数值模拟结果分析

在数值模拟过程中，不断增加折减系数，降低坡体的材料参数，直至计算不收敛。边坡发生整体失稳时，记录对应的折减系数，即为边坡的稳定安全系数。本文依据数值计算不收敛、塑性区贯通以及特征点位移突变进行稳定性评判分析。

3.3.1 各折减系数下的边坡塑性变形分析

将表 2 中折减后的参数代入模型，进行边坡塑性变形分析，各折减系数下的边坡塑性应变云图如图 3 所示。

从图 3 的塑性应变结果可以看出，在强度折减系数为 1.9 时，边坡已形成塑性贯通区，滑动面较为完整，因此判定在强度折减系数达到 1.9 前，边坡已发生失稳滑坡现象。

3.3.2 各折减系数下的边坡水平位移分析

将表 2 中折减后的参数代入模型，进行边坡水平位移分析，各折减系数下的边坡最大主塑性应变云图如图 4 所示。

从图 4 的水平位移结果可以看出，在强度折减系数达到 1.8 后，边坡最大水平位移增大明显加快。

3.3.3 折减系数与水平位移分析

为进一步了解折减系数与水平位移的关系，三维边坡模型关键点 N13 的水平位移随折减系数变化曲线进行分析（图 5）。

从图 5 可以看出，在强度折减系数达到 1.8 后，边坡最大水平位移增大速率出现明显提升。

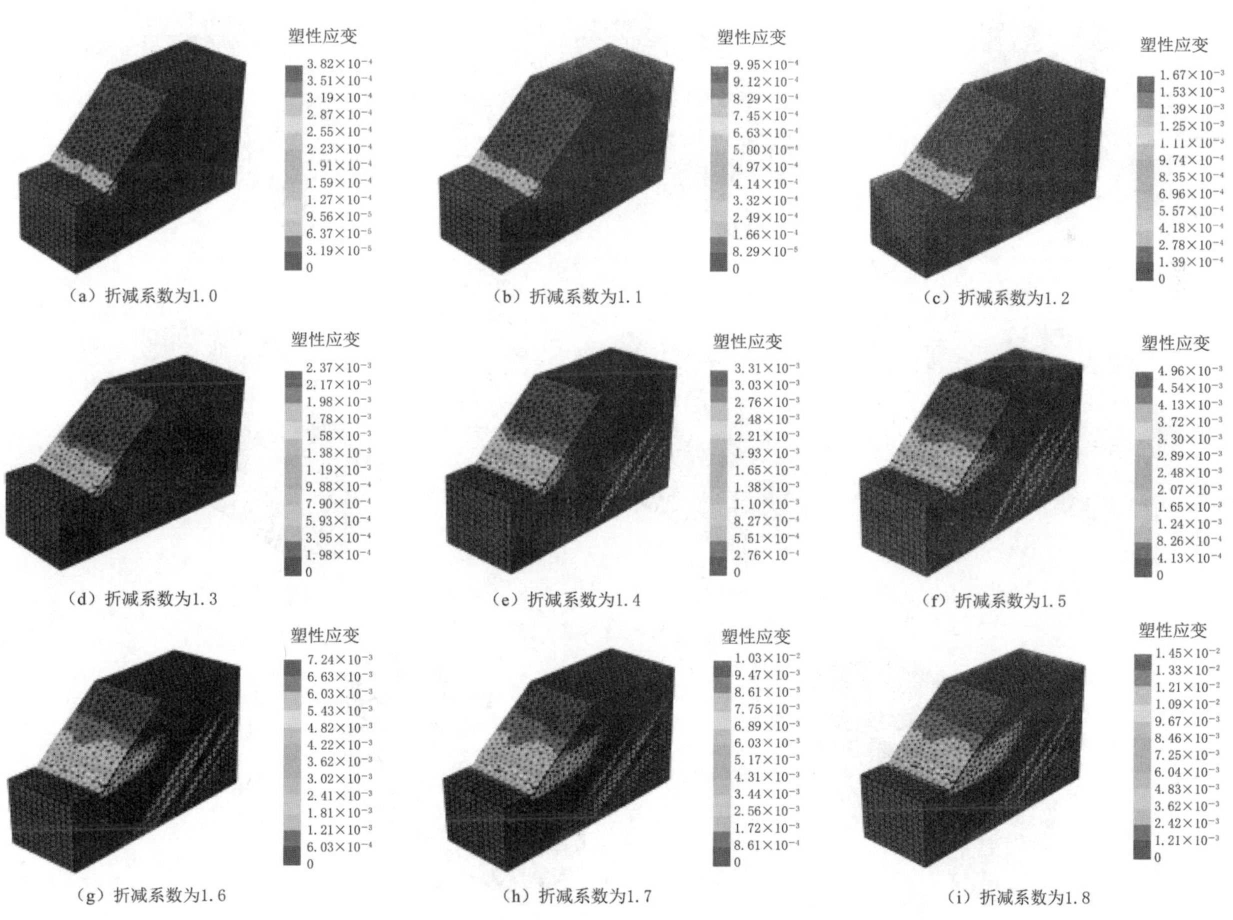

图 3（一） 各折减系数下的边坡塑性应变云图

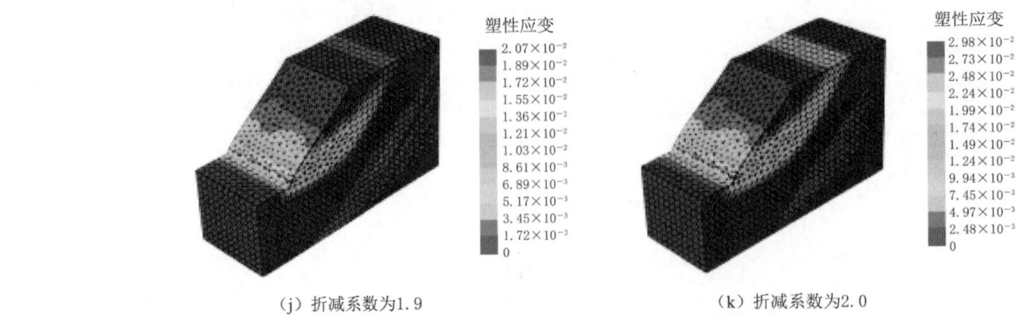

(j) 折减系数为1.9　　(k) 折减系数为2.0

图 3（二） 各折减系数下的边坡塑性应变云图

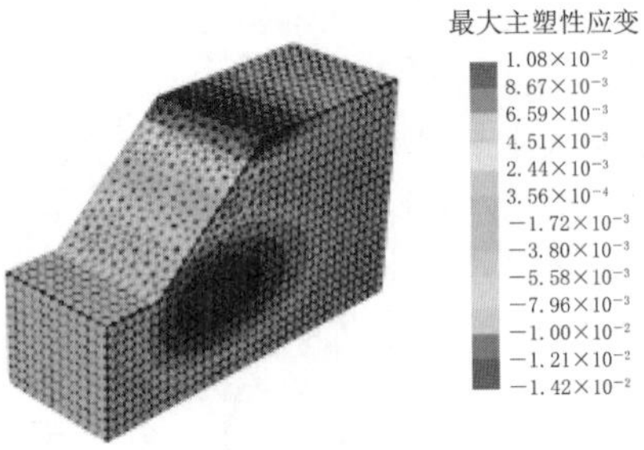

(a) 折减系数为1.0 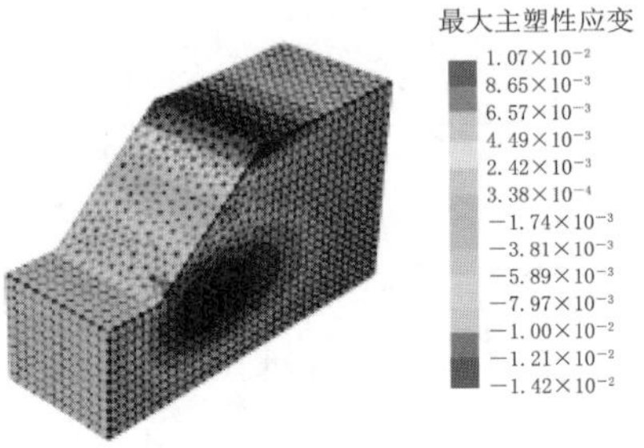　　(b) 折减系数为1.1 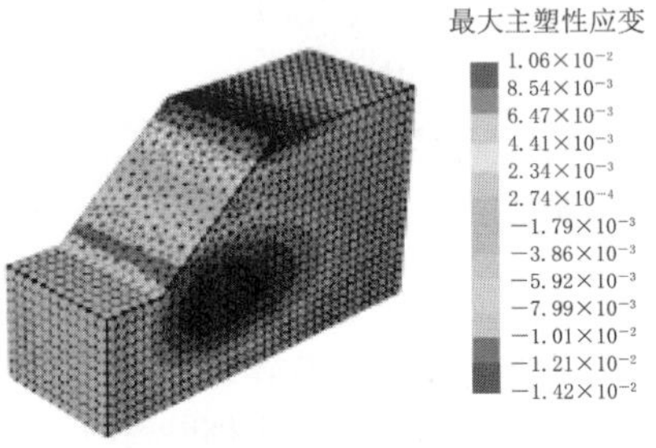　　(c) 折减系数为1.2

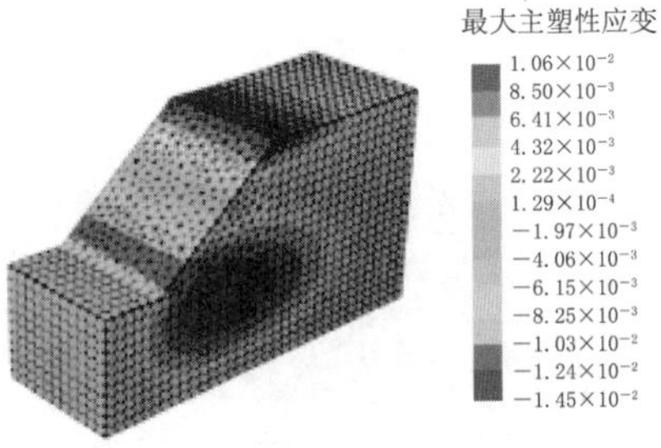

(d) 折减系数为1.3 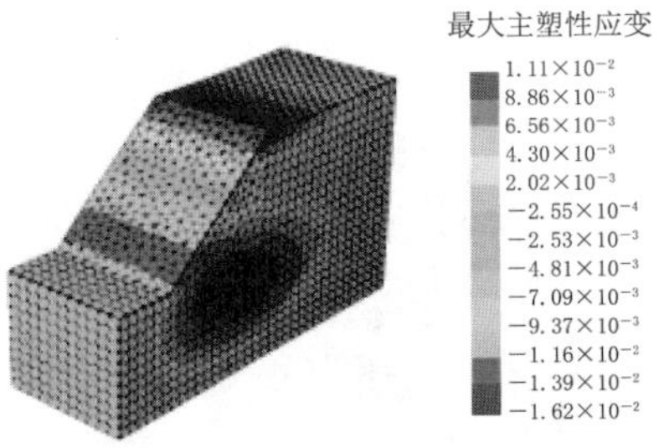　　(e) 折减系数为1.4 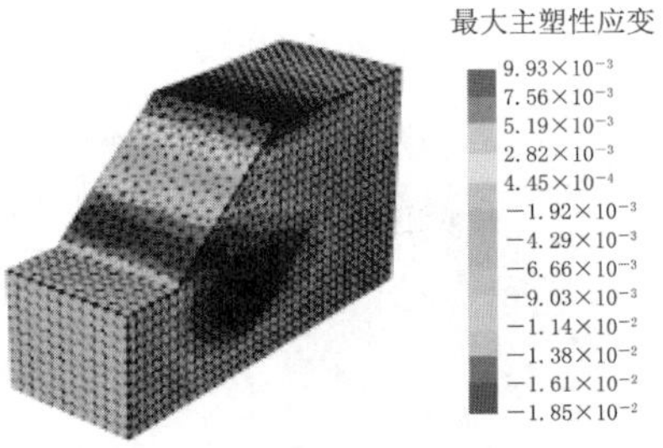　　(f) 折减系数为1.5

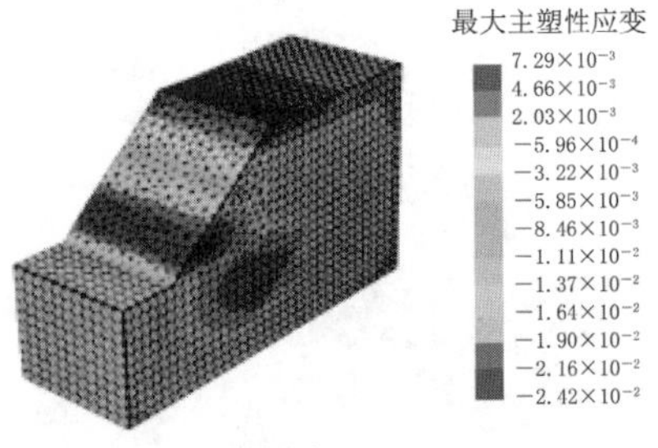

(g) 折减系数为1.6 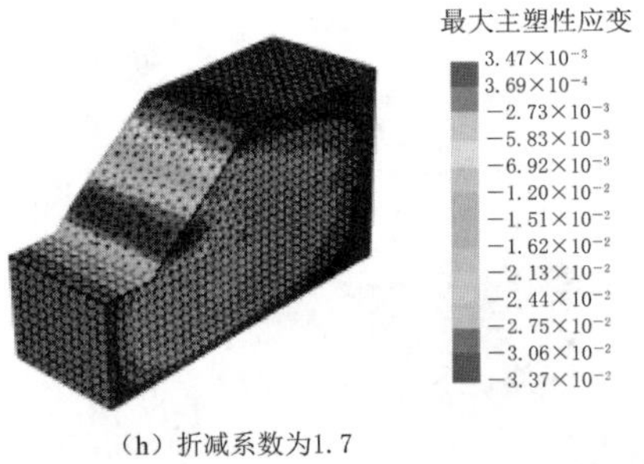　　(h) 折减系数为1.7 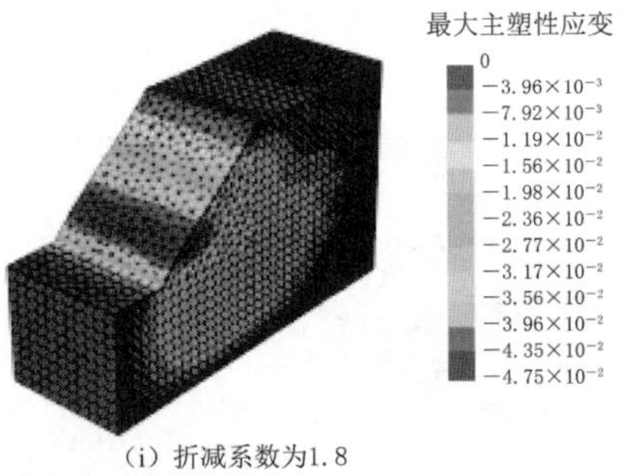　　(i) 折减系数为1.8

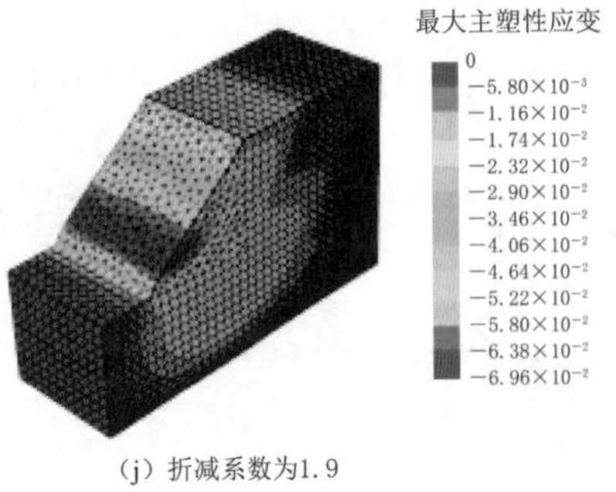

(j) 折减系数为1.9 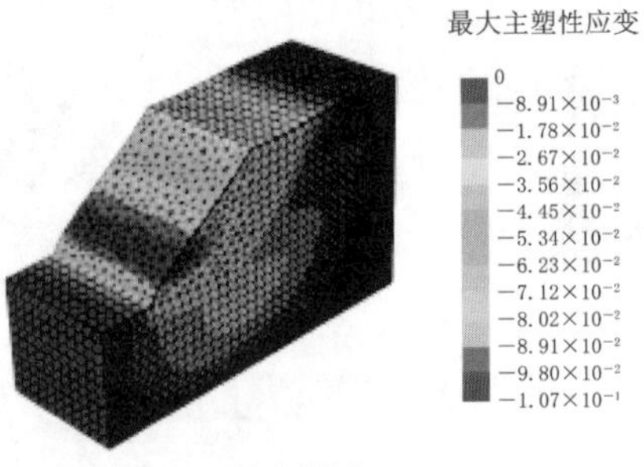　　(k) 折减系数为2.0

图 4　各折减系数下的边坡最大主塑性应变云图

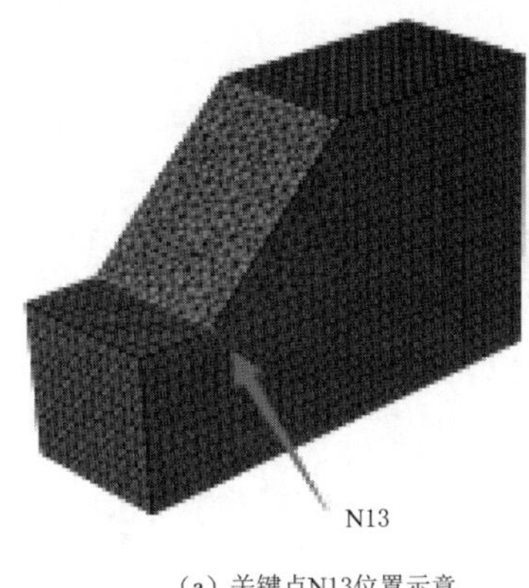

(a) 关键点N13位置示意

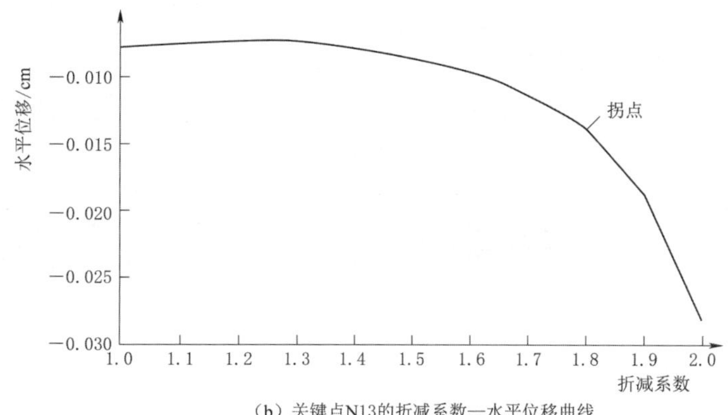

(b) 关键点N13的折减系数—水平位移曲线

图5 关键点N13折减系数与水平位移关系

3.3.4 分析结果

根据边坡塑性应变结果，在强度折减系数达到1.9前，边坡已形成塑性贯通区，判定边坡此时已发生失稳。折减系数1.9时滑动面及塑性应变云图如图6所示。

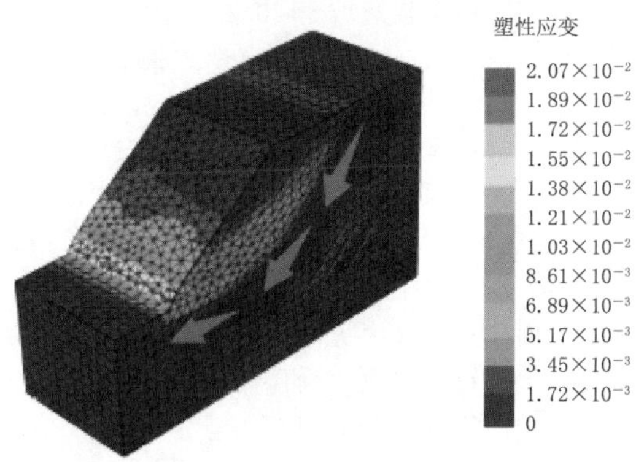

图6 折减系数1.9时滑动面及塑性应变云图

根据边坡关键点水平位移变化曲线，在强度折减系数为1.8时，水平位移出现明显拐点，判定边坡此时开始发生失稳现象。

综上所述，当边坡的强度折减系数为1.8时，边坡开始失稳。即边坡安全系数和强度折减系数取1.8。

4 监测数据

为了验证有限元强度折减法在计算边坡稳定性方面的准确性，在引水明渠TD28+200～TD28+300区间（此区间为渠道草皮护坡、高度小于等于8m）选择了不同地点、均匀间距的20个观测点。这些观测点从2023年12月7日开始每天进行监测，持续至2024年1月8日，历时一个月。各观测点水平位移与沉降位移监测结果如图7所示。

从图7可以看出，现场各个观测点的水平位移和沉降位移数据在整个监测期间内波动较小，基本保持稳定。这表明渠道草皮护坡整体处于稳定状态，符合工程边坡稳定性的要求，与有限元强度折减法计算出的结果吻合，从而验证了有限元强度折减法在计算边坡稳定性方面的准确性和可靠性，为后续的相关工程提供了有力的数据支撑和理论依据。

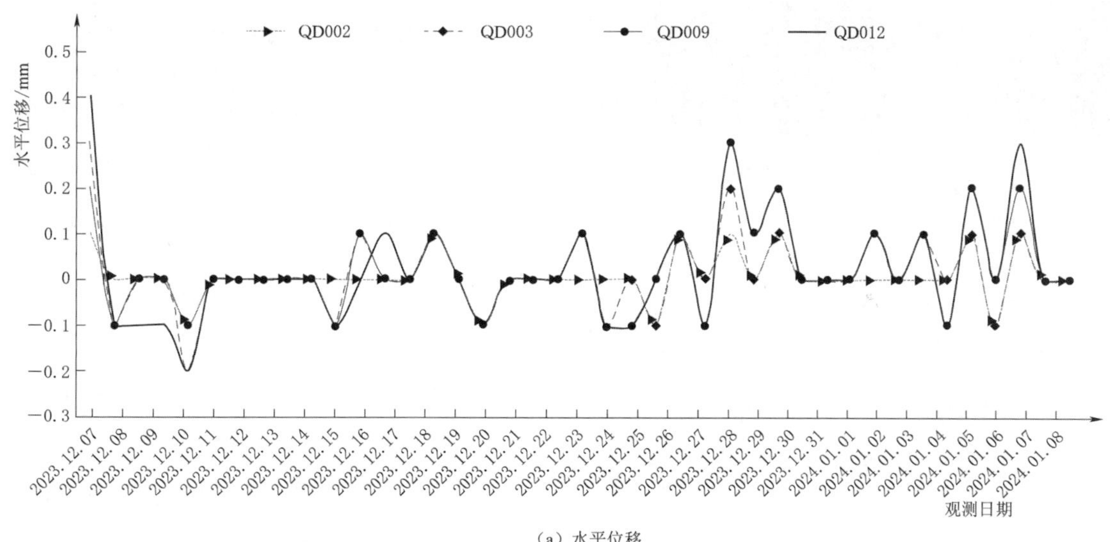

(a) 水平位移

图7（一） 各观测点水平位移与沉降位移监测结果

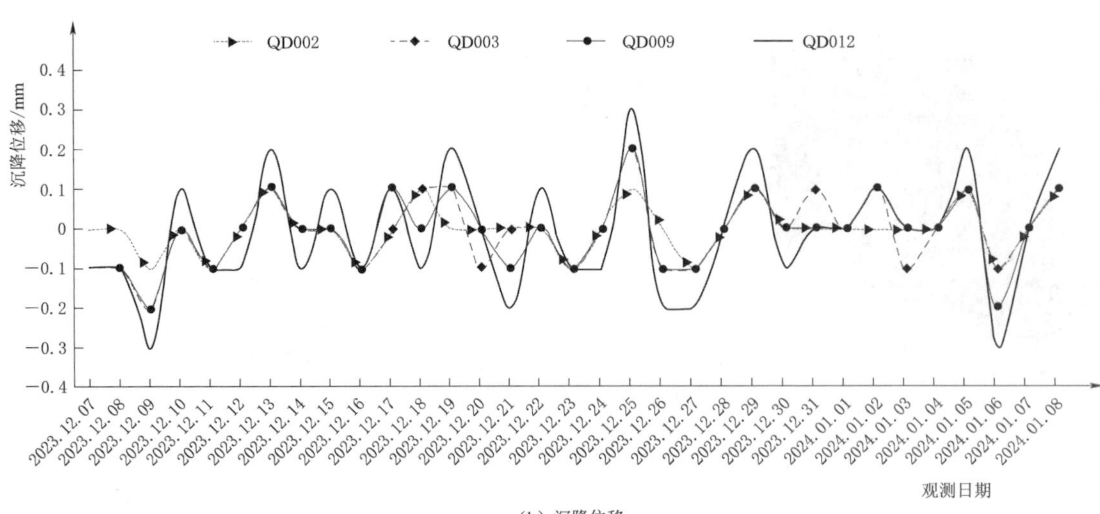

(b) 沉降位移

图 7（二） 各观测点水平位移与沉降位移监测结果

5 结论

驮英水库及灌区工程东干渠工程引水明渠边坡通过有限元强度折减法进行边坡稳定性分析后，得到了边坡稳定安全系数（$K=1.8$）和滑动面的形状及位置，根据《水利水电工程边坡设计规范》（SL 386—2016）要求，破坏后给社会、经济和环境带来重大影响的 1 级边坡，在正常运用条件下的抗滑稳定安全系数可取 1.30～1.50。该工程边坡稳定安全系数 $K=1.8>1.5$，满足边坡安全稳定要求，故在渠道开挖边坡低于 8m 位置的边坡采用草皮护坡方式是可行的，能够保证工程边坡的稳定性和安全性，该工程边坡于 2023 年 12 月施工完成后未出现滑坡事故，状况良好，引水明渠完工后现场面貌如图 8 所示。

图 8 引水明渠完工后现场面貌

经过明渠边坡案例计算，现场边坡稳定性的监测数据与有限元强度折减法计算结果吻合，验证了 ABAQUS 强度折减法在边坡稳定性分析中的可行性和有效性。该方法能准确评估边坡稳定性，提供稳定安全系数和滑动面信息，大大提高了分析效率和准确性，可为施工设计提供可靠建议，确保施工安全，该方法值得在工程实践中广泛推广和应用。

参考文献

[1] 费康，张建伟. ABAQUS 在岩土工程中的应用 [M]. 北京：中国水利水电出版社，2010.

[2] 史俊涛，孔思丽，贺俊，等. 基于尖点突变理论的非均质土坡失稳判据分析 [J]. 长江科学院院报，2015，32 (5)：115-120.

[3] 张爱军，莫海鸿. 有限元强度折减法中边坡失稳位移突变判据的改进 [J]. 岩土力学，2013，34 (2)：332-337.

审稿人：张志良

钢板桩在暗涵施工中的应用

刘海顺　刘　红　向　健/中国水利水电第十二工程局有限公司

【摘　要】 在施工暗涵工程时，为减少基坑开挖对周围道路及建筑物的影响，当施工区域狭窄不允许自然放坡时，可结合基坑支护的现场实际情况，采用钢板桩进行基坑支护。钢板桩支护技术的应用，保证了工程施工的进度与质量，取得了较好的效果。

【关键词】 驮英水库　钢板桩　暗涵

1　引言

上屯暗涵工程位于驮英水库及灌区驮英东干渠工程起点，首端衔接山体开凿的引水隧洞，尾端连通可以自由取水灌溉的明渠。上屯暗涵可以确保水流的顺畅过渡和有效传输，在灌区输水工程中起到了关键的作用。上屯暗涵全长 805m，建筑设计尺寸为 4.3m×4.3m，建筑物设计级别为 4 级，设计流量为 14.21m^3/s，加大流量为 17.76m^3/s，暗涵开挖深度为 6～10m。上屯暗涵周边地势相对平缓，地形起伏，多为坡谷，沿线施工部位覆盖层主要为黏土和含碎石粉质黏土。场地常年积水，已开挖多个探坑探测地质情况，实际勘探结果表明，原地面向下约 8m 深的范围内均为淤泥，其下部为黏土层，厚 1～3m。

上屯暗涵东侧紧邻进场施工道路，施工场地狭窄，周边环境复杂，对基坑边坡的变形控制要求较高。暗涵开挖区为淤泥质土，容易发生基坑坍塌。为确保基坑开挖及暗涵施工阶段基坑稳定，综合考虑安全、经济、技术等各个方面，决定采用钢板桩作为边坡临时支护方案。该方案不仅能阻挡淤泥，创造便利施工条件，同时也能防止渗水浸泡暗涵基础，影响暗涵工程施工质量。

2　施工准备与主要施工技术

2.1　施工准备

施工前认真审核设计图纸及相关规范说明。确认施工图纸准确无误后，通过测量对开挖区域进行标记，以便进行精准施工。施工高程控制测量按照水准测量的控制要求，使用水准仪进行往返观测测量。同时在开挖前清除暗涵施工区域段淤泥表面的积水，修建好机械施工设备及运输车辆进场道路。

2.1.1　施工截排水

由于上屯暗涵施工地段处于低洼区域，为确保施工不受雨水影响，创造干地施工条件，在施工地段两端进场便道斜坡脚沿线布置浆砌石截水沟，将水引至地势低洼处。采用 6～10 人的人工用铁锹配合其他用具开挖截水沟土方，并每隔 80m 在低洼处设置一个 2.5m×2.5m×1.5m（长×宽×高）的集水井。为确保安全，在集水井外围布置防护栏杆。集水井的积水采用污水泵抽排，防止山体渗水或雨水流入暗涵基坑，造成边坡塌陷，同时也可避免暗涵基础被浸泡。

2.1.2　铺设临时施工便道

采用 1.2m^3 挖机配合 20t 自卸汽车，利用进场道路从弃渣场装运片石至暗涵施工进场点，并采用 1.2m^3 挖机将片石铺填在淤泥面上，片石层厚 60cm。再装运土石料并铺填在片石上，土石料厚 40cm。采用压路机来回碾压 4 遍，形成一条供钢板桩施工设备通行的临时便道，路面宽 5m。待左右两侧钢板桩施打完成后，再进行淤泥开挖并挖除临时施工便道。

2.1.3　测量定位放线

根据基坑、暗涵开挖设计截面尺寸要求，使用全站仪测量放出钢板桩施打位置线，以确定基坑支护走向及钢板桩打入的深度。同时，预留出施工便道或施工作业面，并采用石灰粉标示出钢板桩施打位置。

2.2 钢板桩施工

2.2.1 钢板桩的检验及堆放

施工前对钢板桩表面缺陷、尺寸大小、端头矩形比、平直度及锁口形状等进行外观检验[1]，对不符合要求的钢板桩进行矫正或剔除，以减少打桩过程中的困难及施工安全隐患。

将钢板桩堆放在不会因压重而发生较大沉陷变形的平缓且坚固的场地上。每层堆放钢板桩的数量不能超过5根，各层钢板桩之间要垫塞枕木，枕木之间的间距为3～4m。上、下层枕木应在同一垂直线上，钢板桩堆放的总高度不能超过2m。每堆桩之间预留出车辆及吊车的行驶通道。施打钢板桩时，采用30t履带式起重吊机并人工辅助运送至打桩位置。

2.2.2 钢板桩的打入

钢板桩施打前，先安装导架，再利用钢板桩打桩机配合振动锤施打钢板桩。导架长度为10m，在导架之间固定导梁，导梁采用10m长方钢＋钢管内支撑进行加固，确保钢板桩在施打过程中轴线位置的精准度及垂直度。安装导架时通过经纬仪和水平仪确定和调整导梁的位置，确保导梁安装尽量平整，以提高钢板桩施工工效。

导架安装完成后，在钢板桩的锁口内涂抹黄油等润滑剂，以方便打入和拔出。然后采用30t起重吊车将15根12m长钢板桩成排插入导架内，再用振动锤施打。将振动锤对准钢板桩顶部，垂直地面向下施打。施打力度不宜过大，速度不应过快，以防钢板桩倾斜。在钢板桩打入过程中，需有现场负责人进行指挥。在施工时用测量仪器进行检查、控制、纠正，以确保每根钢板桩的打入斜度不超过2%。若施打时发现钢板桩有倾斜趋势，应及时调整。若不能及时调整或倾斜角度偏大，应拔除后重新施打，确保钢板桩的垂直度。为保证底部钢板桩插入深度满足施工安全要求，将钢板桩施打至地面距离暗涵基础设计标高2倍的深度，防止因钢板桩底部无支撑而发生塌陷的危险。钢板桩顶部应预留不小于50cm的长度，以便安装钢板桩钢管支撑，也方便吊机拔除。施打完成后进行下一循环施工。

钢板桩基坑支护存在转弯段时，需要配置转角钢板桩。转角桩是利用沿中线剖开的钢板桩，根据现场施工需要拼接而成，并采用防水材料进行接口密封。钢板桩施打完成后，要对桩体的闭水性进行检查。同时，每天派专人对桩体进行漏水检查。如存在漏水等问题，要及时进行焊接修补。

2.2.3 钢板桩钢管内支撑安装

采用长15m、直径300mm的钢管作为钢板桩内支撑。用30t起重吊车将钢管横放在导梁轴线中心位置，并及时回顶两侧钢板桩。钢管内支撑间距为10m，安装完成后检查是否松动。

2.3 淤泥开挖

钢板桩施打完成后即可进行淤泥开挖。上屯暗涵淤泥平均开挖深度约8m，开挖宽度约15m，包括暗涵设计结构（宽5.1m）以及暗涵基础两侧施工便道的宽度。淤泥开挖从下游向上游自上而下分段、分区间进行，每150m为一段开挖区，每3m×3m（长×高）作为一个开挖区间。采用1.2m^{3}长臂挖机自上而下分层进行淤泥开挖，每3m作为一层。先进行第一段开挖区的第一层淤泥开挖施工。当开挖至第一层底面时，挖机行驶出站立位置，并将此位置以第一层开挖深度为基准进行放坡开挖，以便挖机向下游开挖时道路畅通。第一层挖除后，如有淤泥路面，长臂挖机无法行驶时，则用片石回填，铺填土石料并压实（回填宽度约5m），给长臂挖机在第一层底面上行驶创造条件。待第一层淤泥开挖完成后，长臂挖机行驶出作业面，进行下一层淤泥开挖施工。开挖至暗涵基础底面以上0.30m时，停止机械开挖。开挖后预留出30cm保护层采用人工清理。

2.4 基坑开挖验收

淤泥或土方开挖完成后，会同监理工程师对暗涵施工作业段基础开挖面的平面尺寸、标高和场地平整度以及基础土的物理力学性质指标等，进行复核检查、质量检查和验收。

2.5 暗涵施工

钢板桩施工完成后，组织监理工程师对基坑开挖后的平面尺寸、场地标高及钢板桩支护质量进行检查和验收，确保工程质量。开挖完暗涵施工作业面后，先进行暗涵基础垫层施工，再利用暗涵施工作业面内的施工便道进行暗涵涵身混凝土浇筑。暗涵涵身应按设计图纸进行分段施工，在分缝处设置止水铜片。暗涵施工完成后立即回填土方，减少坑底四周土体暴露时间，延缓围护结构的位移增长[2]。

2.6 钢支撑的拆除

暗涵施工完成后，采用挖机配合自卸汽车从周边弃渣场开挖合格回填料，运至暗涵回填部位进行回填施工。回填密实度达到95%时可拆除钢管内支撑。

2.7 钢板桩拔除

基坑回填完成后拔除钢板桩，钢板桩可重复使用。起拔钢板桩时先保持振动锤振动30s以上，当钢板桩有所松动后再起拔[3]。钢板桩应沿施打轴线方向向上缓慢拔出，拔除速度不宜过快，避免扰动下部黏土层。若快速拔出钢板桩，应对拔出部位进行碾压。压实度不低于回填土密实度。对拔桩后残留的孔洞要用石屑进行

回填[4]。

3 基坑监测

该工程主要监测内容包括地面沉降、基坑顶部及侧壁水平位移监测，根据施工现场支护及安全要求制定监测方案，并在土方开挖前对工程开始进行监测。位移观测每日分上、下午两次进行，至暗涵施工完成后土方回填时结束。现场监测由专人负责，现场监测人员及时分析处理监测数据，并将监测的结果及时反馈至监理、业主单位。当监测数据出现异常变化，影响基坑及周边环境安全时，及时通报监理及业主单位并采取相应措施。

4 工程效果分析

通过选择并使用钢板桩支护技术，利用钢板桩支护隔水的特点，可以有效预防淤泥边坡塌陷，确保基坑不受积水影响，创造干地施工条件，保障暗涵施工的质量和进度。钢板桩支护具有强度高、占用场地小、可重复利用的特点[5]，相对于传统的放坡开挖，能有效地减少对周边环境的影响，具有技术先进、缩短工期、安全可靠、提高效益等优点。

5 结语

地下建筑物在引水灌溉工程中得到许多应用，如暗涵、倒虹吸、埋管等设施，各类设施的施工均需对基坑进行开挖及支护。但在施工过程中会遇到地质条件差、周边存在构筑物或障碍物的情况，常用的放坡开挖及无支撑维护不能得到很好的应用效果。钢板桩支护具有支护强度高、施工便利、占用场地小及稳定防护等特点，适用于多数环境下开挖深度为6～10m的深基坑支护。

参考文献

[1] 全旭. 拉森钢板桩基坑支护的应用探讨 [J]. 四川建材，2012，38 (3)：43-44.

[2] 李涛涛. 某狭窄场地深基坑支护方案优选与施工过程分析 [D]. 合肥：安徽建筑大学，2021.

[3] 陈锦麟. 浅谈钢板桩基坑支护施工技术 [J]. 西部探矿工程，2008，(12)：21-24.

[4] 刘伟东. 钢板桩支护在市政维修基坑工程中的应用 [J]. 建筑安全，2023，38 (9)：51-53，56.

[5] 许国红. 建筑工程中深基坑不同支护方式的应用 [J]. 砖瓦，2022，(1)：150-151.

引江济淮工程水泥改性土换填施工技术现场试验

黄　卫　光　辉/中国水利水电第十二工程局有限公司

【摘　要】引江济淮工程沿线有超过100km的河段分布着弱、中等膨胀潜势的膨胀土及崩解岩，使河道边坡稳定存在较大质量安全风险。水泥改性土换填是保证边坡稳定性和工程质量安全而采取的主要支护措施。边坡换填具有斜坡回填部位特殊、一次性施工断面小、效率低等特点。本文通过首件换填试验，取得了适宜的碾压遍数、机械配置、含水率等技术参数，也验证换填工艺的合理性及可靠性。

【关键词】引江济淮　水泥改性土　换填施工技术

1　引言

引江济淮工程由长江下游上段引水，向淮河中游地区补水，是一项以城乡供水和发展江淮航运为主，结合灌溉补水和改善巢湖及淮河水生态环境等综合利用的大型跨流域调水工程。引江流量为300m³/s，入淮流量为280m³/s。输水干线长723km（其中安徽段长587.4km），自南向北划分为引江济巢、江淮沟通、江水北送三大工程段。主要建设内容包括输水（通航）河道、枢纽建筑物、跨河建筑物和桥梁、影响处理工程等。

引江济巢段采用双线引江方案，由西兆河输水线路和菜子湖输水线路组成，线路全长187.63km。其中，西兆河线长74.45km，菜子湖线长113.18km。庐铜铁路姚庄大桥为先行建设河渠工程，位于引江济巢段菜子湖线穿越分水岭的高开挖河段，即切岭南段。渠道桩号为K67＋050～K67＋450，渠道全长400m，设计输水流量为150m³/s，为Ⅰ等大（1）型工程，防洪标准为20年一遇，航道等级为Ⅲ级。河道最大开挖深度为27m，设四级边坡和平台。

2　首件试验段概况

2.1　水泥改性土施工范围

庐铜铁路姚庄大桥为先行建设河渠工程，河道最大开挖深度为27m，设四级边坡和平台。设计要求对管护道路及三、四级边坡顶面1m范围之内的膨胀土采用4%水泥改性土进行换填处理。单侧河道断面水泥改性土换填区域分布如图1所示。

2.2　地质条件

首件试验段地质分层如下：①中、重粉质壤土；⑤重粉质壤土、粉质黏土；③5重粉质壤土夹（含）砂、砾；②1全风化粉砂岩、细砂岩，局部为泥岩；②2强风化粉砂岩、细砂岩，局部为泥岩；②3中风化～新鲜粉砂岩、细砂岩，局部为泥岩。

2.3　试验目的

首件试验段试验目的如下：

（1）确定土料来源，机械设备最佳配置，适宜的松铺厚度、填筑层厚、压实遍数、压实速率、最佳含水率和水泥参数。通过试验段填筑施工，获取有效试验数据，为全线填筑施工提供指导。

（2）试验段的设置。试验段为K67＋350～K67＋450段右岸二级管护道路，长度100m。水泥改性土填筑总厚度为1m，改性土填筑总方量为1000m³。试验段填筑第一层的压实厚度为25cm，填筑宽度为10m，填筑方量为250m³，压实度要求为98%。

2.4　准备工作

首件试验段准备工作如下：

（1）测量工作。按照图纸对坡顶、坡脚桩放样并挂线，做好填筑标高控制。

（2）填料的选择。试验取河道⑤重粉质壤土、粉质黏土，以及③5重粉质壤土夹（含）砂、砾作为改良土源。水泥采用P·O42.5的普通硅酸盐水泥。进行4%水泥改性土配合比设计，通过击实试验得出水泥土混合

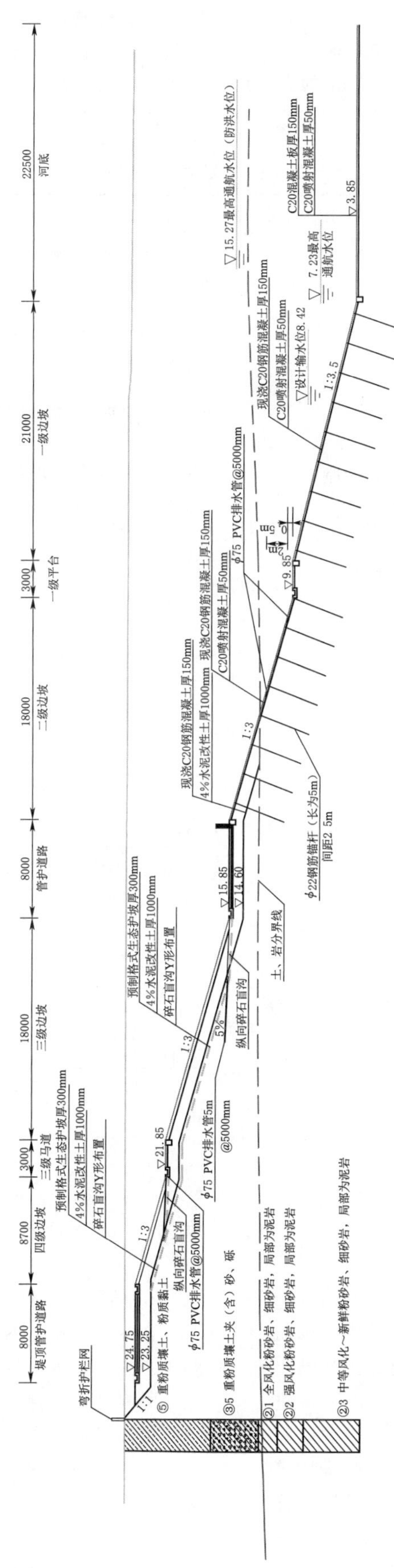

图1 单侧河道断面水泥改性土换填区域分布（高程单位：m，尺寸单位：mm）

料主要试验控制指标，见表1。

(3) 填前基层处理。基层处理时，挖机挖除保护层后按照图纸要求在试验段开挖宽1.5m、厚0.5m的台阶，并进行平整、夯实。

(4) 机械设备、人员进场。按填筑试验段施工方案准备施工机械、试验设备、测量仪器，施工人员进场。对施工人员、试验人员进行岗前培训，对机械、试验设备等进行检查校对。

表1　4%水泥土混合料主要试验控制指标

指标	灰剂量	最大干密度	最优含水率	土料粒径（破碎后）	自由膨胀率	水泥掺量均匀性
参数	4%	1.78g/cm³	18%左右	不大于10cm，5～10cm粒径含量不大于5%，1～5cm粒径含量不大于40%	<65%	平均值不小于设计掺量，水泥含量标准差不大于0.7

3　施工技术试验

3.1　试验段总体施工方案

水泥改性土混合料在改性土拌和站内集中拌制，运输至现场后摊铺平整，全断面水平分层填筑，采用压路机碾压密实。

3.2　试验工艺流程

水泥改性土换填试验段施工工艺流程如图2所示。

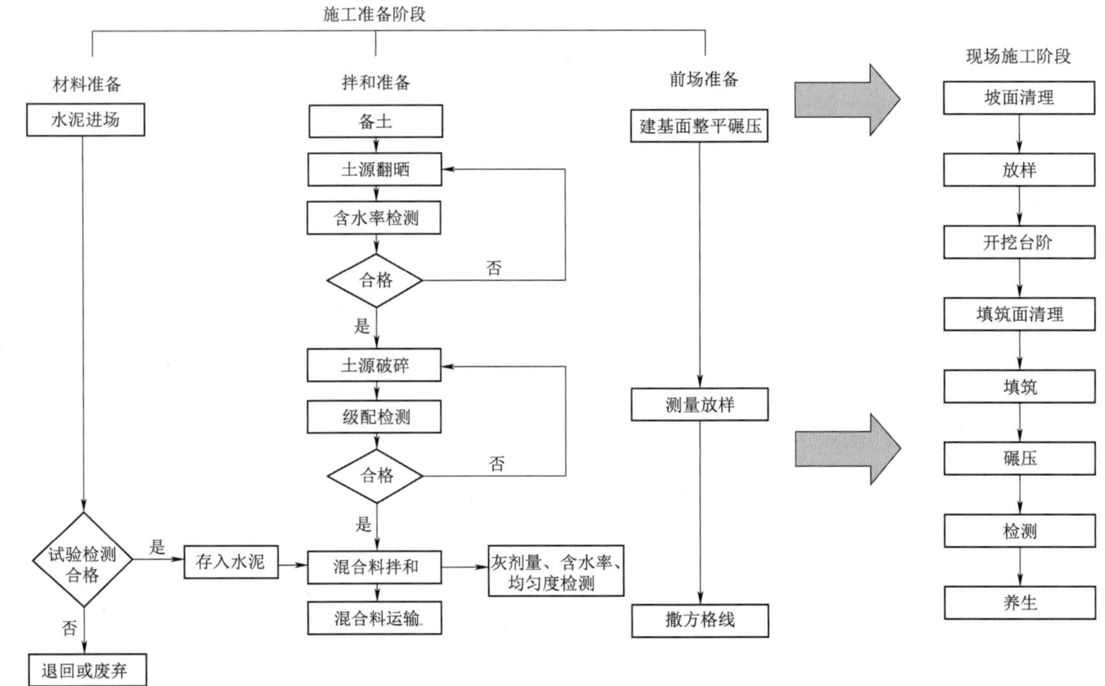

图2　水泥改性土换填试验段施工工艺流程图

3.3　试验施工工艺

试验中的主要施工工艺介绍如下。

1. 土源翻晒破碎

施工前应测定土壤源含水率。如含水率较大，则需对土源进行翻晒以降低含水率。首先采用装载机或推土机将土源摊铺于翻晒破碎区内，然后采用铧犁对土源进行翻松晾晒，最后采用路拌机翻拌破碎土源。土源破碎后检查粒径。如路拌机破碎效果达不到要求，则采用碎土机破碎土源。破碎完成后通过传输皮带将土源输入拌和机内。

破碎后的土源在混合前应测定其含水率和级配。破碎土粒径不大于10cm，且5～10cm粒径土料含量不大于5%、1～5cm粒径土料含量不大于40%，含水率在18%左右。

2. 混合料拌和

在混合料厂站内集中拌和，拌和设备采用稳定土拌和机。拌和要求为拌和设备功能齐全，并有相应防护措施；配料准确、拌和均匀，无离析现象；根据水泥土混合料配比设计参数，按规范做好水泥剂量和含水量检测和记录，发现异常时及时处置；时刻监视下料情况，避免卡堵现象；根据实时气候状况，拌和时含水量应较最佳含水量大1%～3%，以补偿运输、摊铺及碾压过程中的水分损失；混合料检测含水率为17.9%～19.9%，灰剂量检测平均值不小于4%、标准差不大于0.7。

3. 混合料运输

混合料统一采用自卸汽车运输，运输车辆需确保工况完好且干净。试验段施工投入运输车辆10台，装料时车辆应前后移动，分前、后、中3次进行装料，形成"品"字形装料以减少混合料离析。运输车装料离站前由专人签发标明时间的运料单，控制拌和至碾压时间。前后场应保持联系，确保工地用量足够且不因多拌而造成浪费。运输车到达填筑现场以后，由专人指挥将混合料卸在现场撒好白灰的方格内。

4. 试验段下承层准备

（1）建基面清理。施工前必须确保建基面平台及边坡已经开挖至水泥改性土填筑底标高并通过隐蔽工程验收。填筑前采用挖掘机按照设计要求在边坡坡面上开挖台阶，每级台阶高度为0.5m、边坡坡比为1∶n，则对应台阶宽度为（0.5n）m。台阶开挖完成后对建基面上的虚土进行清理平整，采用压路机碾压密实，并采用人工精修。台阶开挖示意如图3所示，人工精修台阶效果如图4所示。

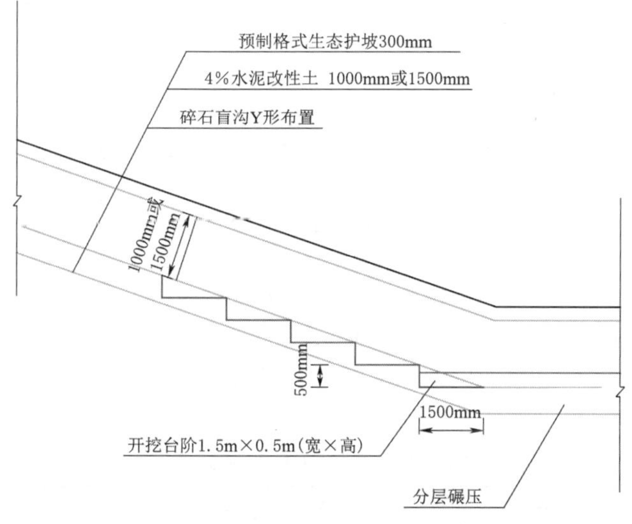

图3 台阶开挖示意图

图4 人工精修台阶效果

（2）定位放样。填筑之前根据设计图纸对改性土填筑的外侧边桩及中桩进行放样，内侧边桩直接采用边坡坡面作为参照，放样点位采用木桩定位标识。边桩放样时统一向外加宽30～50cm，以保证渠堤填筑宽度。放样结束后，根据混合料松铺系数和压实厚度，计算混合料松铺厚度，并在渠堤边桩位置定桩挂线以控制松铺厚度。水泥改性土松铺系数暂定为1.3，每层压实厚度为25cm，计算出第一层松铺厚度为32.5cm。在试验段施工过程中，需对松铺系数进行验证确定。填筑之前在下承层顶面布设松铺系数检测点，选取5个断面，每个断面间隔20m，每个断面布设左、中、右3个检测点位。

（3）确定上料用量。填筑之前在下承层顶面用白灰撒布料方格线来确定上料用量。方格线沿线路方向在左、中、右位置各设置一道，垂直于线路方向的横向方格线间距要根据填筑宽度、压实厚度、每车改性土的方量进行计算。为了便于控制水泥土用量及摊铺厚度，撒方格线时保证一个方格一车改性土料。人工布设方格线如图5所示。

图5 人工布设方格线

5. 布料摊铺

混合料采用自卸汽车运输至施工现场后，在现场专人指挥下将混合料卸入指定的方格内，如图6所示。按照松铺厚度采用推土机将改性土摊铺均匀一致并粗略整平。

图6 混合料卸入指定的方格内

6. 混合料整平

混合料摊铺完成后，用平地机配合人工整平。用平地机刮平一遍，消除拌和产生的土坎、波浪、沟槽等，使表面大致平整；再用轻型压路机稳压1～2遍；最后用平地机整平、整型。整平后确保表面平整度不超过±5cm。经检查达到规定标高后再进行碾压。

7. 碾压

碾压应遵循由路边向路中、先轻后重、先低后高、先慢后快、低速行驶碾压的原则，避免出现推移、起皮和漏压的现象。碾压程序和碾压遍数并不是固定的，应通过试压确定。碾压现场如图7所示。试验段施工拟定两种碾压方案，分别应用于K67＋350～K67＋400段和K67＋400～K67＋450段。通过试验段施工进行验证，比选出最佳碾压方案，两种碾压方案具体如下。

图7 碾压现场

碾压方案一：应用于K67＋350～K67＋400段。凸块振动压路碾静压2遍→凸块振动碾弱振1遍→凸块振动碾强振1遍→凸块振动压路碾静压光面2遍。

碾压方案二：应用于K67＋400～K67＋450段。凸块振动压路碾静压2遍→凸块振动压路碾弱振1遍→凸块振动压路碾强振1遍→凸块振动碾强振2遍→凸块振动碾静压1遍。

碾压过程中要对碾压速度等进行控制。试验段施工中采用进退错距法进行碾压，压路机行驶速度控制在2～3km/h。碾压时要注意碾压搭接宽度，相邻碾压轮迹的搭接宽度不小于压路机碾宽的1/10。施工队长注意巡视碾压轮迹，防止搭接宽度不足和漏压。碾压中，严禁压路机在已完成或正在碾压的路段上调头或急刹车，以免破坏刚碾压好的渠堤表面。混合料从拌和完成到碾压结束的时间控制在4h以内，碾压过程中如有弹簧土、松散土、起皮等现象，应及时翻开重新碾压直至检测合格。

碾压过程中如遇天气炎热混合料失水较多时，要及时采用洒水车补水。补水时将水车的高压水枪出水状态调成雾状出水，保证洒水均匀。混合料摊铺后遇到天气变化或隔夜施工时，要采用防雨布对场地进行覆盖。

3.4 质量检验

试验段施工过程中，现场技术员、试验员、测量员全程在施工现场监控。完成碾压遍数后，立即取样检验压实度（及时提供试验结果）。压实不足时要立即补压，直到满足压实要求为止。成型后2日内完成平整度、标高、横坡度、宽度、厚度等的检验。

3.5 养护

水泥改性土在分层填筑上升过程中，要及时对填筑面及填筑边坡进行洒水养护，防止水泥改性土砂化，保证边坡的良好结合。现场养护如图8所示。

图8 现场养护

4 试验结果

（1）严格按照如下试验段方案进行填料压实：凸块振动压路碾静压2遍→凸块振动碾弱振1遍→凸块振动碾强振1遍→凸块振动压路碾静压光面2遍，松铺厚度为32.5cm。碾压到第6遍后，每碾压一遍需检测一次压实度。第6遍碾压后，检测压实系数均满足设计要求。试验人员按验收标准要求检测，每100m抽检3个点。第6遍的压实系数K、灰剂量和压实厚度见表2和表3。

表2 第6遍压实系数K与灰剂量

测点位置	压实系数K	灰剂量/%
1	98.4	4.1
2	98.8	4.3
3	98.4	4.2

表3 第6遍压实厚度

测点位置	压实厚度/cm		
	测点一	测点二	测点三
Ⅰ断面	22.0	29.0	24.7
Ⅱ断面	24.3	25.4	25.6
Ⅲ断面	26.0	25.5	25.6

（2）严格按照如下试验段方案进行填料压实：凸块振动压路碾静压2遍→凸块振动压路碾弱振1遍→凸块振动压路碾强振1遍→凸块振动碾强振2遍→凸块振动

碾静压1遍，松铺厚度为32.5cm。碾压到第7遍后，每碾压1遍检测一次压实度。经检测第7遍碾压后，压实度符合设计要求。第7遍的压实系数 K、灰剂量和压实厚度见表4和表5。

表4　第7遍压实系数 K 与灰剂量

测点位置	压实系数	灰剂量/%
1	98.4	4.3
2	98.5	4.3
3	98.3	4.3

表5　第7遍压实厚度

测点位置	压实厚度/cm		
	测点一	测点二	测点三
Ⅰ断面	25.8	24.0	24.8
Ⅱ断面	25.8	25.3	25.0
Ⅲ断面	25.1	24.6	24.3

5　常见质量问题预防措施

常见质量问题预防措施如下。

（1）拌和料不均匀，色泽不一，有花面，含有土块、生水泥块等。预防措施如下：拌和时土块应粉碎，粒径不大于10mm；应按试验室出具的配合比配料并拌和均匀，及时消除粗集料窝和局部过潮湿处。

（2）施工过程中渠堤填层出现“素土”夹层。预防措施如下：严格控制填筑厚度，布料均匀，尽量采取薄层快填施工；路拌时要拌和至下承层顶面。

（3）压实层面有明显轮迹，有弹簧、松散、起皮现象。预防措施如下：严格控制填料的含水量，保证施工含水量等于或略大于最优含水量；碾压工序严格执行碾压方案执行。

（4）压实层表面开裂。预防措施如下：不能连续施工时，一个段落施工完成后及时封闭交通进行养护；养护期间除养护车辆外严禁其他车辆通行，防止因车辆碾压造成填层表面损坏。

6　结论

在进行大面积填筑前，通过试验段施工，得到了如下试验结论。

（1）土源最大干密度为1.78g/cm³，土料改良采用厂拌灰剂量达到4%的设计要求。施工时填层的含水率为填料的最佳含水率（13.7%）。配置8台自卸车、1台推土机、1台平地机、1台凸块振动碾。

（2）通过对进场机械设备及不同松铺厚度进行碾压试验，综合考虑质量、进度、经济的因素，经数据采集分析，确定松铺系数控制在1.3，松铺厚度为32.5cm。

（3）通过碾压试验，综合考虑质量、进度、经济的因素，经数据采集分析确定碾压遍数。即凸块振动压路碾静压2遍→凸块振动压路碾弱振1遍→凸块振动压路碾强振1遍→凸块振动碾强振2遍→凸块振动碾静压1遍。碾压行驶开始时用慢速（宜为2～3km/h），最大速度不超过3km/h，碾压轮迹每次重叠控制在不小于40cm。为保证边缘压实度，至少各加宽填筑50cm。

（4）推土机粗平后对平地机的细部整平起到了很好的辅助作用，使细部整平更快捷、更方便。人工收边能保证摊铺的有效宽度，更及时地反映出粗细料窝的具体部位，保证填料均匀。

（5）填料出场时应进行含水量检测，确定是否达到最佳含水量。如不符合最佳含水量应进行合理洒水、晾晒，满足最佳含水量后及时碾压、检测。

参考文献

[1] 陈世刚，牟伟，刘军．南水北调中线工程膨胀土渠段改性土施工中存在的困难及对策研究［J］．长江科学院院报，2013，30（9）：4.

[2] 郭继承，凌颂益，李迎春．水泥改性土筑堤施工在南水北调工程中的应用［J］．北京水务，2013（6）：4.

渠道膨胀岩（土）开挖、换填施工工艺探究

史晓玲　梁宏伟　刘佳鑫/中国水利水电第十二工程局有限公司

【摘　要】 南水北调中线一期工程总干渠黄河北～美河北段鹤壁段施工Ⅲ标段的膨胀岩（土）具有湿陷性，局部有强烈的湿陷性。本文主要阐述湿陷性岩（土）的开挖、换填施工技术。

【关键词】 南水北调工程　渠道　膨胀岩（土）

1　引言

膨胀岩属于软岩中的特殊类型，具有似岩非岩、似土非土的特点，且与水的关系极其密切，亲水性异常强烈。因其含有大量亲水矿物，湿度变化时体积变化较大，变形受约束时将产生较大内应力[1]。膨胀岩因其特殊的工程特性易造成渠坡失稳，对工程的安全运行影响很大，换填黏土是膨胀岩渠坡处理措施之一。南水北调中线一期工程总干渠黄河北～美河北段鹤壁段施工Ⅲ标段，大部分膨胀岩（土）均具有湿陷性，局部有强烈的湿陷性。对此采取开挖后再换填的措施，处理部位包括渠坡、渠底。

2　工程概况

2.1　项目概况

南水北调中线一期工程总干渠黄河北～美河北段鹤壁段施工Ⅲ标段，设计桩号为 169＋660.0～175＋432.8，渠段长度为 5.8328km，其中明渠长 5.3538km。标段内共有各种建筑物 14 座，其中河渠交叉渠倒虹吸 1 座，左岸排水倒虹吸 2 座，分水口门 1 座，公路桥 4 座，生产桥 4 座，节制闸 1 座，退水闸 1 座。

膨胀岩（土）换填主要工作包括渠道土方开挖、砂砾垫层、排水系统铺设及黏性土填筑。

2.2　设计处理方案

该标段膨胀岩渠段累计换填长度为 3252.8m，黏性土换填工程量约 46.3 万 m^2。设计处理方案为换填＋排水措施[2]。渠道换填共计 7 段。

（1）桩号 169＋600.0～169＋778.3 段为黏性土换填，换填深度渠底为 5.3m、渠坡为 5.6m，渠坡填筑宽度为 16.4m，超填宽度为 1.26m，总填筑宽度为 17.66m。

（2）桩号 170＋300.0～170＋500.0 段为黏性土换填，换填深度为 1.0m，渠坡填筑宽度为 3.17m，超填宽度为 1.35m，总填筑宽度为 4.52m，采用 1 号排水措施。

（3）桩号 170＋500.0～170＋800.0 段为黏性土换填，换填深度为 1.0m，渠坡填筑宽度为 3.17m，超填宽度为 1.35m，总填筑宽度为 4.52m，采用 2 号排水措施。

（4）桩号 170＋800.0～171＋160.0 段为黏性土换填，换填深度为 1.0m，渠坡填筑宽度为 3.17m，超填宽度为 1.35m，总填筑宽度为 4.52m，采用 2 号排水措施。

（5）桩号 172＋896.0～173＋921.0 段为黏性土换填，换填深度为 1.0m，渠坡填筑宽度为 3.65m，超填宽度为 1.53m，总填筑宽度为 5.18m，采用 2 号排水措施。

（6）桩号 173＋921.0～174＋314.0 段为黏性土换填，换填深度为 1.0m，渠坡填筑宽度为 3.17m，超填宽度为 1.35m，总填筑宽度为 4.52m，采用 2 号排水措施。

（7）桩号 174＋314.0～175＋432.8 段为黏性土换填，换填深度为 1.0m，渠坡填筑宽度为 3.17m，超填宽度为 1.35m，总填筑宽度为 4.52m，采用 1 号排水措施。

2.3　挖方区岩土膨胀地质特性

桩号 169＋600.0～172＋980.0 段为上部以黏性土为主，下部为膨胀泥岩的双层结构段（淇河段），处理方式以挖方为主。一般挖深为 9～17m，最大挖深约

19m。渠坡岩性上部为黄土状中粉质壤土和重粉质壤土，局部为卵石透镜体；中下部主要为卵石和上第三系泥灰岩、黏土岩、砂砾岩。渠底板主要位于上第三系泥灰岩、黏土岩、砂岩和卵石中。上部黄土状土具有中等～强烈湿陷性；卵石部分呈松散状，渠坡稳定性较差。上第三系泥灰岩、黏土岩、砂岩和砂砾岩的成岩程度差异很大，大部分成岩较差，属于软岩（部分未成岩），部分钙质胶结的砂岩、砂砾岩及少量泥灰岩成岩程度较好；岩体的均匀性很差，多呈互层状或透镜体状；泥灰岩、黏土岩多具弱～中等膨胀潜势，其膨胀、崩解、干缩特性将影响边坡稳定与渠道衬砌安全。

桩号 172＋980.0～175＋432.8 段为软弱厚层膨胀泥岩层状结构段（侯小屯段），处理方式以挖方为主。一般挖深为 11～17m，最大挖深为 22m 左右。渠坡岩性主要由上第三系泥灰岩、黏土岩组成，渠底板亦位于该层中。勘探期间地下水位一般高于渠底板 2～3m 或在渠底板附近。局部渠段地表断续分布有黄土状重粉质壤土，厚 0.5～2m，一般具中等湿陷性；泥灰岩、黏土岩厚度较大，岩体的均匀性很差，多呈互层状或透镜体状分布，层间夹砂岩、砂砾岩，大部分成岩差；泥灰岩、黏土岩一般具弱～中等膨胀潜势，耐崩解能力差，具膨胀、崩解、干缩的特性，裂隙发育，抗剪强度低。

3 主要施工工艺

3.1 工艺流程

渠道换填土施工工艺流程如图 1 所示。

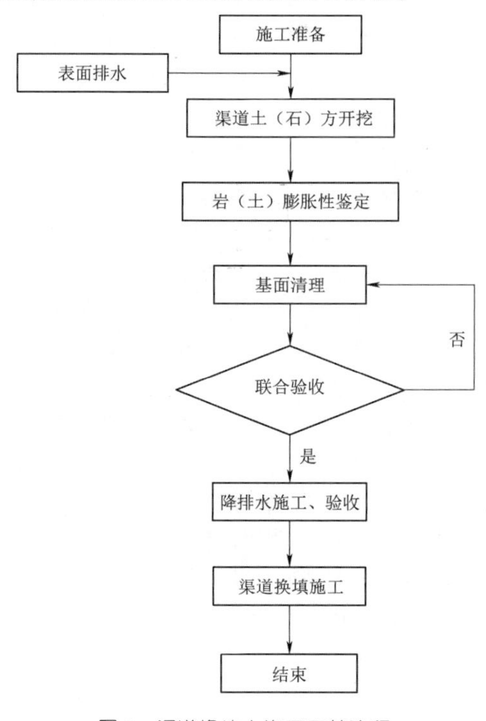

图 1 渠道换填土施工工艺流程

3.2 施工要点

3.2.1 渠道土（石）方开挖

1. 表层土开挖

采用推土机对包含细根须、草本植物等有机土壤及乱石的表土进行渠道内堆存，清表厚度不小于 30cm。采用挖掘机二次挖土，自卸汽车运输。

2. 渠道开挖

渠道开挖尽量避开雨季。开挖时遵循先施工坡顶排水系统后开挖渠坡、自上而下、分层逐级、连续开挖、快速施工、及时防护的施工原则。开挖过程中，渠道宜分段施工，段与段之间采用流水作业，做好施工衔接，并临时覆盖边坡、预留保护层、换填和渠坡衬砌等，后续工序及时跟进，将开挖边坡裸露时间尽量控制在最短时间内。

开挖从最高处开始、分层进行。每层开挖深度控制在 4m 以内，使用挖掘机装自卸汽车运渣。随着开挖深度的下降，根据作业面地形情况，同时进行边坡初步修整工作，当修整至保护层后再进行下一层开挖。

该标段泥灰岩为软岩，强度比较硬，挖掘机不能进行挖除，且禁止爆破施工。结合以前其他项目类似地质的施工经验，采用机械分段对泥灰岩破碎，并及时清运破碎石渣。

（1）表面浮渣清理。为避免浮渣太厚或渣土掉入破碎孔内影响破碎质量及效率，在该段岩石开始机械破碎前，清理整个岩石表面浮渣，以增强破碎效果。挖掘机采用倒退清挖法，清理一段浮渣并堆积成堆，装入自卸汽车运往渣场。浮渣清理过程中同时进行破碎作业，随清随破碎，满足施工工序紧密衔接要求。

（2）机械破碎施工。在上述工作完成后直接采用破碎锤破碎岩石。破碎锤每次有效破碎深度约 0.6m，故需分层破碎。破碎完毕后，采用挖掘机清理破碎的石渣，清理完毕后再对下一层进行破碎、清理。如此反复，直至破碎岩石清除完毕。运至渣场的碎石料随时用推土机进行摊铺平整，以免影响后续弃渣。

3. 保护层开挖

开挖前，根据施工控制网引测开挖上口线和下口线，并每隔 10m 钉木桩，沿线撒石灰线给予标示。由技术人员在现场指导开挖，按设计要求控制好边线和边坡，同时在渠道渐变位置加密测量控制点。

保护层厚度只有 40～50cm，泥灰岩成岩较硬，因此采用机械破碎。从左、右一级马道开始，采用破碎锤破碎。破碎完毕后，采用挖掘机将破碎的石渣翻至渠底，再用挖掘机装车运至弃渣场。运至渣场的石料随时用推土机进行摊铺平整，以免影响后续弃渣。精修时在挖掘机斗齿上加焊钢板，形成“刮板”。采用改进后的挖掘机将渠坡精修至设计高程。修坡自上而下进行，将挖除的渣土翻挖至渠底，装车运走。精修至设计边坡后，采用60型小型挖掘机配合人工进行渠坡的纵向排水沟开挖。开挖的渣土用带刮板的挖机翻至渠底，装车运走。

对原渠底用同样的方法进行保护层粗修，再采用带刮板的挖机精修至设计高程。然后进行渠底纵向排水沟开挖，挖槽采用60型小型挖掘机配合人工进行。开挖的渣土采用带刮板的挖机装车运走。渠坡及渠底一些浮散的细渣采用人工清扫干净。清扫建基面达标、验收合格后进入换填施工。

4. 开挖边坡及建基面的防护

膨胀岩渠道施工时，当渠道挖除上部覆盖、渠坡暴露在空气中以后，膨胀岩体会迅速风化、吸水膨胀和湿化崩解。为了防止上述现象发生，应及时进行坡面及基面的防护，且坡顶的防护范围较坡脚的防护范围适当加大。防护措施如下。

(1) 开挖边坡采用防雨布防护，既能防雨水，也能防土体失水干裂。防雨布水平横向搭接，上层布压下层布，搭接宽度不小于0.5m。雨布上下坡脚与上下排水沟边沿搭接压牢，坡面搭接处采用土袋压牢。防雨布铺设时要做到全面覆盖不留死角。且尽量平整，避免雨水积聚产生渗漏。严防雨淋、风吹日晒产生龟裂、雨水浸滑坡等现象的发生。

(2) 在开挖过程中，实时关注天气情况，预备足够的防雨布，及时覆盖路口、开挖区路腿及坡面，防止雨雪侵蚀。同时，也要避免坡面在阳光下暴晒。若膨胀岩体不慎被雨水浸泡，或失水干裂等，应将其挖除，不得欠挖、补坡、人工局部填平坑洼。

(3) 在开挖施工过程中，大型挖掘、碾压或吊装等重型设备不得在上一级马道和坡顶上行驶。同时，马道上和坡顶附近应尽量避免堆放渣土和有关施工材料。如需堆放，需经过复核满足安全要求方可实施。

(4) 在建基面形成后，视天气情况进行洒水保湿处理。尽量利用花洒洒水，以保证洒水均匀。洒水量与洒水频率视天气情况而定，以建基面含水量保持在天然含水量左右为控制标准，以保证建基面土体不会因为失水发生干缩变形而改变其强度。

(5) 在建基面形成后，虽然采取了防雨、防晒、洒水保湿等保护措施，但考虑到施工过程影响因素较多，还应迅速进行后续的换填施工、混凝土衬砌施工。

3.2.2 排水措施

对地下水位或施工期水位高于渠底3m以下的，采用1号排水措施。对地下水位高于渠底3m以上的采用2号排水措施。

1. 1号排水措施布置

在坡面换填层后坡脚处设置一道纵向ϕ150mm软式透水暗管集水，通过横向ϕ150mm PVC波纹管连接逆止阀，将水排入渠内。渠底铺设10cm厚砂砾垫层与纵向ϕ150mm软式透水暗管，采用竖向ϕ150mm波纹管连接逆止阀。逆止阀间隔8m布置。

坡面距离坡脚3m范围内，在坡面上间隔1.5m铺设0.3m宽的三维排水网垫，并将其与纵向透水暗管连通。开挖时根据裂隙发育情况可以适当调整铺设部位及范围。1号排水措施横断面及平面布置如图2所示。

2. 2号排水措施布置

在坡面换填层后坡脚处、距离坡脚高3m处，分别设置一道纵向ϕ150mm软式透水暗管集水，通过横向ϕ150mm PVC波纹管连接逆止阀，将水排入渠内。在3m以上坡面每间隔8m设一道横向ϕ150mm软式透水暗管集水，与逆止阀连通。渠底铺设10cm厚砂砾垫层与纵向ϕ150mm软式透水暗管，采用竖向ϕ150mm波纹管连接逆止阀。逆止阀间隔8m布置。

坡面距离坡脚3m范围内，在坡面上间隔1.5m铺设0.3m宽的三维排水网垫与纵向透水暗管连通。开挖时根据裂隙发育情况可以适当调整铺设部位及范围。2号排水措施横断面及平面布置如图3所示。

3.2.3 渠道换填施工

渠道换填施工前，要求在渠道开挖清基完成后进行联合验收。另外，黏性土填筑前应进行室内击实试验，取得最大干密度、最优含水量等指标。渠道换填的主要施工方法如下。

1. 料场开采

黏性土料开采前，先测定土体含水量，控制含水量为最优含水量（误差为－2%～3%）。达到标准后方可开采上料填筑。渠道开挖料，采用直接开挖、运输、上料，采用分层开挖的方法。如地下水位较高时，需采取降水措施，确保地下水位控制在开挖土方以下。

对于堆存料，采用立面开采的方法，对上、下层不同含水量的堆存料进行充分混合，保持含水量均匀。

2. 含水量控制

做好料场排水措施，减少雨水入渗量，降低土体含水量。开采的土方含水量偏大时，采用挖掘机进行整体翻晒。对含水量偏小的土方，加水掺拌，确保含水量满足要求。具体措施如下。

(1) 根据土含水量与最优含水量的差值，计算每方土的加水量。

(2) 加水采用边拌边洒水的方式，土料采用装载机翻拌，洒水要均匀。

(3) 土料加水翻拌后，集中闷料，使土的含水量均匀。闷料时，在土料外覆盖防雨布，防止水分损失并防雨。闷料时间不少于24h。

(4) 上料填筑时，土料的含水量与最优含水量的允许偏差为－2%～＋3%，干密度不小于1.8g/mm^3。

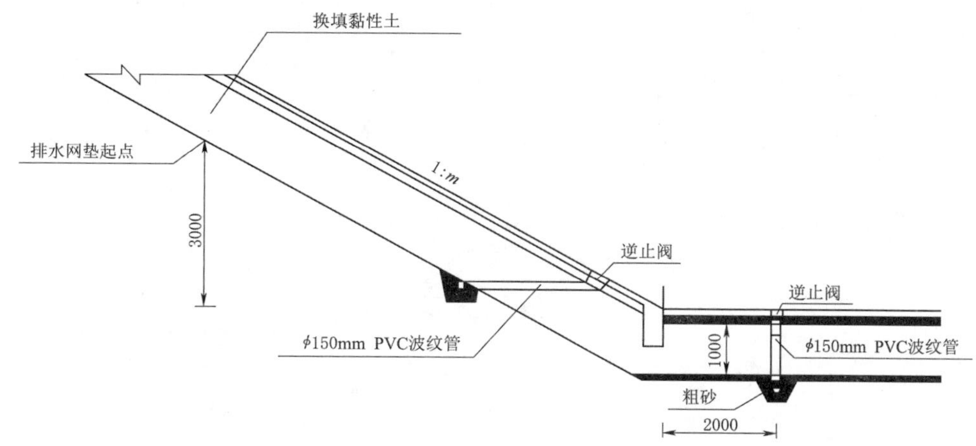

（a）横断面

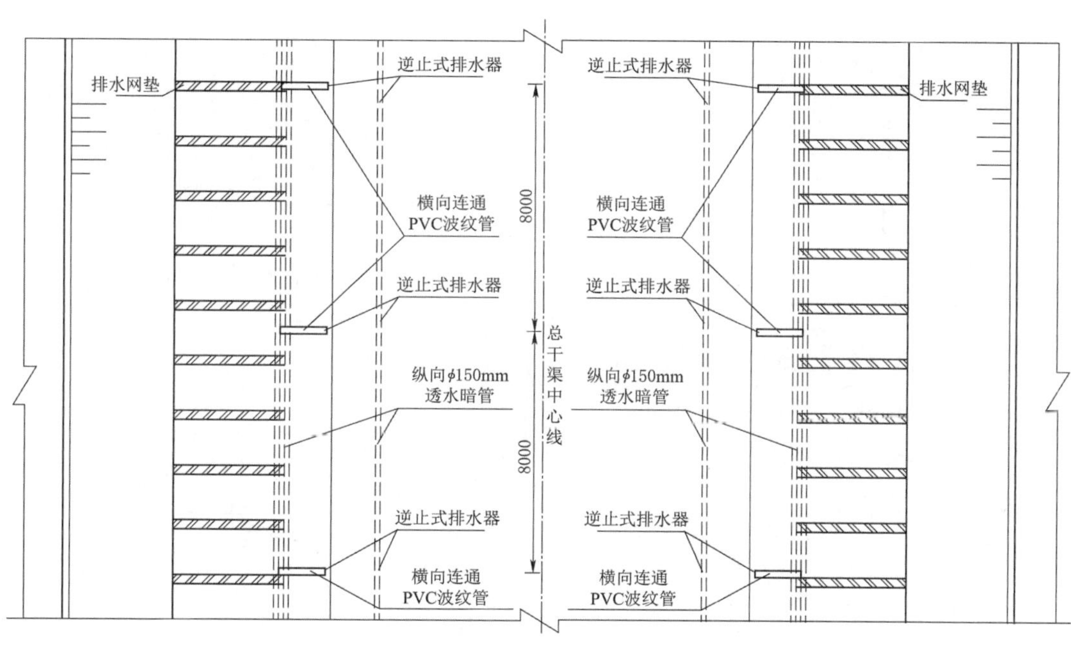

（b）平面布置

图2　1号排水措施横断面及平面布置图（单位：mm）

3. 渠道填筑

渠道填筑主要要做好铺料和碾压。

（1）铺料。渠底填筑时，由于受填筑宽度限制，汽车不能正常上料铺设，在填筑段内采用倒车卸料。在竖向排水管周围1.0m×1.0m范围内及竖向排水管距坡脚2m范围内，为防止铺料过程中竖向波纹管倾斜，应人工铲土，将竖管围护，且竖管部位用人工铺料，用平板夯夯实。为保证土方边缘压实度，水平超宽铺料应不小于30cm。为保证渠坡土方上料及边缘压实度，水平超宽铺料应不小于130cm，同时做好垂直逆止阀管的孔口保护与明显标识（孔口采用养护毯进行堵塞，并用红色塑料袋保护与标识），以便在挖除超填量时，确保垂直逆止阀管不被损坏。渠坡换填仍采用进占法施工。待回填至渠坡布设的横向双壁波纹管管顶60cm以上时，暂停回填，采用挖机配合人工进行排水管开挖、埋管并用砂浆包裹波纹管。包裹后的剩余高度采用换填土按20cm分层回填，采用平板振动夯压至槽平，再进行渠坡正常每层向上逐层换填。渠底填筑时，采用自卸汽车和小型反铲进料，以确保垂直逆止阀管的垂直度和完好性，采用推土机粗平，再采用人工精平。渠坡脚及垂直逆止阀管间距密集段，可采用小型反铲粗平，再采用人工精平，表面平整度不超过±5cm。铺土遇天气发生变化或隔夜施工时，采用防雨布对工作面进行覆盖。

（2）碾压。黏性土碾压采用20t振动凸块碾，沿渠道轴线方向采用进、退错距法碾压。先静压2遍后再振

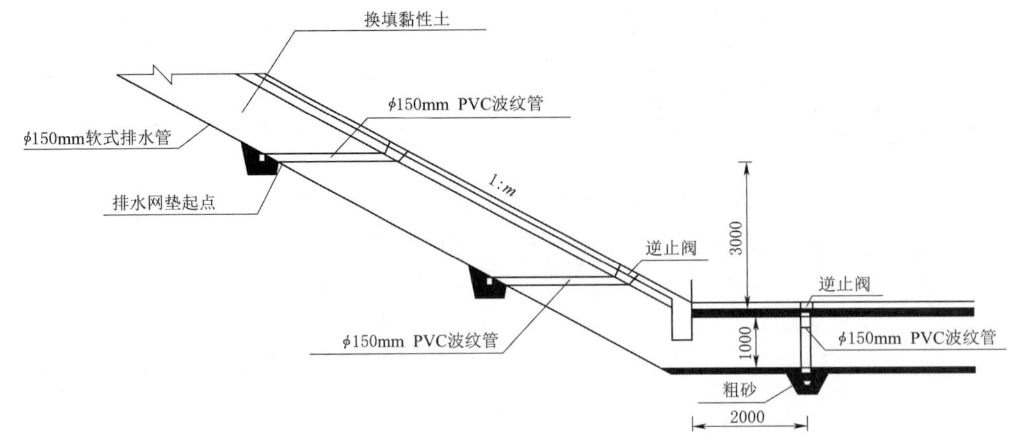

（a）横断面

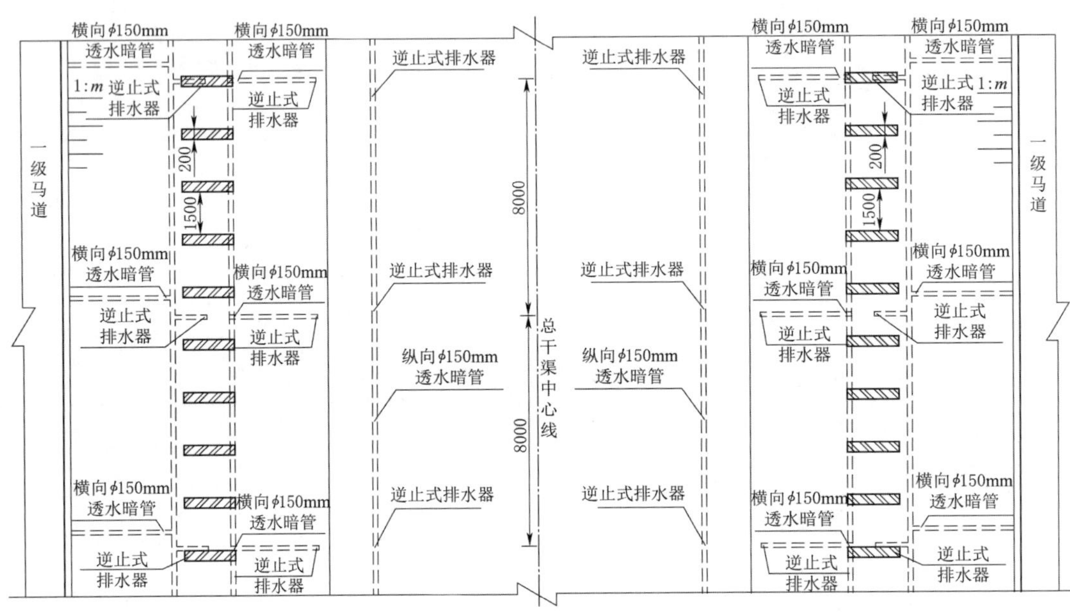

（b）平面布置

图3　2号排水措施横断面及平面布置图

碾6遍，压轮搭接宽度不小于300cm。铺料厚度不大于35cm，行车速度控制在2km/h左右，相邻碾迹的搭接宽度不小于碾宽的1/10。在竖向排水管周围1.0m×1.0m范围内采用小型平板振动碾碾压。碾压施工参数以现场生产线碾压试验方案[3]确定的参数进行控制。碾压完成后，对所碾压层进行取样检测，合格后进行下层填筑。

4. 检测

检测主要为压实度检测和渗透性试验。

（1）压实度检测。每一填筑层碾压完成后，进行土的压实度检测。检测方法如下：检测压实土的干密度，再换算成压实度。干密度采用环刀法取样、室内检测。取样后采用密封盒装，防止水分损失。压实度换算按下式计算。

$$压实度=\frac{土样干密度}{土的最大干密度}\times 100\% \tag{1}$$

取样数量（每单元）为渠底每层为4～6个，渠坡每层为3～5个。取样位置为平面上随机取样，取样点尽量分布均匀；垂直向取样位置在填筑中部以下（表面10cm以内为翻松层）取。

（2）渗透性试验。土方压实的渗透性试验按每填筑1万m^3做一组试验进行。渗透试验采用现场“注水法”。

5. 碾压面保护

对当天已碾压完成的填筑面，若不能马上进行下次填筑，应对该层进行临时覆盖保护。在碾压面采用防雨布进行覆盖，上部膜与下部膜搭接，搭接宽度不小于1.0m。用土袋压盖，做到全面覆盖、不留死角，以防止雨雪冲刷，破坏碾压面。

4 实施效果

膨胀岩边坡在膨胀作用下会造成基础面及建筑物的破坏，常用的处理措施较多。黏性土换填膨胀岩施工简便，不存在改性、加筋等复杂工序。在现场有可利用的适宜黏性土情况下，工程施工成本较低，工期较短。施工过程中，通过人员、设备、材料的精细化安排，以及将线性工作面由长线划分为短线，由短线划分为片区，由片区划分为局部，可使平均月换填量达 6 万 m^3。此外，该方法受天气影响小，施工速度快，施工设备无特殊要求，质量能满足设计及规范要求。

换填厚度通过膨胀岩试验确定，且要根据基础处理层防渗能力要求考虑防排水系统。

南水北调中线一期工程总干渠黄河北～羑河北段鹤壁段施工Ⅲ标段膨胀岩黏性土换填处理＋排水系统＋渠道衬砌施工完成后，进行通水试运行，包括最高水位、正常水位、退水等情况，并对衬砌混凝土面进行了全面排查统计，均未出现新增裂缝、渠道边坡变形及退水后衬砌面明显隆起等情况，渠道通水运行正常。

5 结语

利用黏性土进行渠道膨胀（岩）土置换，解决了膨胀（岩）土渠段施工的技术难题，可在南水北调干线工程中推广应用。在开挖、换填施工过程中，机械和人员的协同工作、换填土料的含水率、天气变化、铺料碾压和压实度检测，都会影响工程质量和进度。必须在施工过程中严把质量关，协调好人员、机械的连续作业，及时保湿或翻晒换填土料，关注天气变化，做好检测取样及安全监测，遵照施工规范及图纸要求，保证施工质量。实践证明，采取科学合理的换填施工工艺是保证膨胀岩（土）换填施工质量的关键。

参考文献

[1] 程世昭．浅谈膨胀岩（土）开挖换填技术［J］．河南水利与南水北调施工技术，2011（24）：35－36.

[2] 付开贵．膨胀岩渠道换填水泥改性土施工技术［J］．工业设计，2017（10）：130－132.

[3] 中华人民共和国水利部．土工试验规程：SL 237—1999［S］．北京：中国水利水电出版社，1999.

审稿人：张正富

起伏狭窄地形条件下大直径 PCCP 管安装技术

张正贵　李威威　徐颖超/中国水利水电第十二工程局有限公司

【摘　要】本文介绍了预应力钢筒混凝土管（简称 PCCP 管）安装施工工艺，以现场实施证明了在复杂地形条件下管道安装工艺的可行性，解决了起伏地形段 PCCP 管安装以及在狭窄的作业环境下快速施工的难题，同时确保了管道安装施工的质量与安全。

【关键词】PCCP 管安装　起伏狭窄地形　作业环境　施工质量

1　引言

驮英灌区驮英东干渠引水工程设计两座倒虹吸，总长 3.65km。其中，东门倒虹吸长 2.32km，管道长 2.16km。使用的预应力钢筒混凝土管（PCCP 管）*DN*2400，管节长 6.0m、重 24t，是由钢板、预应力钢丝、混凝土和水泥砂浆四种基本原材料经过钢筒成型、混凝土浇筑、预应力控制技术的施加和保护层喷射等制造工艺后，构成的一种复合管材，此复合管材便于在起伏地形条件下安装。本文阐述了引水工程 PCCP 管安装施工技术，应用过程中解决了在起伏狭窄地形条件下管道安装施工的难题。

2　管道安装重难点

该工程管道安装重难点如下：

（1）东门倒虹吸斜坡段采用压力钢管与 PCCP 管连接，斜坡段最大坡度为 53°，施工安全风险大，需采取安全防护措施全过程重点把控。

（2）PCCP 管承插口安装与接头施工尤为重要，确保 PCCP 管承插口安装严密，满足接头打压试验要求，是确保倒虹吸正常运行后期顺利输水的关键。

（3）东门倒虹吸沿线地面高程为 110.7～150.0m，沿线地形起伏，局部区域受断层影响，形成了凹陷区。因此，地势起伏区的管道安装难度较大。

（4）东门倒虹吸沿线主要为林地，施工用地范围较小，管道安装作业空间狭小。因此要求 PCCP 管起吊时尽量控制在安装位置，吊装一次就位。

3　PCCP 管安装技术

3.1　施工测量准备

进入施工现场后，工程测量人员进行管线测量，根据控制点沿管道方向布设一条复核导线作为施工控制导线，施工高程控制测量按水准测量的精密要求，使用水准仪进行往返观测。

3.2　管槽开挖

水平段管槽采用反铲挖掘机自上而下分层平行开挖，每层开挖深度控制在 3.0m 以内，每层开挖完成后，进行两侧斜坡面检查，确保安全。斜坡段管槽开挖待上平段开挖完成后进行，沿着斜坡面自上而下开挖，直到开挖至下平段。管槽开挖有用料临时堆放于管槽的一侧，以便后期就近回填，堆放面积不足时则利用自卸汽车将渣料运至附近弃渣场指定位置存放，待后续回填料源不够时进行补充回填。开挖完成的管槽在管道安装之前做好防护。保护层开挖时应集中力量快速施工，缩短建基面暴露时间，开挖完成后立即进行 PCCP 管安装。

3.3 PCCP 管安装工艺流程

管槽验收合格后，铺设粗砂垫层，修正压实后进行 PCCP 管安装。PCCP 管安装工艺流程如图 1 所示。

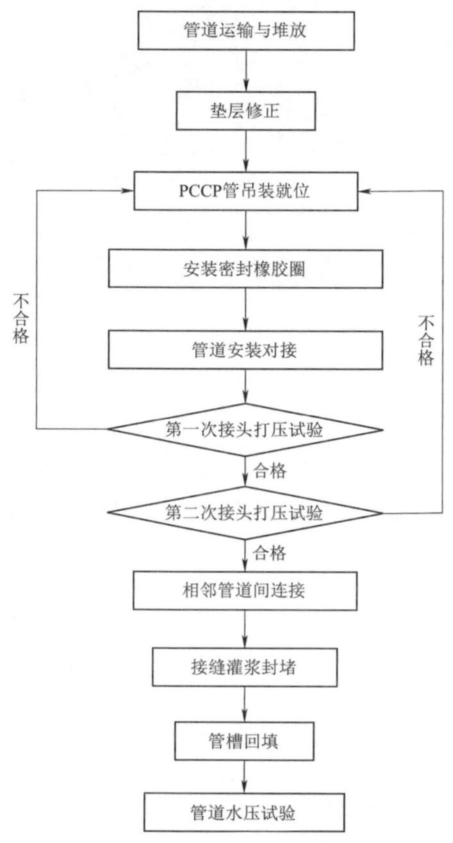

图 1　PCCP 管安装工艺流程

3.4 PCCP 管运输与堆放

PCCP 管运输采用 30t 平板车，每次拉运一节管，车厢前后设鞍型支座，支座表面垫 20mm 厚木板，防止管材因振动、碰撞、滑移而遭受破坏。运输途中用尼龙带将 PCCP 管捆绑固定。尼龙带制作如图 2 所示。装车前按配管图对管道的工况和外观质量进行检查。为保护 PCCP 管管壁，管道吊装必须使用尼龙吊带，不得使用裸露钢丝绳。两侧吊带距管道端口 1m 以上。管道提前布置在管槽边的管垄上，管垄高 0.5m、宽 2.5m，采用履带吊进行 PCCP 管装卸。

3.5 PCCP 管吊装就位

由于该工程采用大直径 PCCP 管，根据现场实施条件，选用 150t 履带吊进行吊运安装。履带吊吊装总重量为 26.2t（含管节、绳钩、吊具重量），作业半径为 18m，满足管槽放坡宽度要求。

在吊装管道前，用水准仪对基础面高程进行精确控制，确保管道的高程偏差在允许范围内。PCCP 管吊装

图 2　尼龙带制作

图 3　PCCP 管吊装

采用尼龙吊带，吊带距离两端口至少为 1/3 管长，管垄上的 PCCP 管采用履带吊车吊入管床。PCCP 管吊装如图 3 所示。由于管槽作业面狭窄，吊装 PCCP 管时沟槽作业面下方不得有人停留，并在下管前将 PCCP 管承口端朝向承插安装方向，尽量使得 PCCP 管一次就位，避免在管槽中多次搬运、移动。为方便尼龙吊带卸取，安装前在管床基坑垫层上开吊带槽，要求吊带槽的尺寸尽可能小，以不破坏管道垫层为前提。然后采用履带吊配合人工根据测量高程进行 PCCP 管细微调整。以便管口顺利对接。同时连接前后两个管节时要预留凹槽，为下一步的接头打压试验工作做准备。

由于倒虹吸管线穿梭在农林地之间，因此利用已有乡村道路作为进场道路进行管材运输，并根据路面实际使用情况进行硬化处理。倒虹吸管线右侧布置临时施工便道，施工便道宽 12m，沿线右侧每隔 200m 布设一个 30m×30m 的平板运输车回转平台，也可结合现场乡村道路合理规划。施工便道修筑前先对原地面进行表土清理，整平后采用 20t 振动碾碾压密实，检测压实度不小于 96%，以便履带吊安全进场吊装 PCCP 管材，PCCP 管材临时存放于施工营地，利用平板运输车运至施工现场。

3.6 安装密封橡胶圈

管道安装前清洗管道的承插口环工作面，对承口工

作面涂刷食品级植物类润滑油。在橡胶圈套入插口环凹槽之前，将橡胶圈涂满润滑剂，或在装有润滑剂的专用容器内浸泡，然后套入插口环凹槽。将一根钢棒插入橡胶圈下绕整个接头转一圈，将插口各部位上的胶圈粗细调匀，使其均匀地箍在插口环凹槽内，确保无扭曲、翻转现象，并在每根安装好的胶圈外表面涂刷一层食品级植物类润滑油[1]。润滑油既能使得管道很轻松地入槽，又能很好地保护胶圈，不易被损坏。

3.7 PCCP管对接安装

1. PCCP管对接

由于施工用地问题，管道安装作业空间狭小，因此要求PCCP管起吊时尽量控制在安装位置，吊装一次就位。PCCP管使用150t履带吊采用两点兜身吊装，安装时首先将第一根管按位置、桩号、高程和中线稳固好，高程控制直接用水准仪引到槽底的方法，中心控制用中心线或边线。将第二根管吊至和第一根管大致对齐的位置，为防止承插口环碰撞，装管要缓慢而平稳地移动，待移动至距已装管的承口10～20cm时，用方木支在两管之间。对口时，使用吊车调整管的位置（支设全站仪和水准仪进行观测控制），使插口端与承口端保持平行，并使圆周空隙大致相等，准确就位。

2. PCCP管轴线控制

下管后，要控制好PCCP管轴线位置和高程，管道高程采用坡度上的高程钉控制，两高程钉之间的连线为管底坡度线，坡度线上任何一点到管底的垂直距离是一个常数，称为下反数。高程控制时，使用丁字形高程尺，尺上刻度有管底和坡度之间的距离的标志，即下反数的读数，将高程尺垂直放在管底，高程标志和坡度线垂合时表明高程正确。

管道的中线控制采用在连接两个坡度的中心钉子之间的中线上挂一垂球，当线通过水平尺的中线时表明管子已对中。并根据施工控制网引测的控制点平面、高程参数投测到沟槽底部或垫层上每隔20m埋设的中线桩。可使用龙门板、水准仪、专用尺等放坡、放线，并在管道内部测量管道平面位置和坡度。按施工测量控制点仔细校测管道的轴线和标高，并做好施工记录。

3. 电动葫芦内拉安装

PCCP管安装时采用内拉法，在待装管后垫一根方木，并固定待装管中间位置，待装管插口端设置6.0m×0.1m×0.1m（长×宽×高）的方钢拉杠，方钢和插口接触的位置用橡胶垫包住，以防止插口破坏，内侧利用两个10t电动葫芦，将电动葫芦的一头固定在承口管的前2根已装管上，拉动待装管，使待装管缓慢平行移动。电动葫芦内拉装置如图4所示。每节PCCP管安装完毕后，检查密封橡胶圈是否仍然在插口环的凹槽内，在管道缝隙闭合前，将预制好的木垫块（厚25mm）安置在缝隙中，以保证管道的安装间隙满足要求。

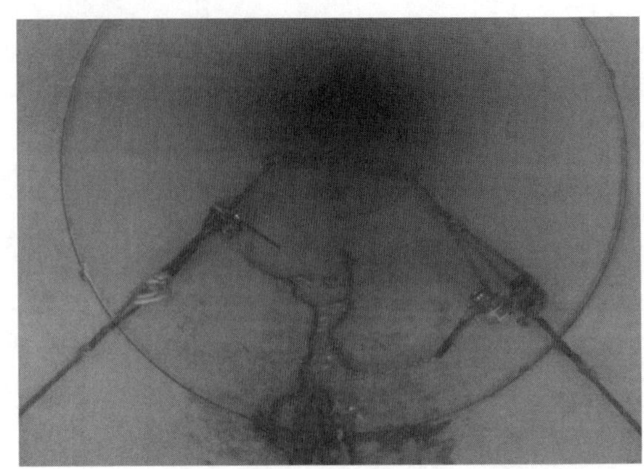

图4 电动葫芦内拉装置

3.8 斜坡段压力钢管安装

东门倒虹吸地势起伏，因此斜坡段采用压力钢管与预应力钢筒混凝土管连接。压力钢管由厂家根据各段角度、坡度以及长度定制而成，将成品运至现场，采用人工配合吊车进行安装，先安装上下水平段PCCP管，然后自坡脚向坡顶逐节安装斜坡段压力钢管。压力钢管接头采用手工焊接工艺，焊缝采用超声探伤法检测，检测合格后进行镇墩混凝土浇筑。

由于斜坡段坡度较大且施工作业面小，在斜坡边缘位置每隔30cm设置锚板，锚板利用铆钉插入斜坡面中，作为临时安装压力钢管及人工焊接作业平台。为确保安全，压力钢管吊装入槽后工人方可进入作业面，同时在斜坡上设置锚筋，将压力钢管上的加劲环与锚筋连接，作为临时的抗滑措施，防止钢管顺坡滑移。水平段与斜坡段相交处采用加强顶撑等措施，避免管道在施工过程中下滑，破坏钢管接口，影响焊接质量。

3.9 接头打压试验

管道安装完成后，随即进行第一次接头打压，以检验接头的密封性。接头打压使用经过率定的专用加压泵，从接头下部的进水孔压水，从上部排气孔排气，排气结束后拧紧螺栓。先加压至0.2MPa，保持5min压力不下降；然后加压至试验压力0.6MPa（要求的压力值），保持2min压力不下降；最后降压至0.2MPa，保持5min压力不下降，即为合格[2]。打压完成后立即将打压水排空。冬季施工时打压液体可使用医用酒精，管道接头打压应及时做好记录，如管道编号、端口位置、试压开始和结束时间、压力大小等数据。接头打压如图5所示。

每安装3节预应力钢筒混凝土管道后，对先前安装的第一节管接口进行第二次接口水压试验，检验方法同第一次接头打压。

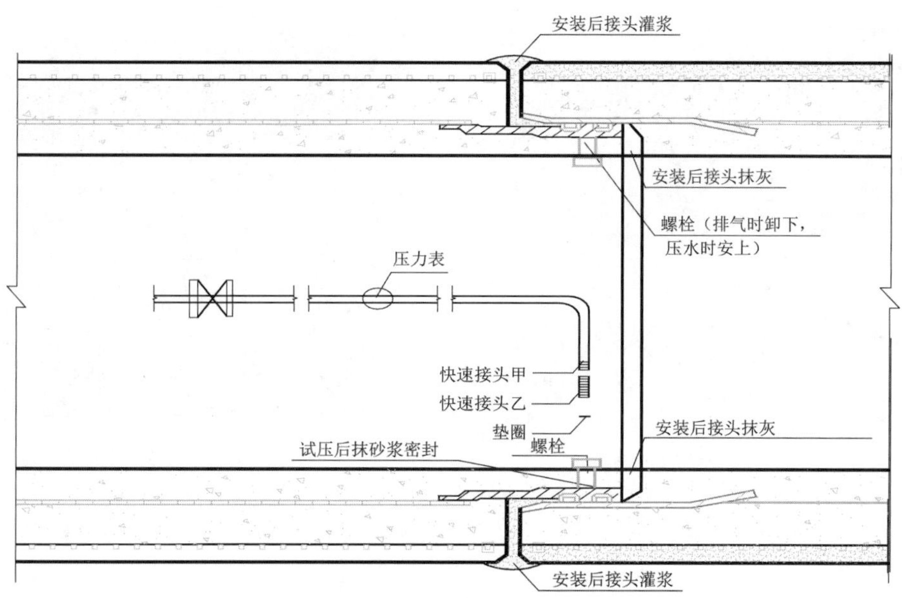

图 5　接头打压示意图

3.10　接缝灌浆封堵

在外部接口缝隙表面淋水，以确保缝隙表面完全湿润，并在接头的外侧包裹一层宽度为 400mm、强度适中的尼龙编织布灌浆袋，作为灌浆接头的外模。灌浆袋的内侧中部应预先缝制（粘贴）宽 200mm、厚 6mm 的闭孔聚乙烯泡沫带。尼龙编织布灌浆袋两侧各用两条紧箍钢带（0.6mm×16mm）将其固定在 PCCP 管表面，与 PCCP 管扎紧，只在最上面留出灌浆口，同时确保灌浆通道净宽不小于 250mm。灌入水灰比为 1∶3 的水泥砂浆，确保水泥砂浆有较好的流动性，使其均匀、密实、无空隙。待砂浆灌满接头后，灌浆口上部用干硬砂浆填满抹光，抹灰整平筒管内面，并涂刷 2mm 厚的双组分聚脲防水层涂料。灌浆封堵如图 6 所示。

图 6　灌浆封堵

3.11　注意事项

（1）管道在运输时应有防振动、碰撞、滑移的措施。对管道的承插口予以妥善的包扎保护，以防损坏。每一次吊装都会对管道有损伤，尽量保证一次吊装就位，减少吊运次数。

（2）管道安装做好施工测量控制点，仔细校测管道的轴线和标高，并做好施工记录。管道安装应确保对接准确，平稳对接，一次安装到位，防止角度不正，应力集中，造成承插口损坏。

（3）要求橡胶圈套入插口环凹槽中无扭曲、翻折、空隙等问题，橡胶圈要均匀涂满润滑剂。

（4）斜坡段钢管安装时设置一定间距的锚筋、锚板等安全措施。

4　工程实施效果

东门倒虹吸单节管长 6m，共有 360 节 PCCP 管，采用 1 台履带吊、6 辆平板运输车进行管道吊装，另配备 1 名指挥人员、2 名辅助起吊及管节矫正人员、3 名接口封堵灌浆工、2 名压力钢管焊接工进行管道安装，水平段单节管安装时效为 2 节/h，每天安装 16 节，则水平段管道安装需 23 天，斜坡及转弯段压力钢管安装时效为 0.5 节/h，压力钢管共 15 节，则安装需 4 天，共需 27 天倒虹吸管可全部安装完成。

倒虹吸 PCCP 管安装计划于 2020 年 9 月 15 日开始施工，于 2020 年 10 月 20 日完成施工。项目部根据以上人员组织及设备资源配置于 2020 年 9 月 20 日进行现场实施，2020 年 10 月 16 日完成施工，施工满足计划工期要求，提前完成了管道安装施工任务。起伏段与转弯段 PCCP 管安装完成现场如图 7 和图 8 所示。

倒虹吸管道安装质量优良，接口打压试验合格，现

图7　起伏段 PCCP 管安装完成现场

图8　转弯段 PCCP 管安装完成现场

已完成管道压水试验，并顺利通过单位工程验收，为后期工程通水打下坚实基础。

5　结语

东门倒虹吸地势起伏、斜坡段较多且单节管较重，需配备大型起吊设备及人员组织实施，对管道吊装、对接、校正、密封要求高。该工程通过控制施工工序质量，解决了 PCCP 管道安装施工重难点问题，并在灌区工程中顺利实施，可在其他类似工程中使用此管道安装技术。

参考文献

[1]　张党锋，刘伟，何怀平，等. 预应力钢筒混凝土管（PCCP 管）安装技术研究［J］. 水利水电技术，工程科技Ⅱ辑，2023.

[2]　水利部. 预应力钢筒混凝土管道技术规范：SL 702—2015［S］. 北京：中国水利水电出版社，2015.

引水大直径 PCCP 管道内缝修补施工技术

王燕冬/中国水利水电第十二工程局有限公司

【摘　要】 本文以广西百色水库灌区工程大直径 PCCP 管道安装工程为依托，重点阐述 PCCP 管道内缝修补施工技术。通过采用“灌、嵌、贴”相结合的工艺，对管道接缝进行修补，成功解决了管道漏水问题，该施工技术对类似工程具有借鉴意义。

【关键词】 大直径 PCCP 管道　接头渗漏处理　施工技术

1　引言

广西百色水库灌区工程为Ⅱ等大（2）型灌区工程，其中输水总干管长 43.931km，总干管线中 PCCP 管道长度为 29.84km，占比 67.9%。管道直径包含 *DN*2200、*DN*2400、*DN*2800 三种（单根管道长 6m、重 39t），输水管道沿线包含各类阀井（房）、泵站、镇墩等结构物。

输水总干管经过第三系那读组、百岗泥岩组，区域内多为粉砂质泥岩、钙质砂岩、泥岩，具有中等～强膨胀性，均属于膨胀土地质，具有遇水易软化、失水易干裂的特性，易引起地质不均匀沉降、边坡失稳等问题。

灌区工程所属地区年降水量为 1077～1178mm，年内分配不均，一般集中在 4—9 月，占全年降水量的 75%～79%，尤其是 6—8 月，降水量更为集中，占年降水量的 56%～61%。据灌区内多年气象观测站资料统计，广西百色灌区工程范围内多年平均气温为 22.0℃，汛期历年极端最高气温为 42.5℃，极端最低气温为 −2.0℃；高温季节为 4—12 月，平均气温达 30℃以上。

本文以广西百色水库灌区工程大直径 PCCP 管道安装工程为背景，重点阐述 PCCP 管道内缝修补施工技术，通过采用“灌、嵌、贴”相结合的工艺，对管道接缝进行修补，成功解决了管道漏水问题，该施工技术对类似工程具有借鉴意义。

2　管道漏水成因分析

输水总干管管线均沿丘陵地带布置，地势起伏，区域内地层为多粉砂质泥岩、钙质砂岩、泥岩，具有中等～强膨胀性，均属于膨胀土地质，具有遇水软化、失水干裂等特性，易引起地质不均匀沉降；另外，当地的高温与汛期叠加，管道安装完成后，在汛期短时间内强降雨、随后高温天气暴晒的影响下，膨胀土基础经历反复饱水、失水，易引起地质不均匀沉降。PCCP 管道安装完成后，选取了 ZG36＋548～ZG39＋391 段（长 2.843km）PCCP 管道进行水压试验。在主试验阶段、设计压力情况下，15min 内压降超过 0.03MPa，沿线排查发现管道接缝有 5 处不同程度的漏水点。经分析主要为地质原因引起的不均匀沉降，使得局部 PCCP 管道接缝间隙变大，导致接口胶圈密封性失效，产生漏点。

3　堵漏施工技术

针对标记的漏水点，管道停止水压试验并泄压后，采用“灌、嵌、贴”相结合的工艺，对 PCCP 管道内缝接口进行加固修补，即采用水溶性聚氨酯对管缝进行堵漏灌浆，灌浆后采用石棉绒水泥进行嵌缝处理，最后采用聚硫密封胶填缝并在管缝表面刮涂聚脲。

3.1　施工工艺

大直径 PCCP 管道接口堵漏施工技术工艺流程如图 1 所示。

3.1.1　施工准备

（1）人员交底及培训：对管道接口堵漏操作人员进行工艺要求及安全防护交底。

（2）工具准备：准备铁锤、钢钎、特制嵌缝钢片、扁铲、毛刷、吹风机、鼓风机、灌浆泵、抹刀、发电机等机械设备。

（3）材料准备：准备 LW 与 HW 环保水溶性聚氨酯、P·O 42.5MPa 普通硅酸盐水泥、石棉绒、聚脲防

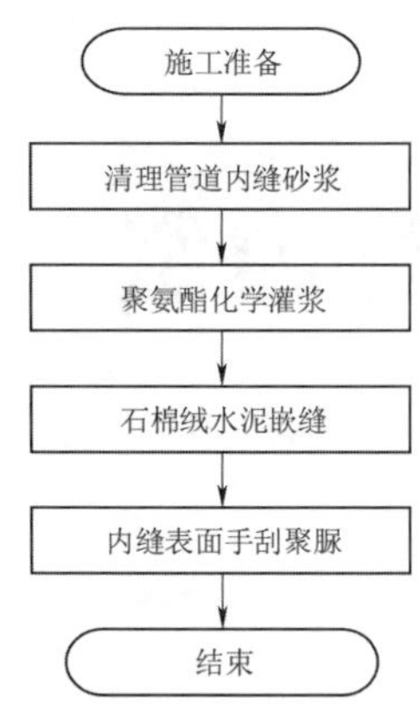

图 1　大直径 PCCP 管道接口堵漏施工技术工艺流程

水涂料等，所有材料应包含有出厂合格证书和出厂试验报告。

（4）管道泄压及排水：泄压的同时打开注水点及泄压点阀门，水流排入就近河流或排水沟，泄压时保证管道内水流全部泄出、必要时在管道最低点放入水泵进行抽排。

3.1.2　清理管道内缝砂浆

依据标记的桩号位置，从进人孔精确找到漏水点，采用记号笔做标记，利用铁锤及钢钎将管道原有内缝砂浆清除，清除时要求从管道顶部向两侧清理，敲击时不可用力过猛，避免损伤管道接口防腐涂料。

内缝砂浆清理后，利用吹风机将缝内泥土及砂子等细小颗粒清理干净。

3.1.3　管道内缝化学灌浆

（1）灌浆前确保管道接口干净，无泥土、砂子等杂物。

（2）HW 与 LW 聚氨酯（配比为 1∶1.5）采用手提式搅拌机拌制，搅拌时间不少于 5min，确保 HW 与 LW 均匀混合并无色差。配置好的混合聚氨酯应在单个灌浆班次内用完，时间不得超过 2h。否则应视作废料重新拌制。若漏点水流较大时，可适当提高 LW 聚氨酯配比含量。

（3）连接便携式注浆泵及灌浆管，利用管道底部打压口将水溶性聚氨酯灌入 PCCP 管道两胶圈之间，使其在缝隙中扩散、凝固，从而封闭缝隙，达到防渗、堵漏、补强、加固的目的。便携式注浆泵如图 2 所示，聚氨酯灌浆如图 3 所示。

（4）灌浆压力为 0.1～0.2MPa，且最大压力不大于 1MPa，待浆液从管道顶部接口均匀流出时，拧紧并封堵顶部接口螺栓，保持灌浆压力不变，屏浆 30min 后结束灌浆。

3.1.4　石棉绒水泥嵌缝

在灌浆结束 12h 后进行管道嵌缝处理。

（1）拌制石棉绒水泥（石棉绒与水泥的体积比为 1∶1），拌制过程要求无水拌制，成品石棉绒水泥手握成团、手搓成碎块时则判定为合格。

图 2　便携式注浆泵

图 3　聚氨酯灌浆

（2）充填前再次清洗管道内缝，确保无泥土、砂粒及化学浆液残留物。

（3）沿管道内缝，从底部由下到上、分层向管道内缝中充填石棉绒水泥，单层石棉绒水泥充填厚度为 1cm，充填嵌缝时要求慢填慢砸，确保每层石棉绒水泥的密实度（充填完成后石棉绒水泥密实度不小于 0.98），石棉绒水泥嵌缝厚度距离管道内壁表面 2cm 时停止。石棉绒水泥分层填塞工艺如图 4 所示，石棉绒水泥嵌缝如图 5 所示。

图 4　石棉绒水泥分层填塞工艺

图 5　石棉绒水泥嵌缝

3.1.5　管道内缝表面手刮聚脲

（1）石棉绒水泥分层充填合格后，采用聚硫密封胶充填石棉绒水泥与管道内部的空缺部分，充填完成后沿管道内缝手刮聚脲，聚脲厚度不小于 3mm，宽度为 20cm（管内缝中线左、右侧各 10cm），PCCP 管道内缝堵漏处理示意如图 6 所示。

（2）手刮聚脲前，利用防护胶带标记出聚脲边界，待手刮聚脲结束后，方可去除管缝两侧防护胶带。分层手刮聚脲如图 7 所示，聚脲刮涂完成后现场如图 8 所示。

（3）聚脲刮涂后养护时间不少于 24h，养护期间避免接触流水，注水前需全面排查漏点处理情况，确保聚硫密封胶填充饱满、无气泡，手刮聚脲均匀，无孔洞及裂缝。

3.2　注意事项

（1）聚氨酯灌浆时，灌浆压力为 0.1～0.2MPa，漏水严重时可适当加大压力，但最大压力不大于 1MPa，避免因压力过大，损坏原本完好部分的胶圈密封性。

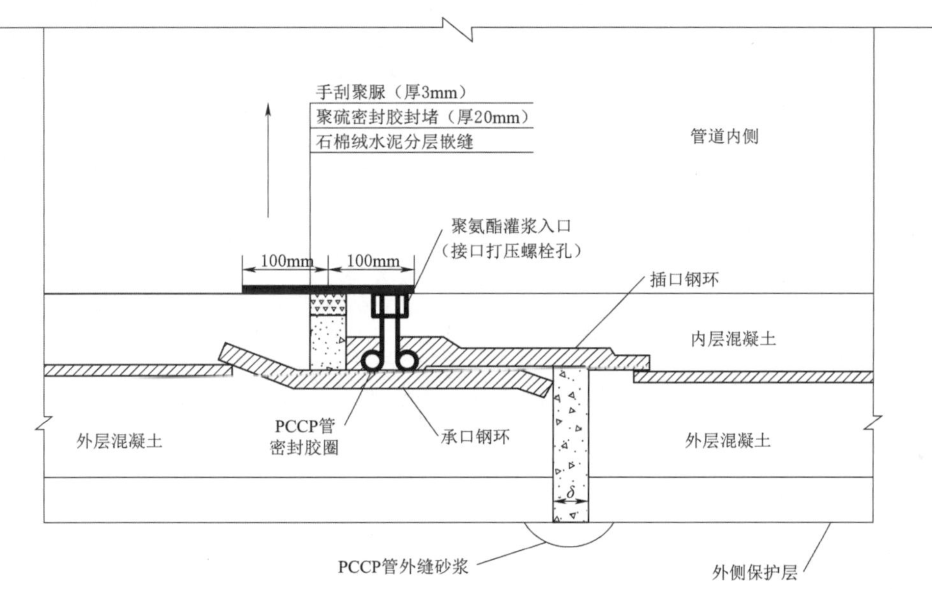

图 6　PCCP 管道内缝堵漏处理示意图

图 7　分层手刮聚脲

图 8　聚脲刮涂完成后现场

（2）拌制石棉绒水泥时，须零水拌制，在干燥无水的容器中进行。石棉绒水泥嵌缝的主控项目为密实度，嵌缝时必须分层嵌入，慢填慢砸，确保其密实度合格。

（3）聚脲刮涂之前，管道内壁刮涂范围内采用湿水抹布擦洗，清理灰尘及污物，以确保聚脲与管壁黏结良好；刮涂时，需分层、均匀刮涂，并确保厚度合格。

4 施工技术实施效果

漏水点共涉及5条管道内缝，单条管缝长度为8.79m，总长43.95m（管道公称直径为2800mm），修复时间共计13天，平均每条管缝修补时间为2.5天，修复施工效率约为3.5m/天（以上周期不包含聚脲刮涂后的养护时间）。

采用“灌、嵌、贴”的工艺，对PCCP管道接缝漏水点进行处理后，再次进行管道水压试验，原先标记的5处漏水点均无渗水现象，该段管道水压试验结果合格，管道漏水问题得到解决。

5 结语

PCCP管道内缝修补施工技术在广西百色水库灌区工程大直径PCCP管道内缝修补施工中的应用，达到了良好的堵漏效果，为类似工程总结积累了宝贵的堵漏经验，其处理方法及工艺对类似工程具有借鉴意义。

某水电站引水斜井上弯段混凝土衬砌快速施工技术

胡良洪/中国水利水电第十二工程局有限公司

【摘　要】 水电站引水斜井上弯段是上平洞与斜井的衔接段，空间结构特殊，混凝土衬砌施工难度大，又因工期紧、施工强度高，给施工组织和管理协调带来了很大的难度。本文针对上述问题，利用直线段起点防护钢平台为底架，采用满堂脚手架支撑、人工立模，分序、分期浇筑，尽量减少第二期混凝土浇筑量的方式施工，实现斜井段固结灌浆和上弯段混凝土同步作业，保证快速高效施工，可为类似工程施工提供借鉴。

【关键词】 引水斜井　上弯段　衬砌　同步作业　安全　高效

1　引言

水电站引水斜井上弯段受施工工艺要求，均需进行技术性超挖，导致上弯段悬空高，后期混凝土回填工程量大，对支撑系统要求较高；加上上弯段施工空间狭小，底部为悬空结构，导致引水上弯段施工难度大，安全风险极高。

国内某水电站受各种因素影响，导致处于关键线路的引水上弯段施工进度严重滞后。经综合分析，引水上弯段混凝土衬砌及技术超挖区混凝土回填与引水斜井灌浆同步施工，采用在井口设置钢结构平台、优化分仓结构、调整浇筑顺序、设计具有针对性的模板支撑形式等一系列措施，将引水上弯段分为上、下两部分浇筑。上部分衬砌及回填混凝土与引水斜井灌浆同步施工，待引水斜井灌浆完成后再进行下半部分隧洞混凝土衬砌。该方案节约了引水上弯段关键线路施工工期，加快了施工进度；同时由于前期设置了钢结构平台，安全风险大幅降低，给后续抽水蓄能电站引水斜井施工工期较紧情况下的施工安排提供了一种全新思路，具有一定的推广价值。

2　施工方案优化

结合工期要求，经过对“滑模台车作为上弯段混凝土衬砌施工承重平台[1]”“在斜井段铺设型钢作为上弯段混凝土衬砌施工承重平台”两种方案比选，在确保安全生产的前提下，利用直线段起点防护钢平台为底架[2]，采用满堂脚手架支撑、人工立模，分序、分期浇筑，尽量减少二期混凝土浇筑量的方式组织施工。在满足灌浆台车、运输小车双牵引系统稳定运行情况下，使引水斜井直线段固结灌浆和上弯段混凝土同时施工。

2.1　混凝土分块方案

引水斜井上弯段共分5仓浇筑，其中①、②、③号块为一期浇筑，④、⑤号块为二期浇筑，引水斜井上弯段混凝土分块如图1所示，引水斜井上弯段混凝土分块参数见表1。上弯段分仓以尽量减少二期混凝土浇筑量，同时兼顾可行性、施工便利性、施工质量为原则，分仓方式如下。

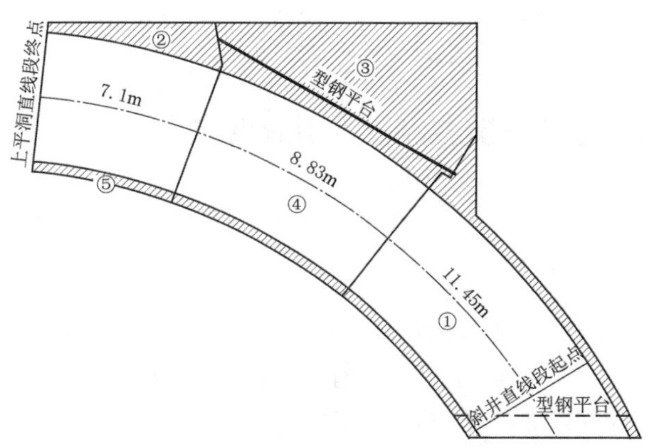

图1　引水斜井上弯段混凝土分块图

①号块：从引水斜井直线段起点起，轴线长度11.45m范围内全断面的衬砌混凝土及部分超挖回填混凝土。①号块浇筑前需预埋钢板。

②号块：从上平洞直线段终点起，轴线长度7.1m范围内、边顶拱240°范围内的衬砌混凝土及部分超挖回

填混凝土。②号块浇筑前需预埋钢板。

③号块：利用①、②号块的超挖回填混凝土预埋件安装技术超挖部分型钢平台，并浇筑型钢平台后方超挖回填混凝土。

④号块：中间部分（轴线长度 8.83m 范围内）全断面衬砌混凝土及部分超挖回填混凝土。

⑤号块：②号块范围内底拱（120°范围内）混凝土。

表 1　引水斜井上弯段混凝土分块参数表

块体编号	轴线长度/m	仓面型式	浇筑时段	备注
①	11.45	全断面	一期	钢管脚手架支撑
②	7.1	顶拱及边墙	一期	钢管脚手架支撑
③	8.83	回填	一期	型钢顶撑
④	8.83	全断面	二期	钢管脚手架支撑
⑤	7.1	底拱	二期	

2.2　施工组织优化要点

引水斜井上弯段施工安排如下。

（1）斜井滑模拆除、上弯段封闭型钢平台施工完成后，即可开始上弯段混凝土施工，先将①号块设计混凝土结构范围内的轨道、支撑、爬梯等拆除，然后搭设满堂脚手架支撑。①号块全断面衬砌。

（2）在不影响型钢平台的情况下，施工型钢平台范围内、卷扬机上游的②号块顶拱边墙，利用钢平台做底架搭设满堂脚手架[3]。

（3）利用①、②号块的预埋件布置型钢支撑，完成剩余部分回填混凝土施工[4]。

（4）斜井固结灌浆施工完成，拆除绞车、卷扬机及其牵引系统、型钢平台，完成④号块的全断面衬砌。

（5）最后完成⑤号块底拱的施工。

3　施工质量控制技术措施要点

引水斜井上弯段混凝土施工质量保证措施要点主要针对钢筋制安、预埋件制安、模板施工、混凝土施工及施工缝处理等方面制定、实施。

1. 钢筋与预埋件制安

（1）一期（边顶拱）钢筋施工，分布筋应从封头模板出露足够的长度并牢靠定位。

（2）混凝土浇筑开仓前，各类预埋件按设计位置预埋，并进行临时保护，防止预埋件发生损坏和变形。

（3）边顶拱浇筑完的混凝土达到 28 天龄期后，方可承受荷载。

2. 模板施工

（1）引水斜井上弯段采用定制弧型钢模板，封头采用木模板。

（2）③号块回填混凝土使用工 28b 型钢支撑，采用 A12 拉筋拉牢。

（3）底拱模板施工时，在模板上方设置钢管支撑，辅助拉条进行模板固定。

（4）②号块顶拱模板施工时，采用满堂架辅助拉筋进行围檩固定。

3. 混凝土施工

（1）混凝土从模板两侧交替均匀下料，两侧高差不超过 50cm。边墙混凝土浇筑速度控制在 0.5m/h。

（2）为保证技术超挖区顶部混凝土浇筑饱满，顶部最后一车混凝土使用自密实混凝土进行浇筑，保证混凝土的密实程度。

（3）浇筑顶拱混凝土时，在顶拱最高处设置排气管，采用混凝土泵管接管下料，下料口距离混凝土面高差不大于 1.5m。待排气管混凝土均匀排出，输泵压力开始明显上升时停止浇筑，开始封仓。

4. 接触部位缺陷修补

主梁割除前，用电镐凿除混凝土，深度按 5cm 控制，再使用气割割除主梁，随后用角磨机、吹风筒清理混凝土基面。基面涂刷一道弹性环氧底胶，采用环氧砂浆刮涂凹坑，表面处理平整。

4　安全施工技术要点

采用钢梁、钢板组合的钢结构平台型式作为底模、工字钢支撑柱顶撑，解决顶拱超挖回填的技术难题。引水斜井上弯段衬砌混凝土施工在斜井滑模台车拆除完毕后进行。在上弯段封闭型钢平台施工、模板与平台拆除、灌浆施工作业中采取了以下安全措施。

4.1　上弯段封闭钢平台安全施工

考虑灌浆人员通行及斜井两套牵引系统的空间，为解决交叉作业安全问题，在直线段起点布置井口防护型钢平台，作为上弯段混凝土施工支撑承重平台并兼顾斜井井盖，上弯段封闭型钢平台布置如图 2 所示。

型钢平台由 I28b 主梁、I16 次梁及 16mm 厚钢板组成，主梁下设置 I28b 垫梁，垫梁同在直线段起点及混凝土浇筑即将完成时预埋的钢板焊接。

利用卷扬机、滑轮及葫芦将主梁吊装至作业面，人工配合就位，焊工初步将主梁和钢板采用点焊固定，依次完成所有主梁就位，然后将主梁同垫梁焊接，焊缝按高度 8mm、双边焊接 10cm 控制。

主梁施工完成后，按上述方法组织次梁的施工。最后满铺 16mm 厚钢板，钢板周边尺寸形体以不影响上弯段混凝土结构面为准，并留有焊接操作口，后期的进人孔、灌浆管路、卷扬机和绞车钢丝绳孔另行热切割，型钢平台周边缝隙用废旧皮带填塞，保证不落物。

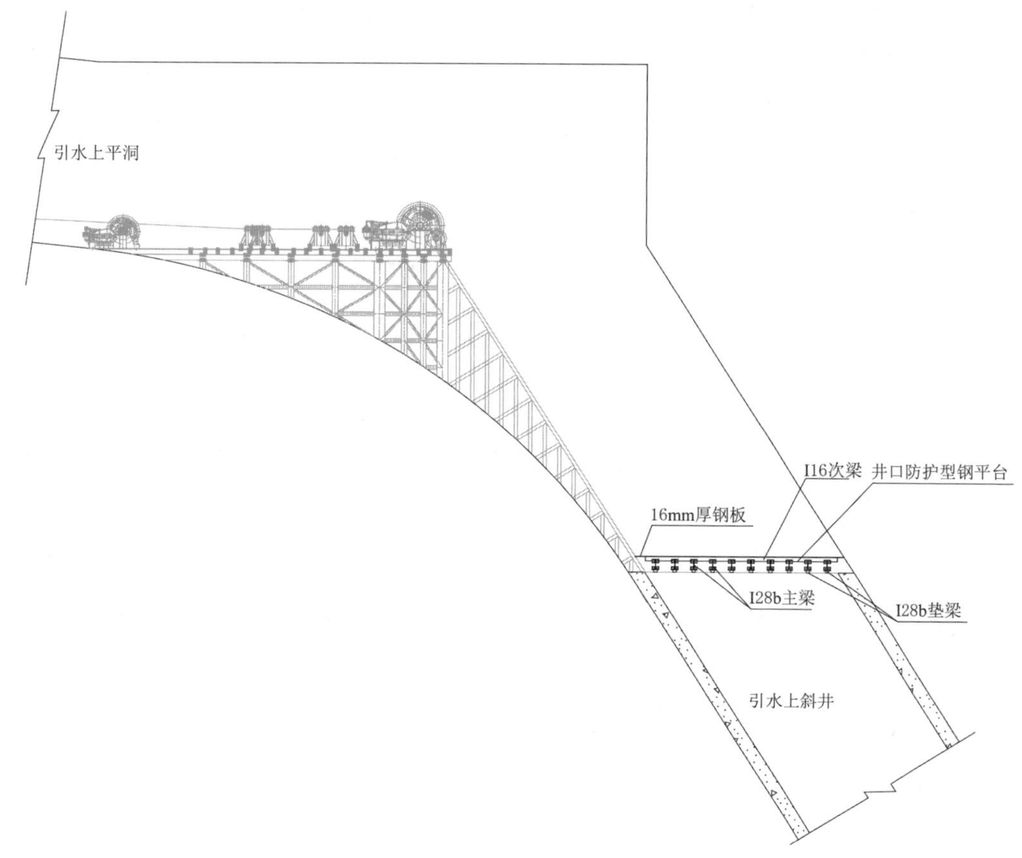

图 2　上弯段封闭型钢平台布置图

4.2　型钢平台拆除

斜井滑模设施拆除结束时，将钢板按设计位置布置妥当，采用全站仪测量放样出最上游的主梁及轴线方向，其余主梁位置及次梁两端位置可用短钢筋或钢尺配合定位，再在主梁左右岸节点布置 15cm 高 I28b 垫梁，同钢板焊接。

上弯段混凝土除③号块支撑钢梁及底模在衬砌结构线以外，可不拆模外，其他部位模板在混凝土浇筑 3 天后（强度达到设计强度 50%）即可拆除。模板拆除后清理干净，涂脱模剂摆放整齐以便下次使用。

根据该工程环境因素及施工特点，型钢平台拆除施工以型钢钢板解小、卷扬机牵引散件为原则。拆除时，首先使用气割设备将型钢平台各部位进行解体，型钢平台拆除材料主要由人工配合简易载货小车搬运，临时卷扬机辅助，单件切割料控制在 60kg 以内。

4.3　灌浆施工中的避绳措施

因斜井直线段固结灌浆所用提升设备布置于斜井上弯段型钢平台、上平洞直线段，提升所用钢丝绳需通过模板支撑架下部对灌浆台车、运输小车进行牵引，可能对模板支撑架的搭设、使用造成影响，必须采取可靠的避绳措施。

（1）灌浆运输台车牵引卷扬机滚筒长度为 1.6m，提升过程中钢丝绳摆动可能会摩擦脚手架立杆。进行脚手架搭设时根据钢丝绳实际位置进行避让，同时钢丝绳摆动范围内搭设活动立杆。若避绳效果不理想，可取消摆动范围内立杆，采用斜杆加固。

（2）在提升设备部位搭设脚手架时，采取门式钢架进行支撑，脚手架立杆支撑在门架上部，避开提升设备工作空间。

（3）在绞车钢丝绳运行范围内搭设脚手架时，采用门式钢架进行支撑，脚手架立杆支撑在门式钢架上部，避开钢丝绳摆动范围。

（4）在竖向导向滑车至封闭钢平台段搭设脚手架时，根据钢丝绳位置避让搭设即可，脚手架搭设完成后在钢丝绳上方设置竹跳板或废旧木模板进行保护。

5　工程实施效果

通过设计封闭型钢平台，确保了斜井段施工安全，同时兼顾上弯段第一仓模板支撑平台；通过设计上弯段分仓，将技术超挖部位作为独立浇筑单元，减少单仓浇筑方量；通过对设计技术超挖部位型钢平台进行针对性设计，确保受力合理。依托上述一系列技术措施，引水斜井上弯段混凝土衬砌施工安全、优质、高效完成，浇筑完成后，混凝土外光内实，达到设计及规范要求，为后期顺利通过分部工程验收、单位工程验收、蓄水验收、枢纽工程专项验收打下了良好的基础。通过采用该施工工艺，节约工期约 1 个月，施工过程中没有发生安全事故，为引水系统按期充排水打下了良好的基础。

6 结语

水电站引水斜井上弯段利用直线段起点防护型钢平台为底架，采用满堂脚手架支撑、人工立模，分序、分期浇筑的方案，快速高效完成混凝土衬砌施工。依托井口防护、支撑钢平台及双牵引申报的《400m 级超长斜井衬砌及灌浆施工关键技术研究》，获 2023 年度公司级科学技术一等奖，并获 2024 年度省级水利科技创新奖，可为类似工程提供技术参考。

参考文献

[1] 邢国红. 蒲石河抽水蓄能电站引水斜井上弯段混凝土施工 [J]. 工程建设与设计，2015 (10)：139-141，144.

[2] 章成，廖湘辉，黄志花，等. 三峡地下电站上弯段混凝土衬砌施工方案研究 [J]. 水力发电，2010 (1)：57-59.

[3] 谢沛波. 引水隧洞上平、上弯及斜井段砼衬砌施工技术 [J]. 科技与企业，2016 (3).

[4] 邓吉明，许立利，王军. 大直径引水隧洞上、下弯段混凝土衬砌钢排架模板施工技术 [J]. 水利水电施工，2013 (1)：29-31.

大口径长距离 PCCP 管用龙门吊辅助的安装技术

贺贝贝/中国水利水电第十二工程局有限公司

【摘　要】本文以 JK 输水管线工程为依托，主要介绍新疆戈壁滩环境下大口径长距离 PCCP 输水管道安装方法，通过采用龙门吊安装装置，成功解决了施工过程中的空间受限等难题，取得了良好的效果，培养了一批 PCCP 管的安装人才。

【关键词】PCCP 管　管道安装　龙门吊

1　引言

JK 输水管线工程桩号为 34＋300～64＋782，长 30.482km，管道为 PCCP 管（预应力钢筒混凝土管），单根重量为 53t，规格为 DN3400mm×5000mm，管沟的底宽为 6m。输水管线沿线地势起伏不平，地处洪积扇中下部，发育有较多的山洪沟并与管线相交。管线除穿越较大河流托托河、古尔图河、四棵树河和奎屯河外，还穿越十几条较大山洪沟，如巴音那木沟、库拉提河、拜西特日克沟、莫托沙拉沟、桑集沙拉沟、太比勒黑特果勒沟、西大沟等。根据现场调查情况，这些洪沟洪水都为季节性暴雨产生的山洪，对输水管线威胁较大。

本文以 JK 输水管线工程安装工程为背景，重点阐述使用龙门吊辅助管道安装技术。管沟中的人工操作宽度最多为 1m，如果通过人工转运轨道的方式，操作面积小，而通过龙门吊转运轨道的方式，大大提高了安全系数。每段轨道的重量高达 625kg，相对于人工转运的耗时耗力，龙门吊转运方式降低了人工劳动强度，大大提高了管道敷设效率，加快了施工进度。该施工技术对类似工程具有借鉴意义。

2　管道安装技术

数段轨道单元首尾相连形成转运轨道，管沟内平行设置有两个转运轨道，两个转运轨道间距为 5m，两侧只留 0.5m 的距离进行轨道转运，空间狭小，操作难度大。

2.1　施工工艺流程

管道安装施工工艺流程如下：测量放线→沟槽开挖→施工降排水→PCCP 管吊装就位→PCCP 管安装→接口水压试验→填封接口缝→土方回填→水压试验。

2.2　PCCP 管现场检验

PCCP 管在安装前必须逐根进行外观检查，PCCP 管尺寸偏差（如椭圆度、保护层偏差，直径偏差等）需符合现行国家质量验收标准规定；检查承插口有无碰损、外保护层有无脱落等，裂缝、保护层脱落、空鼓、接口掉角等缺陷需在规范允许范围内，使用前必须修补并经鉴定合格后，方可使用。

PCCP 管安装采用的橡胶密封圈材质必须符合规范的规定。橡胶圈形状为 O 形，使用前必须逐个检查，表面不得有气孔、裂缝、重皮、平面扭曲、肉眼可见的杂质及有碍使用和影响密封效果的缺陷。PCCP 管生产厂家必须提供橡胶圈满足规范要求的质量合格报告及相应用水无害的证明书。

2.3　PCCP 管道卸车

（1）管材吊装过程中，为避免碰损，管材主要使用两条柔性吊装带兜身吊，钢制管件吊装时采用柔性吊装带或钢丝绳（表面缠裹柔性缓冲带或麻绳）。管材起吊采用两点兜身吊，起吊时两条吊装带间距为管长的 2/3。

（2）在装卸过程中保持轻装轻放的原则，杜绝溜放或用推土机、叉车等直接碰撞和推拉管材，杜绝抛、摔、滚、拖。

（3）对管材的承插口妥善保护，以防损坏。

（4）管材起吊时，管腔内不得有人，管材下方不准有人通过或逗留。

2.4 PCCP 管道现场安装

2.4.1 PCCP 管施工原则与龙门吊安装方法

1. PCCP 管施工原则

PCCP 管在坡度较大的斜坡区域安装时，应按从下往上的方向施工，先安装坡底管道，顺序向上安装坡顶管道，注意将管道的承口朝上，以便于施工。根据标段内的管道沿线地形的坡度起伏，施工时分段分区开设多个工作面，同时进行各段管道安装。

2. 龙门吊安装方法

(1) 将龙门吊移动到平板车上管道处，使龙门吊对准管道的中心。

(2) 将管道的两端分别用尼龙绳固定，并通过管道两端的尼龙绳分别吊装于龙门吊的两个卷扬机上，通过卷扬机控制管道在竖直方向的升降。

(3) 待管道吊装稳定后，通过龙门吊底座上的行走电机沿着转运轨道移动至待安装管道处，并通过卷扬机控制管道在竖直方向的升降。PCCP 管道运输及安装如图 1 所示。

图 1 PCCP 管道运输及安装图

(4) 管道转运完成后，在安装前先清理管道内部，清除插口和承口圈上的全部灰尘、泥土及异物。胶圈套入插口凹槽之前先分别在插口圈外表面、承口圈的整个内表面和胶圈上涂抹润滑剂，胶圈滑入插口槽后，在胶圈及插口环之间插入一根光滑的杆，将杆绕插口环两周，使胶圈紧紧地绕在岔口上，形成一个非常好的密封面，然后在胶圈上薄薄地涂一层润滑油。所用润滑油必须是植物性的，不能使用会对橡胶圈有损坏性的润滑剂。

(5) 确认管道中心线。用一根长度 3m 左右、校正平直的角铁置于要调整的管道内，标示出角铁的中心位置，将不小于 50cm 长的水平尺放在角铁上，角铁中间悬挂一垂球，将角铁用水平尺调整为水平，垂球垂线稳定后所指示的位置即为管道中心线。

(6) 调整管道轴线。通过全站仪上的十字丝和垂线之间的相对位置，可确定管道中心线是否偏差。利用起吊设备左右慢慢移动，使管道中心线与全站仪的十字丝重合，此时管道中心校正完毕。

(7) 调整管道标高。用水准仪观测，通过起吊设备起降，将管道调整到设计高程。在调节中注意检查管道插口和承口的间隙，尽量保持周围间隙均匀；将管道调整到合适位置后，即可进行管道对接。

(8) 管道对接采用内拉的方法进行，内拉工具为专用的内拉设备。将横担二放置在已安装好的 PCCP 管道内接缝中；将横担一放在准备安装的 PCCP 管道头端（大约距离管底 0.9m 处）。将钢绞线一端挂在横担一的挂钩上，另一端穿过横担二的挂钩连接到手拉葫芦上。人工拉动手拉葫芦，让管道缓缓地进入承插口工作面以内。管道内拉安装如图 2 所示。

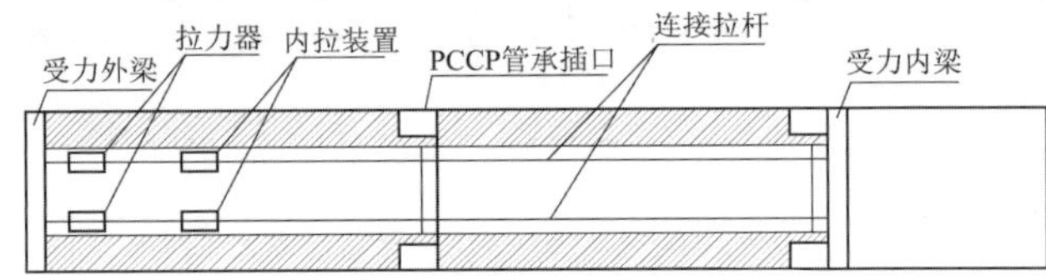

图 2 管道内拉安装图

(9) 管道安装完成后，控制电动葫芦沿着轨道转运支架运动至管道安装完成处，通过人工将轨道单元连同底部的枕木吊装于电动葫芦上，然后通过电动葫芦控制轨道单元的升降，以调整轨道单元输送时的高度。

(10) 轨道单元高度调整好后，轨道单元在电动葫芦上沿着轨道转运支架运动，同时龙门吊也沿着轨道向电动葫芦运动的方向运动，将轨道单元输送至轨道转运之间的远离管道安装完成处的一端。龙门吊和电动葫芦的同时运动，可以提高轨道的转运效率。龙门吊结构如图 3 所示。

图 3 龙门吊结构图

(11) 在到达轨道安装的位置后，电动葫芦调整轨道单元的高度，通过人工将电动葫芦上的轨道单元卸下，并安装至转运轨道的远离管道转运完成处的一端，实现轨道单元的转运及安装。

（12）所有连接件连接完毕、检查无误后，逐渐通过手扳葫芦拽拉，使各个连接件受力；由专人统一指挥，开始进行管道对接：①保证两侧手扳葫芦的拉力大致平衡；②检测管道对接缝隙，确保对接时两侧缝隙均匀；③缝隙接近设计要求时，采用已制作并标示尺寸的木质块控制管道间缝隙值，满足设计要求。

管道安装时，将刚吊下的管道插口与已安装好的管道承口对中，使插口正对承口。采用手扳葫芦内拉法将刚吊下管道的插口缓慢而平稳地滑入前一根已安装的管道的承口内，管口连接时作业人员事先进入管道内部，往两根管道之间塞挡块，控制两管之间的安装间隙为5～25mm，同时也避免承插口环发生碰撞。特别注意管道顺直对口时应使插口端和承口端保持平行，并使圆周间隙大致相等，以保证就位准确。

在安装过程中，若发现橡胶圈滚动不均，应停止对接，用专用工具进行调整后再进行对接；若变形较大，应及时停止并退出管道，并检查橡胶圈损坏情况，需要时换上新的橡胶圈重新安装。对接完成后，校核调整管线标高、中心线、接头缝宽是否满足要求。

2.4.2 PCCP 管安装自检

每个管道接口安装完毕、检验合格后，方可继续安装下一根管道。自检要求如下。

（1）安装好的接口应环向间隙均匀一致且插口断面与承口底部的轴向间隙应大于 5mm，且不大于 25mm。

（2）轴线及高程测量：管道轴线及高程控制测量需进行三次，即安装时测量、安装后测量、管顶以上500mm 回填后测量（轴线采用全站仪测量，高程采用水准仪测量）。安装时测量在管道安装时进行，主要起到为管道安装定位的作用；安装后测量在每一个单元安装完成后进行；管顶以上 500mm 回填后测量由测量负责人现场测量。管轴线及高程都符合设计图纸要求及规范规定（管轴线允许偏差为 30mm，管底高程允许偏差为±30mm）后，填写测量记录表。安装后测量、管顶以上 500mm 回填后测量由专业监理工程师现场全程监督，并随机进行抽查。

（3）管道安装要符合验收规范要求，并做好记录。

（4）管底两侧需回填密实，符合设计要求。

（5）逐根进行接头打压，合格后方可进行下一根管道的安装。

3 实施效果

在 PCCP 管安装过程中采用人工对龙门吊的轨道进行转运，需投入 20 人，钢丝绳 10 条（每条 400 元），施工工期为 566 天，总计成本为 238.8 万元。采用经改进的龙门吊在轨道转运过程中，只需投入 3 人，钢丝绳 4 条（每条 400 元），施工工期为 516 天，总计成本为 34.52 万元，合计节约成本为 204.28 万元，PCCP 管安装过程中节约工期 50 天。安装质量一次成功率达到 95%以上，大大提高了安装效率。

4 结语

通过对大口径长距离 PCCP 管安装技术的研究，不断地总结提高，已经形成了一整套成熟完善的安装技术。此安装技术已经在其他项目上成功运用，对提高安装效率、减少人员投入、减少施工成本等方面均取得了显著成效，可为其他类似项目提供借鉴。

参考文献

[1] 住房和城乡建设部. 给水排水管道工程施工及验收规范：GB 50268—2008 [P]. 北京：中国建筑工业出版社，2008.

复杂地形条件下大直径球墨铸铁管安装质量控制

张深垒　金岳堂　胡军乐/中国水利水电第十二工程局有限公司

【摘　要】目前我国应用于输配水管道系统中具有代表性的管道种类有灰口铸铁管、钢管、球墨铸铁管、塑料管。球墨铸铁管道因其安装速度快、耐蚀性好、延展性好、基础处理成本低等特性而被广泛采用。本文基于湛江市引调水工程，对复杂地形条件下大直径球墨铸铁管的安装质量控制进行研究。

【关键词】复杂地形　大直径球墨铸铁管　质量控制

1　引言

湛江市引调水工程第三标段全长共计 34.5km，输水管道主要为 *DN*2600mm 球墨铸铁管。管道沿线穿越了复杂地形条件及各类建构筑物，如高速公路、国道、运河河道、铁路等。大直径管道安装型式为开槽安装，分为放坡开挖和钢板桩支护。管线沿线穿越多处鱼塘，且跨度较大，鱼塘内的水位较深且淤泥较厚，淤泥厚度在 1～2m 左右；沿线交叉穿越多处深沟，最大深沟深度在 16.85m，管道安装坡度最大为 29.73%；沿线淤泥质地段最长距离达到 1km，常年积水，水位丰富且淤泥较厚；穿越山坡长度为 200m 左右，且需挖方量较大，该段管道坡度较陡且覆土厚度较厚；沿线多次穿越水田段，地表水位高，且有相应灌溉水渠交叉。随着大直径球墨铸铁管开发研制成功，积累穿越复杂地形条件下大直径管道安装施工的经验十分重要，但大直径球墨铸铁管的安装质量控制也是极大的挑战，对此，需要积极做好措施的研究应用，保障管道运行安全。

本文主要针对复杂地形条件下大直径球墨铸铁管的安装质量控制进行论述，对安装主要工序的质量控制措施进行了总结和分析，为类似工程项目提供借鉴。

2　基坑开挖质量控制

2.1　测量放线

采用 GPS 或全站仪，利用就近布置的施工测量控制网，测放出管线沟槽的开挖边线，采用白灰标识边线。该工程平面控制网采用二等边角网精度，高程控制采用二等水准网精度。

2.1.1　平面控制网外业观测

该工程施工测量控制网点观测采用全自动观测和记录，水平角方向观测法、地面三角形网测量、测距作业的技术要求见表 1～表 3。

表 1　水平角方向观测法技术要求

指标	等级	仪器标称精度	两次重合读数差	两次照准读数差	半测回归零差	一测回中 2C 较差	同方向值各测回互差
参数	二等	1″	1.5″	4″	6″	9″	6″

表 2　地面三角形网测量技术要求

指标	等级	平均边长/m	测角中误差/(″)	平均边长相对中误差	三角形最大闭合差/(″)	测回数
参数	二等	500～1000	±1.0	1∶250000	±3.5	6

表 3　测距作业技术要求

指标	等级	仪器精度等级	测距限差			气象数据			
			一测回读数较差/mm	测回间较差/mm	往返较差	温度最小读数/℃	气压最小读数/Pa	测定时间间隔	数据取用
参数	二等	2mm 级	2	3	$2\times2\frac{1}{2}\times(a+bD)$	0.2	50	每边观测始末	边两端平均值

2.1.2　高程控制网的外业观测

高程控制网点采用全自动观测和记录，二等水准测量及测站技术要求见表 4 和表 5。

表 4　二等水准测量技术要求

指标	M_Δ /mm	M_w /mm	仪器型号	水准尺	观测方法	观测顺序	观测次数	闭合差 /mm
参数	≤±1.0	≤±2.0	DS05	因瓦尺	数字水准法	奇：后前前后 偶：前后后前	往返	$\pm4\times\frac{1}{2}L$ L 为测段长

表 5　二等水准测量测站技术要求

指标	标称精度	视线长度	前后视距差	前后视距差累积	视线高度	基辅分划读数差	基辅分划所测高差差	上下丝读数平均值与中丝读数的差
参数	±0.5	≤50	≤1	≤3	≥0.3	≤0.4	≤0.6	0.5cm 刻划标尺不大于 1.5 1cm 刻划标尺不大于 3.0

2.2　放坡开挖

根据设计测量控制网，包括水准点、轴线控制线，测放沟槽的开挖中心线，确定槽口开挖宽度，并用石灰线标明开挖边线。因征地有限，开挖宽度按最大征地线开挖，开挖过程中如遇有土质较差的地段，应加大开槽坡度，严格控制每层台阶的开挖深度及开挖坡度。管道放坡开挖坡比及分区回填压实度要求如图 1 所示。

因沟槽较深，挖掘机施工不能一次成型，在施工时分两层台阶进行开挖，自上而下进行，开挖至第二层时修筑坡道使运输车辆进入管槽装填，以便增加施工效率。

机械开挖预留距设计标高 10cm 时，使用小型机械进行清底，严禁超挖，并于管槽底两侧形成排水沟集水坑，安排好专职人员抽排水，尽可能保证基坑不被泡水。

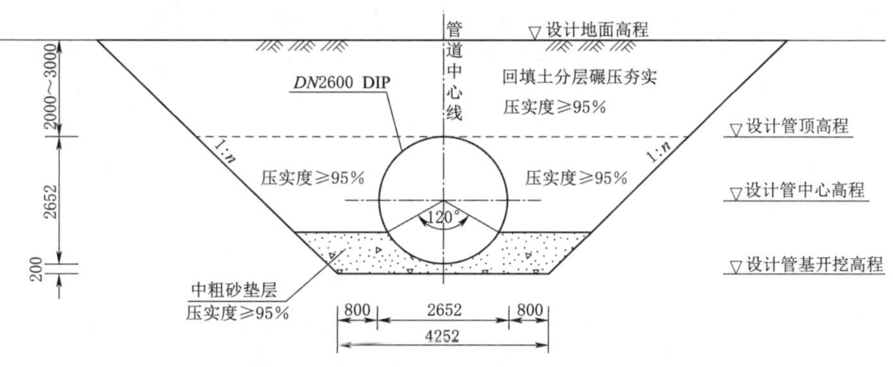

图 1　管道放坡开挖坡比及分区回填压实度要求（单位：mm）

2.3　钢板桩支护开挖质量控制

钢板桩施打采用液压振动沉桩机，为保证钢板桩沉桩的垂直度，在钢板桩施打前应先设置打桩围檩支架。钢板桩打入采用单桩打入法，即每次施打以一根钢板桩为一组，从基坑一端向另一端逐根施打，直至施打完成。钢板桩施打前，先采用装载机或汽车吊将钢板桩沿基槽走向依次摆放整齐，便于打桩机就近夹桩，打桩机把钢板桩夹起后吊到打桩灰线上空，安排两名工人辅助配合打桩机将钢板桩对准灰线，然后利用打桩机缓慢将桩沉入设计高程。钢板桩打入时应专人指挥，随时调整钢板桩的垂直度，钢板桩垂直度采用线锤或经纬仪进行控制。桩顶标高与自然地面相平，基坑两侧的第一根桩顶标高采用水准仪控制，后续的钢板桩标高可依次根据相邻的前一根桩顶采用水平尺进行控制。在打钢板桩的过程中应随时检查其平面位置是否正确，桩身是否垂直。钢板桩支护开挖型式及分区回填压实度要求如图 2 所示。

吊筋两端分别与钢板桩及腰梁焊接，双面焊接长度为 $8d$，焊缝高度为 $0.6d$，钢腰梁要求通长布置，在钢

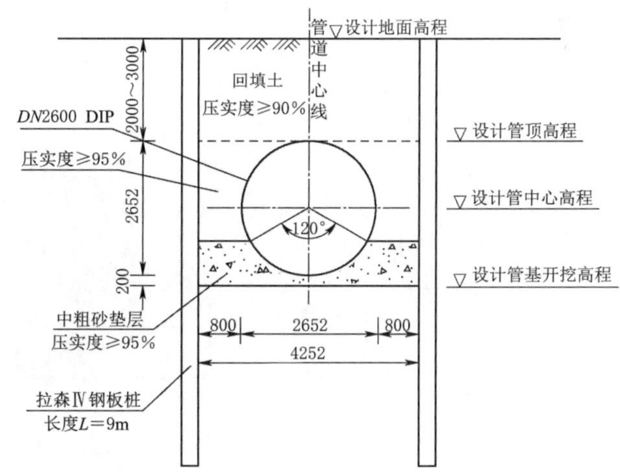

图 2　钢板桩支护开挖型式及分区回填压实度要求（单位：mm）

支撑与钢板桩撑、钢支架焊接牢固，焊缝高度为 10mm，防止支护结构松脱，焊缝质量等级为二级。

2.4　特殊地段基础质量控制

淤泥质、砂土及地下水位丰富等管线段地基开挖到设计高程后，通过轻型动力触探检测地基承载力是否满

足设计要求（管道地基承载力为80kPa），地基不符合要求的采用级配碎石（砂石比为3∶7，碎石粒径不大于40mm）换填处理，分层进行碾压处理；遇淤泥质较厚的地段采用抛石挤淤的施工方式，最后铺设级配碎石砂，采用平板载荷试验进行检测，确保基础符合设计及规范要求。

3 砂垫层施工质量控制

建基面参建四方联合验收完成后按设计要求回填200mm中粗砂垫层。长臂反铲挖机在基坑边下料；摊铺保证铺填厚度均匀、平整、不超厚，结合面无泥土、杂物等；碾压采用手扶式振动碾、直线行车往返错距式，碾压速度为2.0km/h，碾压振动频率为30Hz，振幅为1.8mm，一个往返为一遍，静碾2遍，高档动碾6遍，至达到压实度参数不小于90%的设计要求为止[1]。

管道安装砂垫层标高影响安装质量，摊铺砂垫层前将标高投射到木桩上，并用直线联通，使砂垫层摊铺坡度良好，利于球墨铸铁管安装。

4 管道安装质量控制

4.1 管道安装前准备工作

安装前应准备好施工所需的工具、器械和设备。所有的管子、管件、阀门和消防栓等都沿着沟渠两侧铺放。在铺设管道之前，将管道的承插口连接部位擦拭干净，尤其是安放密封圈的位置，不得有灰尘、沙子、石块等其他物质[2]。管道承插口清理如图3所示。

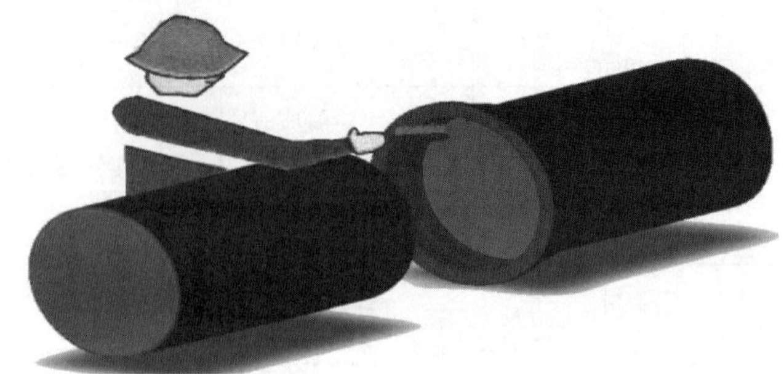

图3 管道承插口清理

在不铺管的时候，应采取措施将正在安装中的管子端口用管塞封住，以防管沟内的污水或砂土等进入管内。

4.2 球墨铸铁管安装

4.2.1 胶圈安装质量控制

胶圈的安装质量是保证压力管道是否渗漏水的关键，胶圈安装需要6人配合，在管中架设预制作业平台。胶圈安装应先上后下，并用U形卡扣固定上部，再完成下部的胶圈安装，胶圈平行承口不突出为合格。

1. 安装密封胶圈

将密封胶圈装入承口凹槽，对于较小规格（$DN \leqslant 800$）的胶圈，将其弯成如图4（a）所示形状后再放入承口密封槽内；对于较大规格（$DN > 800$）的胶圈，将其弯成如图4（b）所示形状后再放入承口密封槽内。胶圈装入承口后，应施加径向力使其完全装入承口槽内[2]，不同规格胶圈弯曲形状如图4所示。

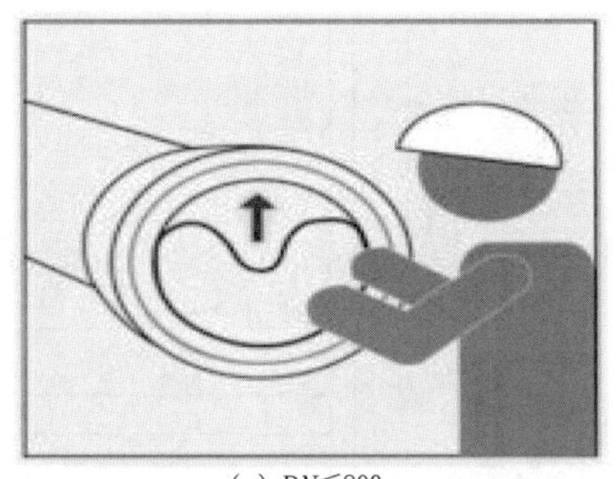

（a）$DN \leqslant 800$

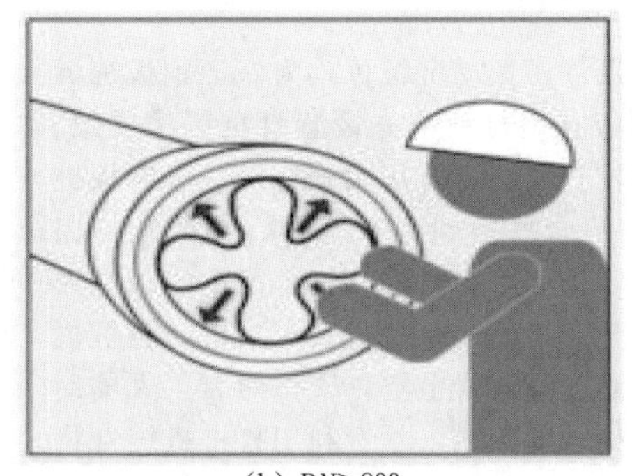

（b）$DN > 800$

图4 不同规格胶圈弯曲形状

2. 管口润滑处理

管道安装前使用药用凡士林等不易干燥的润滑剂和海绵涂抹胶圈，涂抹时应均匀满涂，插口使用长滚筒涂抹，确保参考线内均涂抹均匀。安装前先清理管子内部，清除插口和承口圈上的全部灰尘、泥土及异物。胶圈套入插口凹槽之前先分别在插口圈外表面、承口圈的整个内表面和胶圈上涂抹润滑剂，胶圈滑入插口槽后，所用润滑油必须是植物性的，不能使用会对胶圈有损坏性的润滑剂[3]。

3. 胶圈位置检查

接口连接完成后，可以采用下列方法检查接口胶圈的位置，利用一把薄的窄钢尺作探尺，绕着插口90°四点检查胶圈压缩比，探尺在四点位置的塞入深度应等于或小于胶圈球头距离承口尺寸，这说明接口连接正常、胶圈没有顶翻。

4.2.2 管道安装质量控制

（1）测量控制：砂垫层按设计高程完成后，球墨铸铁管安装要根据设计标高进行，第一节球墨铸铁管安装使用水准仪测量，安装坡度与设计高程无误后方可进行下一节球墨铸铁管安装，球墨铸铁管承插完成后使用经纬仪和水平尺控制直线，使球墨铸铁管轴线在合格范围内。

（2）球墨铸铁管道安装：用钢丝绳、倒链及专用钩头等工具进行安装。钢丝绳及手扳葫芦与管道接触的部位应垫柔性材料进行保护，以免损伤管体及其内外壁的涂层[3]，球墨铸铁管道安装如图5所示。

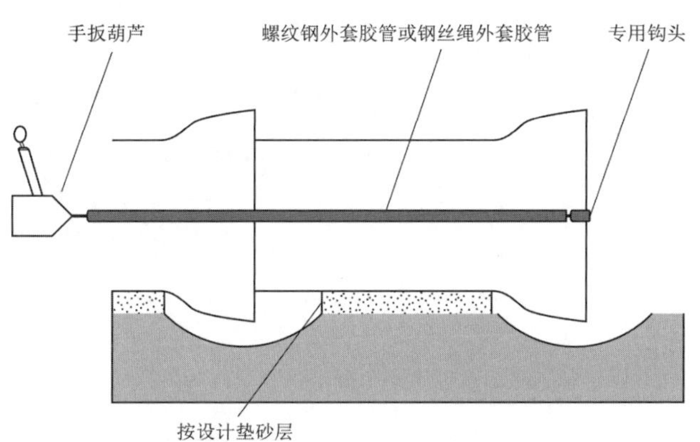

图5 球墨铸铁管道安装

（3）安装管缝间隙控制：球墨铸铁管安装时要防止环缝过密，承插作业采用木桩进行点触隔离，保留球墨铸铁管热胀冷缩间隙，标准环缝间隙为3～30mm，安装完成后使用塞尺检查胶圈是否入槽，若胶圈脱槽必须立即拔出，胶圈严禁二次使用，检查无误后进行下一节球墨铸铁管安装。

（4）防腐层保护：球墨铸铁管外防腐层小面积破损时可采用厂家提供的沥青漆人工滚筒修补，交叉滚涂3遍。内防腐层小面积破损采用“补漏王”滚筒刷涂，交叉刷涂3遍，管道穿孔等严重问题按不合格处理。

（5）水压试验技术要求：管道水压试验合格标准为达到稳压允许压力降与补水量，该工程钢管段允许压力降为0，球墨铸铁管道允许压力降为0.03MPa，管道补水量根据计算确定。根据设计要求，球墨铸铁管道工作压力为0.9MPa，试验压力为1.4MPa。

5 沟槽回填

5.1 管腔120°回填砂质量控制

120°以下两侧回填砂是回填工作重点，应分层碾压夯实，每200mm为一层，管壁接触部位用木槌夯实，其余部位采用小型振动滚筒碾压机碾压至设计要求。回填砂区域至管顶中间部分回填土每200mm为一层，方法同回填砂一致。含水量丰富地段每层都保留排水沟，防止回填土湿度过高，压实度不够。淤泥等杂质土与含水量大的土严禁回填于管腔两侧[1]。

5.2 沟槽土方回填质量控制

沟槽回填采用18m长臂反铲挖掘机下料，0.3t手扶式振动碾碾压。管顶以下分层厚度为0.2m，保证铺填厚度均匀、平整、不超厚，结合面无泥土、杂物等，现场采用手扶式振动碾，碾压采用直线行车往返错距式，碾压速度为2.0km/h，碾压振动频率为30Hz，振幅为1.8mm，一个往返为一遍，静碾2遍，高档位动碾8遍，至达到压实度参数不小于95%的设计要求为止[1]。管顶以上分层厚度为0.3m，保证铺填厚度均匀、平整、不超厚。

5.3 特殊管线段沟槽回填质量控制

湛江地区易发台风且雨水丰富，管道沿线局部沟槽地下水丰富。为了避免管道上浮问题，项目科研组根据现场实际情况，通过现场多次试验，研发了管周级配碎石排水、跟进盖重技术，解决了富水地层大直径管道施工期上浮、强降雨季节回填料液化的难题，确保了管道安装质量，为管道安全运行提供保障。

6 工程实施效果

2023年4月13日该工程通过合同工程完工验收，质量等级评定为优良。2023年5月1日，全线正式投入运营，受到业主的好评。工程建成后有效改变了湛江城区水源结构单一的现状，为湛江高质量发展提供了强有力的支撑，保障了市区及沿途县（市、区）120万居民的饮水安全，为市区水源置换提供了充足的优质地表水。工程实施效果如图6所示。

图6 工程实施效果图

7 结语

对湛江市引调水工程复杂地形条件下大直径球墨铸铁管安装质量控制进行研究，从沟槽开挖、砂垫层铺填、球墨铸铁管安装、回填等几个方面着手进行计算分析，确保大直径球墨铸铁管道安装质量。湛江市引调水工程沿线地形（山丘、沟壑、农田、水塘、淤泥）复杂，穿过各类建（构）筑物，如高速公路、国道、运河河道、铁路和河道等；另外湛江地区雨水天气多、6—8月高温且是台风高发季节。针对上述问题形成了质量保证措施，结合实际加强了管道安装的质量控制，确保了大直径球墨铸铁管道安装质量达到设计要求。

参考文献

[1] 住房和城乡建设部. 给水排水管道工程施工及验收规范：GB 50268—2008 [S]. 北京：中国建筑工业出版社，2008.

[2] 中国水利水电勘测设计协会. 水利水电工程球墨铸铁管技术导则：T/CWHIDA 0002—2018 [S]. 北京：中国水利水电出版社，2018.

[3] 中国铸造协会. 球墨铸铁管排水管道工程施工及验收规范技术要求：ZXB/T 0202—2013 [S]. 北京：中国铸造协会，2013.

圆形小断面有压引水隧洞钢筋混凝土衬砌快速施工技术

王燕冬/中国水利水电第十二工程局有限公司

【摘　要】 圆形小断面有压引水隧洞钢筋混凝土衬砌施工过程中，因其断面狭小、作业空间受限等难点，使得施工质量、安全等问题难以控制，且在钢筋混凝土衬砌与钢管衬砌交替作业的过程中，施工作业速度也难以保证。广西壮族自治区百色水库灌区工程的3条有压隧洞，采用圆形桁架配合拼装式模板，对隧洞钢筋混凝土衬砌段进行施工，钢筋混凝土衬砌段取得了安全、优质、高效的良好效果。该施工技术的成功应用，对类似工程具有借鉴意义。

【关键词】 小断面有压引水隧洞　钢筋混凝土衬砌　快速施工

1　引言

本文以广西壮族自治区百色水库灌区工程有压引水隧洞衬砌工程为依托，重点阐述了圆形小断面有压引水隧洞衬砌快速施工技术。通过特制的钢制弧形拼装模板及其附着式振捣器，以期解决隧洞狭小空间内衬砌施工进度慢、质量和安全控制难等问题。

百色水库灌区工程位于广西壮族自治区西部，为Ⅱ等大（2）型灌区工程，设计灌溉面积为59.2万亩。其中输水总干全长41.012km，包含有三条有压隧洞（总长5445m），动水压力水头（水击压力）为106.2～114.2m。隧洞开挖成型断面为城门洞形断面尺寸为4.2m×4.1m（宽×高），采用C30（1）混凝土进行二次衬砌，衬砌厚度为0.5m，衬砌后为圆形断面，直径为2.8m。

2　施工难点及特点

施工难点及特点如下：

（1）作业空间狭小，安全压力大，浇筑强度高。隧洞开挖成型断面面积为12.24m²（依据《水工建筑物地下开挖工程施工规范》（SL 378—2007）中关于洞室规模的划分，该工程隧洞属于小断面隧洞），衬砌后为圆形断面，$\phi=2.8$m，断面面积为6.15m²。小断面隧洞内施工空间狭小，作业受限，衬砌模板安装及混凝土浇筑施工难度极大。且普通10m³、12m³混凝土搅拌运输车无法在洞内直接运输混凝土，混凝土浇筑速度受限。

虽然在狭小空间内作业，但隧洞内通风、通水及照明等环节均不可省略，模板安装、钢筋焊接等作业时在有限空间内容易互相干扰，进一步增加了施工难度。

（2）衬砌类型交替，工序转换频繁。该工程3条有压隧洞均由钢管衬砌及钢筋混凝土衬砌交错组合而成。其中，东蚕～东笋1号隧洞总长2229m，洞内共分7段，4段为钢管衬砌，总长1068m；3段为钢筋混凝土衬砌，总长1161m。东蚕～东笋2号隧洞洞内共分9段，5段为钢管衬砌，总长691.6m；4段钢筋混凝土衬砌，总长为627m。福禄～久濑隧洞洞内共分5段，3段为钢管衬砌，总长1148.6m；2段为钢筋混凝土衬砌，总长749.5m。各条隧洞内均由两种衬砌类型交替组成，工序转换频繁，班组交替频繁，变相增加了施工难度。东蚕～东笋1号隧洞、东蚕～东笋2号隧洞和福禄～久濑隧洞工段划分统计见表1～表3。

3　钢筋混凝土衬砌施工工艺

该工程的3条隧洞均由钢管衬砌及钢筋混凝土衬砌交错组合而成，不适宜采用衬砌钢模台车及针梁台车，因为短时间内台车需要在各隧洞衬砌工作面之间频繁拆卸、转移及安装，将耗费大量时间及成本，同时，安全风险也成倍增加。依据上述特殊性，该工程采用拼装式钢制模板进行钢筋混凝土段的衬砌施工。

3.1　作业面分段、分仓及单仓循环时间

3.1.1　分段及分仓

钢筋混凝土衬砌段每仓长度为13.2m，共分为196仓，

表 1　　东蚕～东笋 1 号隧洞工段划分统计表

钢管衬砌段				钢筋混凝土衬砌段			
序号	起始桩号	终止桩号	长度/m	序号	起始桩号	终止桩号	长度/m
1	ZG6＋172.000	ZG6＋395.000	223	1	ZG6＋395.000	ZG7＋041.000	646
2	ZG7＋041.000	ZG7＋193.000	152	2	ZG7＋193.000	ZG7＋328.000	135
3	ZG7＋328.000	ZG7＋563.000	235	3	ZG7＋563.000	ZG7＋943.000	380
4	ZG7＋943.000	ZG8＋401.000	458	小计			1161
小计			1068				

表 2　　东蚕～东笋 2 号隧洞工段划分统计表

钢管衬砌段				钢筋混凝土衬砌段			
序号	起始桩号	终止桩号	长度/m	序号	起始桩号	终止桩号	长度/m
1	ZG8＋458.400	ZG8＋567.000	108.6	1	ZG8＋567.000	ZG8＋663.000	96
2	ZG8＋663.000	ZG8＋832.000	169	2	ZG8＋832.000	ZG8＋967.000	135
3	ZG8＋967.000	ZG9＋048.000	81	3	ZG9＋048.000	ZG9＋150.000	102
4	ZG9＋150.000	ZG9＋232.000	82	4	ZG9＋232.000	ZG9＋526.000	294
5	ZG9＋526.000	ZG9＋777.000	251	小计			627
小计			691.6				

表 3　　福禄～久濑隧洞工段划分统计表

钢管衬砌段				钢筋混凝土衬砌段			
序号	起始桩号	终止桩号	长度/m	序号	起始桩号	终止桩号	长度/m
1	ZG23＋360.370	ZG23＋580.000	219.63	1	ZG23＋580.000	ZG23＋915.000	335
2	ZG23＋915.000	ZG24＋566.500	651.5	2	ZG24＋566.500	ZG24＋981.000	414.5
3	ZG24＋981.000	ZG25＋258.500	277.5	小计			749.5
小计			1148.63				

全断面一次浇筑，3 条隧洞钢筋混凝土衬砌分仓数量统计见表 4。每条隧洞均从中间位置开始向两边衬砌，单条隧洞设 2 个衬砌作业面（含钢筋混凝土衬砌及钢管衬砌），共计 6 个作业面。

表 4　3 条隧洞钢筋混凝土衬砌分仓数量统计表

序号	隧洞名称	标准仓长度/m	仓数	备注
1	东蚕～东笋 1 号隧洞	13.2	88	不满或超出标准仓长度时可适当调整单仓长度
2	东蚕～东笋 2 号隧洞	13.2	50	
3	福禄～久濑隧洞	13.2	58	
合计			196	

3.1.2　单仓浇筑循环时间

衬砌前准备工作包含底板基面杂物清理、底板找平、回填灌浆造孔及埋管、测量放样定位、钢筋加工、钢筋运输及安装、回填灌浆管固定、止水带安装（随模板同步安装），前期准备工作均在施工循环前进行，不占用直线工期。计划每 3 天衬砌一仓，钢筋混凝土衬砌单仓循环时间见表 5。

表 5　　钢筋混凝土衬砌单仓循环时间

序号	工　　序	作业循环时间
1	前期准备工作	
2	模板安装	第 1 天
3	混凝土浇筑	第 2 天
4	混凝土等强、拆模、清理及凿毛	第 3 天

3.2　模板设计

（1）依据隧洞断面型式，采用带肋板钢板进行模板设计。衬砌模板由拱架及钢制弧形面板组成，拱架由环形内拱及支撑组成，环形内拱设置 12 榀，每榀中设置 3 架拱架支撑，共计 36 架。

（2）弧形面板分为标准件、过渡件、合拢件、振捣孔件 4 种类型，单块模板长 120cm、宽 29.4cm、厚 5.4cm，每套模板包含 347 块。其中，标准件 297 块，单块标准件重量约 19kg；过渡件 22 块，单块标准件重量约 19kg；合拢件 11 块，单块合拢件重量约 19kg；振捣孔件 17 块，单块振捣孔件重量约 21kg；内拱架 36

架，单个内拱架（含内拱槽钢及钢管支撑）重量约50kg。每套模板总质量约8.4t。钢筋混凝土衬砌模板横断面如图1所示。

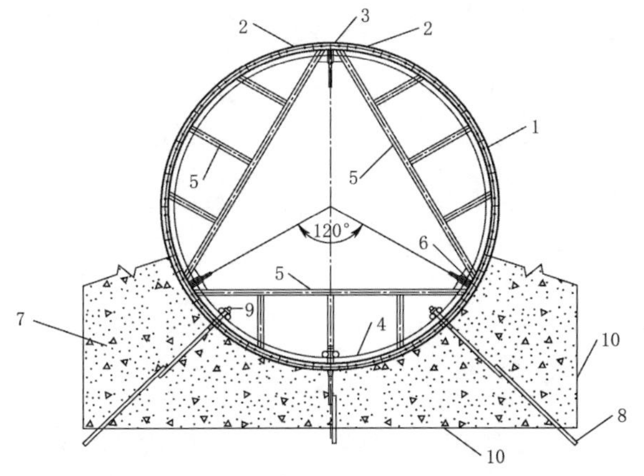

图1 钢筋混凝土衬砌模板横断面图

1—弧形钢模标准件；2—弧形钢模过渡件；3—弧形钢模合拢件；4—内拱槽钢；5—钢管支撑；6—连接板；7—衬砌混凝土；8—锚筋；9—蝴蝶扣；10—初期支护分界线

3.3 钢筋制安

钢筋安装前进行基础面的清理及测量定位，钢筋在洞外加工成型。安装前，进行精确的测量放样，制定标记点及控制点。纵向钢筋绑扎时，利用3个横断面的位置（起始仓面、终止仓面、中间仓面），每个横断面标记3个定位点（底拱中心和左、右90°侧拱），用于控制钢筋安装的轴线及保护层厚度。

3.4 模板安装

模板由平板小车运至作业面，在洞内拼装完成。首仓试拼装完成后，从第一环底拱开始，采用记号笔顺时针对模板进行编号，编号为1-1、1-2、…、1-30（第一个数字代表环数，第二个数字代表环内块数）。编号有利于下仓混凝土模板安装的便捷性，并利于局部模板不均匀变形的精确校正。

模板由底拱沿设计断面进行安装，环向模板间用U形扣连接，纵向模板间采用铆钉连接，相邻铆钉之间安装方向相反。在底板中心线及左、右45°侧拱植筋预埋Φ14抗浮锚筋（拉筋每隔一环预埋一次，每环3根，共计18根，与振捣窗口冲突时，适当调整位置），采用蝴蝶拉杆与Φ14抗浮锚筋连接。底板抗浮拉杆安装大样如图2所示。拆模后切割拉杆，对拉杆孔工进行封堵及处理，确保不影响外观质量。

封头模板采用木模配合方木、钢管进行封堵。每仓循环拆模时，最后一环钢模最后拆除，作为下一仓模板安装辅助定位使用。混凝土浇筑完成，强度达到2.5MPa后方可进行拆模，随即进入下一仓模板的安装

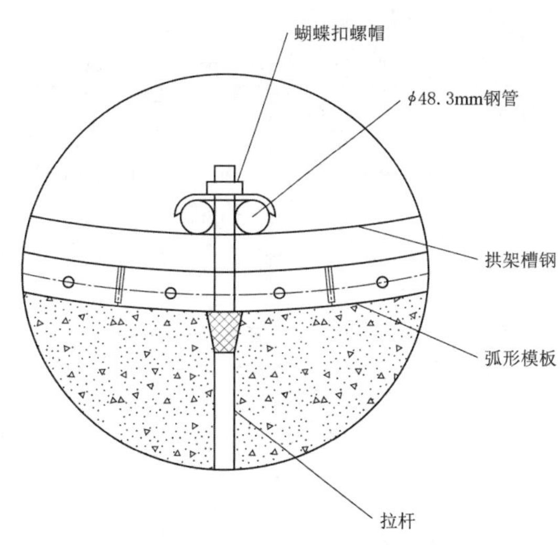

图2 底板抗浮拉杆安装大样图

作业。

3.5 混凝土施工

3.5.1 混凝土入仓及浇筑

衬砌混凝土强度等级为C30（1）W8F50，模板安装完成后，混凝土由圆形进料孔泵送入仓。进料孔沿隧洞顶拱轴线设置，直径为15cm，共设3个，3个进料孔距离封头面距离分别为2.2m、6.6m、11m。浇筑过程中根据下料方量，并利用橡胶锤敲击模板，判断混凝土泵管移动时间。

混凝土入仓时需分层、左右交替对称下料，每层浇筑厚度小于0.5m，两侧高差不大于1.5m，混凝土浇筑上升速度不超过1.2m/h，浇筑过程必须连续，发生特殊情况或间歇时间超过1h时，停止浇筑，按施工缝原则进行处理后，重新浇筑。

3.5.2 混凝土振捣

隧洞衬砌混凝土振捣采用附着式振捣器配合插入振捣器进行，隧洞底拱及底拱轴线左、右60°位置呈梅花形设置振捣窗口，共计17个，窗口间距为2.4m；利用70式插入振捣器振捣底板及两侧角落混凝土。振捣器插入下层混凝土厚度不小于5cm，并做到快插慢拔，从窗口观察到混凝土无明显下降、表面泛浆时停止。

隧洞底拱轴线左、右60°位置以上，采用附着式振捣器进行振捣，沿隧洞顶拱轴线及顶拱轴线左、右45°位置，梅花形交错布置附着式振捣器，共计17个。振捣窗口及附着式振捣器布置如图3所示。附着式振捣器并联连接，每个振捣器单独控制，底座角钢采用双螺母及垫片固定，与模板焊接。浇筑时依据混凝土前进长度，打开相应位置振捣器进行混凝土振捣。

3.5.3 施工缝处理

每仓混凝土拆模后下仓模板安装前，利用钢钎对施工缝（封头模板拆除后）进行凿毛处理，凿毛至缝面无

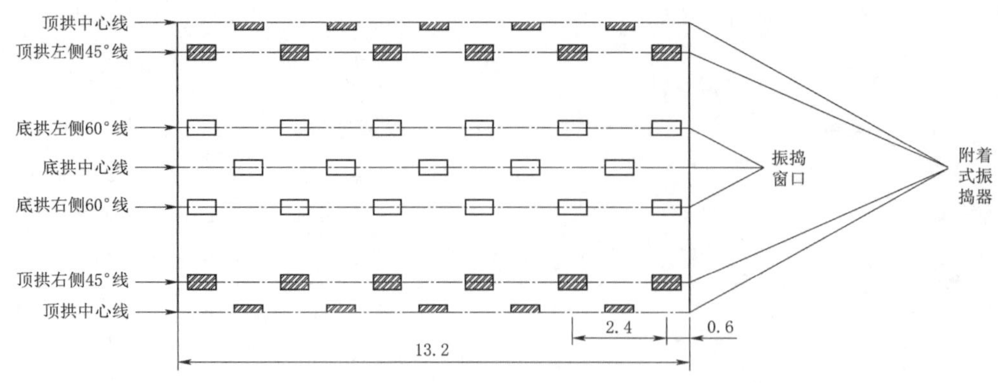

图3　振捣窗口及附着式振捣器布置图（单位：m）

乳皮，微露小石为止。

4　施工质量控制要点

4.1　模板安装及拆除

（1）模板边线与设计边线偏差，内模板允许偏差为0～+10mm，外模板允许偏差为-10～0mm，结构断面尺寸允许偏差为±10mm，轴线位置允许偏差为±10mm，面板局部不平整度小于3mm，两模板间的拼缝宽度小于1mm，相邻两板面高差小于2mm。

（2）模板拆除时先拆除顶部模板，再拆除边墙模板，然后拆除底部模板和支架。遵循先搭后拆，后搭先拆的原则。模板拆除时要轻拿轻放，不可从高空直接抛至地面，避免模板变形损坏。

（3）模板拆除后，及时进行表面清理、并涂脱模剂以利于下次使用。

4.2　施工缝

下一浇筑块模版安装前，需对上一浇筑块施工缝进行凿毛处理，采用人工钢钎凿毛的方式，将施工缝表面的乳皮、砂浆凿除干净，在浇筑混凝土前冲洗干净，并保持湿润。

5　施工成效

（1）进度成效：该工程钢筋混凝土衬砌段浇筑除特殊情况外，单环循环时间基本按计划循环时间进行，少数仓位衔接顺畅，浇筑时间缩短至2.5天一仓（约5.3m/天）。东蚕～东笋1号隧洞、东蚕～东笋2号隧洞、福禄～久濑隧洞高峰期同时进行4个作业面的钢筋混凝土衬砌工作，钢筋混凝土衬砌段施工总工期为510天，高峰期混凝土浇筑强度为429.3m^3/天。

（2）质量成效：采取钢制弧形拼装模板，衬砌完成后，钢筋混凝土衬砌段单元工程施工质量评定结果均为合格，其中优良率为92%。拆模后表面光滑、平整，无外观质量缺陷，混凝土衬砌段外观质量得分率为86%。衬砌完成后混凝土外观质量面貌如图4所示。

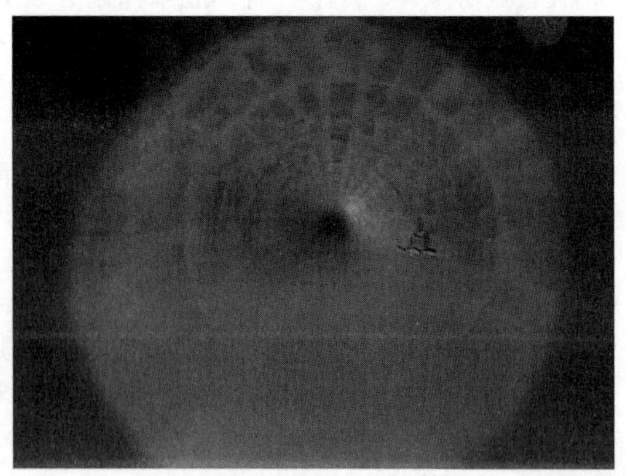

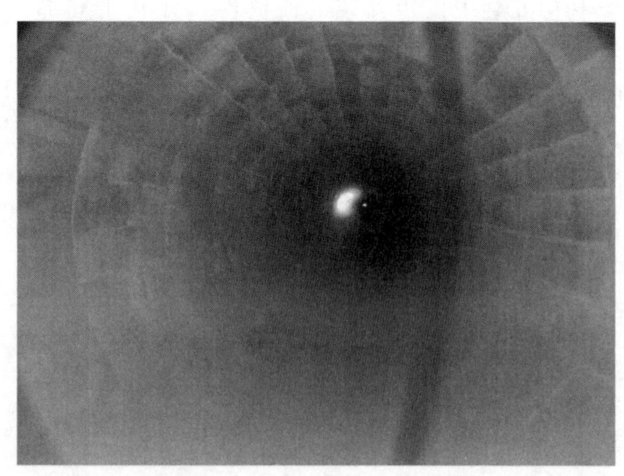

图4　衬砌完成后混凝土外观质量面貌

6 结语

钢制弧形拼装模板的应用，解决了圆形小断面有压引水隧洞狭小空间内衬砌施工进度慢、质量与安全控制难等问题，钢制弧形拼装模板具有重量轻、安拆简便、转移迅速、一次性浇筑成型等优点。相较于钢模台车及针梁台车，克服了多作业面间台车频繁安装、拆卸、转移困难等缺点，且单套模板较台车经济实惠，保养及维修成本低。其显著的机动性及灵活性，加快了多作业面同时衬砌的施工进度，并降低了施工成本。该工艺在广西百色水库灌区工程引水隧洞衬砌施工中的成功应用，达到了快速、经济、安全的良好效果。

引调水工程调压塔变径内外模板同步滑模施工技术

胡军乐/中国水利水电第十二工程局有限公司

【摘　要】在修建长距离输水管线时，采用高位水池（调压塔），即能保证输水管道内不产生负压，也能起到削减输水管道内的正压波作用，防止水锤，提高管道运行的安全性。采用大直径、高水位调压塔，由于工期紧，塔身采用内外双向同步滑模施工工艺。通过施工最终结果验证，滑模在缩短施工时间、节约成本等方面效果明显，可为类似长距离引调水工程调压塔施工提供参考。

【关键词】引调水　调压塔　滑模　施工技术

1　引言

湛江市引调水工程2号调压塔为双向调压塔，主要作用为防水锤、防负压、防事故断水。桩号为K36+755.137，为半地下式开敞式水池，调压塔外径为24.4m，上段内径为22.0m，下段内径为20.4m，塔高45.0m。筒身混凝土下半部分厚度为2.0m，上半部厚度为1.2m。本文主要研究了大直径内径台阶状调压塔内外模板同步滑模施工，选择合适滑模设备和技术参数，选择最优化合理的滑模技术方案，滑模架采取整体式中心鼓圈+辐射桁架滑模架的结构型式，确保了台阶状大直径调压塔滑模的施工安全和工程质量。

2　滑模施工原理

滑模装置主要由模板系统、内模提升架、外模提升架、横桁架梁、辐射梁桁架、中心鼓圈、下拉紧弦杆、对心调平装置、操作平台系统、液压提升及控制系统、施工精度控制系统、水电配套系统和辅助系统组成。在调压塔基础毛面预设支撑杆，通过附着在支撑杆上的液压提升及控制系统提供攀升动力。操作平台系统与模板系统通过内外提升架与千斤顶相连，在模板底仓混凝土浇筑完成达到一定强度后，依靠千斤顶使滑模整体滑至上层连续循环作业。千斤顶与液压控制站通过油管连接，且液压控制站可控制各组各个千斤顶独立作业，以达到对滑模滑升协调同步性的控制。施工中混凝土浇筑、钢筋绑扎、滑模提升与抹面工作交替进行，循环往复作业直至整个塔体浇筑完成[1]。

利用调整千斤顶油路开关与手拉葫芦、辅以钢丝绳的方式对滑模滑升及时纠偏，通过过程中对支撑杆与扫平面相对距离的反应和平台桁架吊线锤的状态，监视滑模水平度与垂直度的偏移情况，随时调整滑模滑升姿态，使主体结构滑模安全顺利地建成。

3　滑模材料和机具设备

该工程滑模所需材料和机具设备见表1。

表1　滑模所需材料和机具设备

序号	机具名称	机具规格	数量
1	外弧形模板	R24.4m，ARC3194mm×1200mm（长×高）	24块
2	内弧形模板	R20.4m，ARC2669mm×1200mm（长×高）	24块
3	外模抽拉板	CLB 210mm	24块
4	辐射梁桁架	8682mm×1100mm（长×高）	48榀
5	横桁架梁	4400mm×1320mm（长×高）	48榀
6	内提升架		48榀
7	外模提升架		48榀
8	内抹面平台架		48榀
9	外抹面平台架		72榀
10	中心鼓圈		1个
11	弧形护栏钢管	ϕ48mm×3.5mm钢管，长6m	135根
12	混凝土输送泵	HB-30D	台
13	漏斗及导管	ϕ200	套
14	泥浆泵	TBW850/50	台

续表

序号	机具名称	机具规格	数量
15	支撑杆（螺纹接长）	ϕ48mm×3.5mm 钢管，长 4.5m	15 根
16	支撑杆（螺纹接长）	ϕ48mm×3.5mm 钢管，长 5m	15 根
17	支撑杆（螺纹接长）	ϕ48mm×3.5mm 钢管，长 5.5m	15 根
18	支撑杆（螺纹接长）	ϕ48mm×3.5mm 钢管，长 6m	528 根
19	连接螺栓	M16×50mm	350 套
20	连接螺栓	M14×50mm	200 套
21	连接螺栓	M20×130mm	200 套
22	下拉紧弦杆	ϕ20mm 螺纹钢筋，长 9.6m	44 根
23	汽车吊	35t	1 台
24	混凝土汽车泵	56m	2 台
25	塔吊	80 型	1 台

4 施工工艺流程与操作要点

4.1 施工工艺流程

滑模施工工艺主要流程如下：施工准备→滑模安装与调试→塔体下半部浇筑滑升→调整尺寸上半部浇筑滑升→结束滑升滑模拆除。根据该工程的特点，滑模施工为双模双滑。滑模施工工艺流程如图 1 所示。

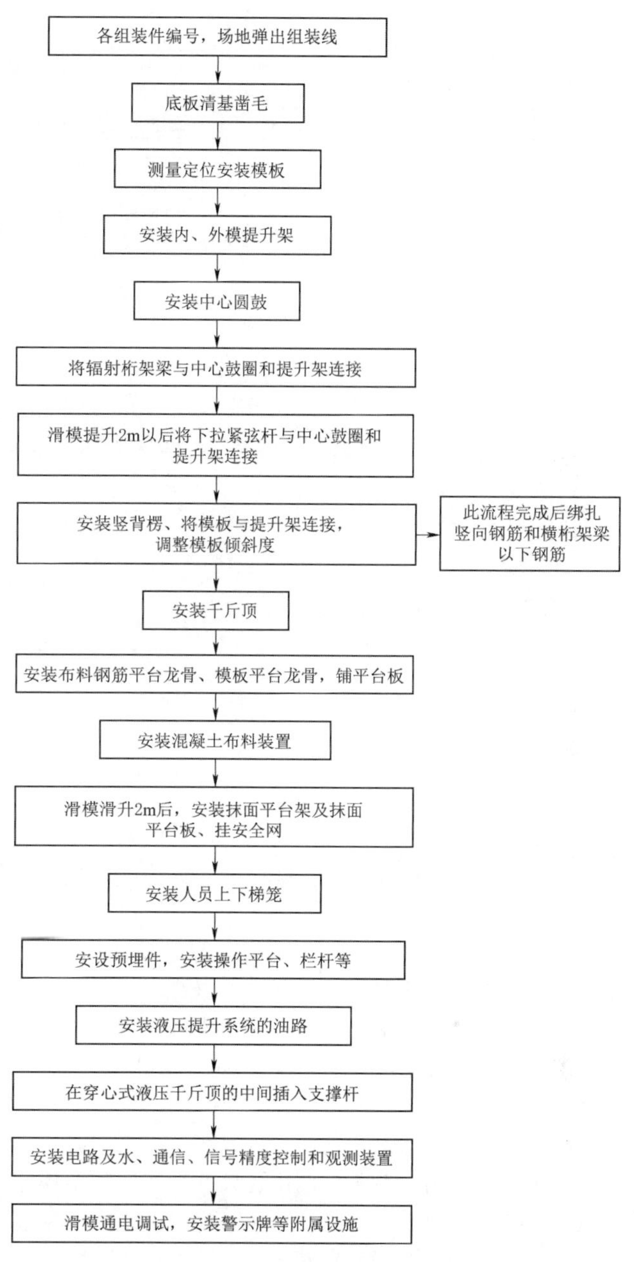

图 1 滑模施工工艺流程图

4.2 施工技术要点

4.2.1 滑模设备安装

（1）模板安装时在调压塔混凝土保护层外侧的地面上放置一些 10～20cm 高的木枋垫层，用于放置滑模模板。用塔机把模板分别吊装放在木枋垫层上，使它们大致对接，并对齐控制点。安装滑模平台最大、最重的构件为外弧形钢模板和组装在一起的二榀外提升架，ARC 长 3194mm、高 1200mm，总质量为 529kg，80 型塔机组装滑模平台满足要求。

（2）模板调整后应保证上口小，下口大，单面倾斜度为模板高度的 2‰～3‰。模板上口以下 2/3 模板高度处的净间距应与结构设计截面等宽。

（3）安装液压提升系统的油路液压系统时，应及时对千斤顶逐一进行排气，并做到排气彻底，千斤顶在每次使用之前要彻底检修、清洗干净。液压系统在试验油压下持压 5min，不得渗油和漏油。油路设计必须确保无论千斤顶离液压站远近，千斤顶都能同步上升，可采用分组分路方式，滑模结构典型断面如图 2 所示。

（4）穿心式液压千斤顶的中间插入支撑杆（ϕ48mm×3.5mm 钢管）时，要保证每根都接触到闸墩毛面，使千斤顶夹紧钢管。

（5）滑模调试首次提升时要检查滑模是否倾斜偏移，根据控制点进行调整，对齐调整后对滑模底部缝隙用组合钢板或木板封堵并焊衬筋以防浇筑爆模，之后在滑模各控制点悬挂可变长吊线，用于滑模检测。

（6）滑模装置组装完毕后，必须对各项质量标准进行认真检查，发现问题应立即纠正，并做好记录。

4.2.2 模板滑升

滑升过程是滑模施工的关键，其他各工序作业均应安排在限定时间内完成，不宜以停滑或减缓滑升速度来迁就其他作业。在确定滑升程序或平均滑升速度时，除应考虑混凝土出模强度要求外，还应考虑气温条件、混凝土原材料及强度等级和模板表面状况三类影响因素。

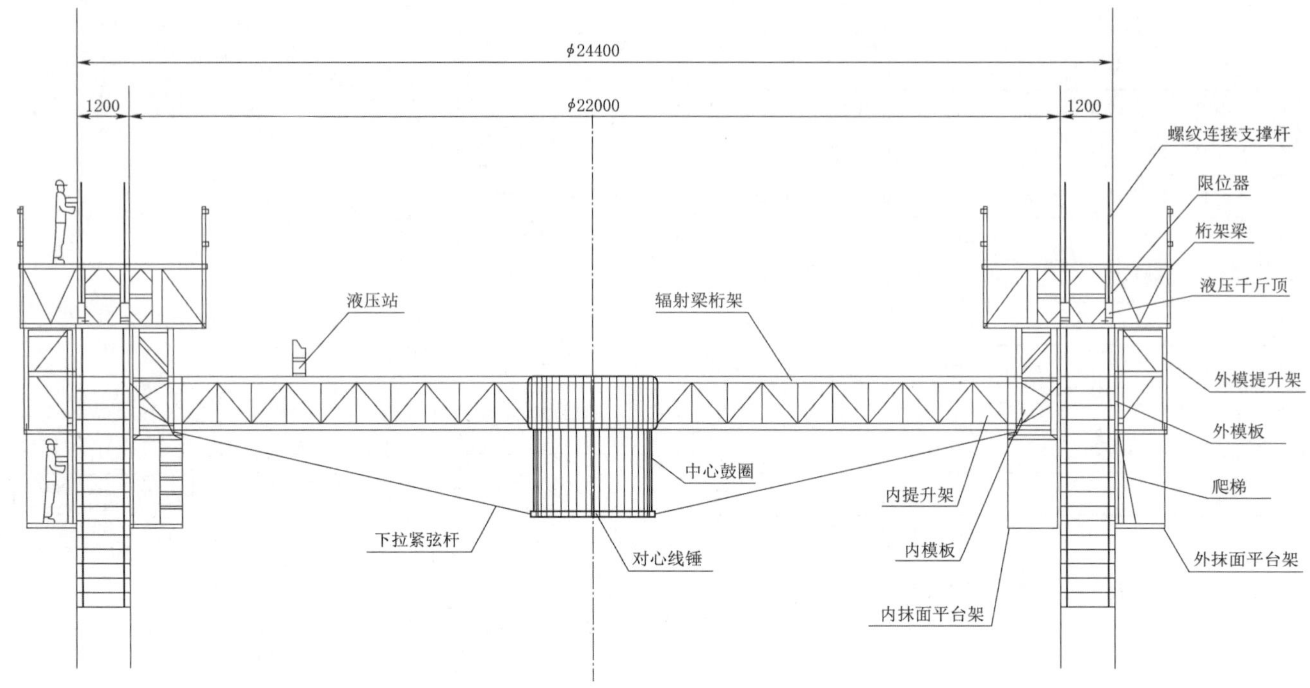

图 2　滑模结构典型断面图

1. 初滑阶段

先浇筑一层高度到达滑模模板中部的混凝土，振捣采用 11kg 的变频振动器，振捣时注意次数，以免翻砂或爆模。在混凝土强度达到 0.2MPa 左右（混凝土出模强度宜控制在 0.2～0.4MPa）时，将滑模提升 20cm 左右，拆除滑模底部下面的木模板，检查浇筑质量，并抹面平整处理。用仪器观测闸墩是否出现倾斜或偏移，在各项参数达到技术要求后继续浇筑，进入正常滑升阶段。

2. 正常滑升阶段

（1）正常滑升过程中，两次提升的时间间隔不应超过 1h（一般为 0.5h 左右），每次提升 20cm 左右。钢筋长度不够时应继续加长，钢管长度不够时应再接长。

（2）滑模上升 2～3m 后，在滑模底部挂上抹面平台架，用于抹面和养护。夏季养护一般采用洒水养护，每隔 0.5h 左右养护一次，天热时应不间断地养护。

（3）提升过程中，应使所有的千斤顶充分地进油、排油。提升过程中，如出现油压增至正常滑升工作压力（100MPa）的 1.2 倍以上仍不能使全部千斤顶升起时，应停止提升操作，立即检查原因，及时进行处理。

（4）在正常滑升过程中，操作平台应保持基本水平。每滑升 20～40cm，应对各千斤顶进行一次调平。各千斤顶的相对标高差不得大于 40mm。相邻两个提升架上千斤顶升差不得大于 20mm。

（5）在调压塔高度上升到设计高度的 1/2 时，暂停浇筑。此时要检查各种设备的工作状态，更换或维修损坏的部件，并在观测闸墩的变形情况及检查浇筑质量合格后，再继续浇筑。

（6）在滑升过程中，应检查和记录结构垂直度、水平度及结构截面尺寸等偏差数值，如有偏差，应立即纠偏。

（7）在滑升过程中，应随时检查操作平台结构、支撑杆的工作状态及混凝土的凝结状态，如发现异常，应及时分析原因，并采取有效的处理措施。

（8）在滑升过程中，应及时清理黏结在模板上的砂浆等，不得将已硬结的干灰落入模板内混进混凝土中。

（9）滑升过程中不得出现油污，凡被油污染的钢筋和混凝土，应及时清理干净。

3. 完成滑升阶段

当模板滑升至顶部标高 1m 左右时，滑模即进入完成滑升阶段。此时应放慢滑升速度，并进行准确的抄平和找正工作，以使最后一层混凝土能够均匀地交圈，保证顶部标高及位置的正确。

4.2.3　塔身内模台阶式突变施工技术措施

调压塔滑模的支撑调节系统主要由内模提升架、外模提升架、横桁架梁、辐射梁桁架、中心鼓圈、下拉紧弦杆及连接螺栓等配件组成，横桁架梁上有两个孔位，分别对应 ϕ20.4m 和 ϕ22m 两种不同的内墙圆弧直径。调整模板时，先每间隔 1 榀将内模提升架利用模板外移，用横梁吊住辐射梁桁架，再拔掉内模提升架与辐射梁桁架、内模提升架与横桁架梁间的插销，然后将内模提升架连同模板一同向塔外移动 0.8m，最后穿上全部插销即可完成一半模板的外移，另一半外移方法与前一半相同。

4.2.4 混凝土施工

混凝土配合比设计的要求如下：保证设计强度，降低水化热和控制初凝时间。使混凝土具有良好的易性、合适的水泥用量。经多次对比试验可得，混凝土中掺加水泥用量4%的复合液，具有防水剂、减水剂、缓凝剂3种外加剂的功能，溶液中的糖钙能提高混凝土的和易性，使初凝时间延长到5h左右，满足了滑膜混凝土的性能要求。

该工程材料垂直运输采用80型塔吊，可以辐射到整个施工作业面。该工程滑模范围内的混凝土入仓采用汽车泵泵送方式进行浇筑，为减少混凝土入仓的中间环节，汽车泵布置于调压塔附近空地进行浇筑。汽车泵进行泵送混凝土浇筑时，地基承载力应满足基本要求，并且与施工区内塔吊位置进行错位，防止作业时进行碰撞。选用2台56m混凝土汽车泵泵送入仓。

混凝土入仓强度指标如下：采用商品混凝土，运距为10km。泵的平均泵送量为每循环一次浇筑0.3m，每循环一次浇筑方量为45m³，浇筑时间约为1h。混凝土搅拌运输车台数按下式计算：

$$N_1=\frac{Q_1}{60V_1}\left(\frac{60L_1}{S_0}+T_1\right) \tag{1}$$

式中：N_1为混凝土搅拌运输车台数；Q_1为每台混凝土泵实际输出量，m^3/h；V_1为每台混凝土搅拌运输车容量，m^3；S_0为混凝土搅拌运输车平均的车速度，km/h；L_1为混凝土搅拌运输车往返距离，km，取10km；T_1为每台混凝土搅拌运输车总计停歇时间，min。

计算得$N_1=\frac{45}{60\times 6}\left(\frac{60\times 10}{25}+30\right)=8$（台）。配置8台$6m^3$混凝土搅拌车不间断供应，可满足该工程塔壁混凝土浇筑的要求。

混凝土浇筑前首先对商品混凝土配合比进行验证，初凝时间为5h。为确保钢筋连接不影响滑模正常浇筑施工，浇筑与钢筋连接等同步进行。

混凝土质量控制要点如下：混凝土生产厂家每车出厂时出具混凝土标号、坍落度、出厂时间、数量和到达地点的发料单据。抵达现场后，派专人按程序验收，填写到达时间、混凝土坍落度、混凝土有无异常等情况。混凝土的振捣插点均匀排列，按顺序振实不得遗漏，振捣期间距宜取300mm，时间以15～30s为宜，不宜过振，以表面呈现浮浆，平整和不在沉落为准。一般间隔20～30min进行二次复振，混凝土入仓浇筑必须保证分层、平起、对称均匀，混凝土摊铺时段及方向要交替进行，入仓混凝土每层厚度保持在30cm，同层混凝土尽量在规定时间内浇完[2]。混凝土的振捣使用5～6支ZN75软轴插入式振捣器分段对称进行，振捣时严格按混凝土施工相关规范要求执行。振捣棒不得触及承力杆、钢筋、预埋件和模板。在模板滑升时，必须停止振捣混凝土，以免造成脱模混凝土发生变形坍塌。

5 滑模施工监测及工程实施效果

（1）模体的水平度检测。模体平台的水平度控制是以测量各千斤顶相对位置来实现的，其检测方法是调整中心鼓圈里的对心线锤使其对准调平靶座，用激光扫平仪扫出一个水平面。用油漆在支撑杆上标出水平面标准线，量出标准线到千斤顶底座面的距离，列表、记录千斤顶距离的数据，将平台相邻和相对各千斤顶的数据进行比较，便知道模体水平度误差数据。

（2）模体的垂直度检测。模体的垂直度可反映出模体在滑升中出现的位移及扭转数值。其检测方法是在井口平台桁架上沿调压塔圆周吊几个线锤，每滑行30cm检测一次。

（3）模体调整。滑模模体出现滑偏且偏差大于5mm时必须进行纠正。纠正的办法是关闭高点千斤顶油路组，开启低点千斤顶油路组，反复交替运行几个行程，逐步将所有千斤顶距水平标准线的距离调整为一致。这时模体恢复水平位置。

（4）工程实施效果、质量验评和工程验收。工程实施效果如下：调压塔采用滑模工艺施工，在内外滑模脱模后，及时对混凝土面上的少量气泡、细孔和局部缺陷用抹子抹平压光。塔身总体混凝土外光内实，施工过程中滑膜没有发生冷缝等情况，调压塔内外壁通过四个方向挂线锤的方法检测垂直度，最大偏差为3.5cm。中心偏差通过激光经纬检测对准“鼓圈靶心”，偏差2.3cm。主要指标符合规范和设计要求。滑模平台安装时间为15天，滑升时间为32天。滑模平台拆除如下：先单独拆除单块外弧形模板和外提升架，内弧形模板、内提升架和辐射梁整体用2台400t汽车吊抬吊拆除，拆除时间为6天。质量验评如下：调压塔质量评定等级为优良。工程验收如下：验收小组进行查阅资料和现场实体检测，该工程一次性通过验收。

6 结语

湛江市引调水工程某标段管线总长34.0km，总工期为16个月。调压塔施工是工程按期通水的关键节点。采用塔身内外壁大直径内外模板同步滑模和变径的施工工艺，研究确定了台阶状变径调压塔的主要滑模施工设备和施工材料，对台阶状变径的大直径调压塔塔壁厚度突变施工技术控制进行研究，严格控制调压塔的塔壁混凝土施工质量，按照滑模的施工工艺要求，选定合适混凝土配合比及初凝时间，对配合比进行反复试验，确定最佳的初凝时间为5h左右。采取减少混凝土中间转运、混凝土直接入仓的方法，确保了混凝土浇筑的连续性。滑模施工工艺解决了常规施工方法工期长、施工效率较低的问题，历时32天，完成了全部塔壁滑模施工，工期压缩近2个月，具有较大的推广应用价值。

参考文献

[1] 水利部. 水工建筑物滑模施工技术规范：SL 32—2014 [S]. 北京：中国水利水电出版社，2014.

[2] 刘卓宇. 基于滑模技术在水利水电工程施工中的应用研究 [J]. 水上安全，2023 (10)：175-177.

审稿人：胡建伟

夹岩水利枢纽溢洪道HF抗冲耐磨混凝土施工技术

占　懿　梁　煜　隗　收/中国水利水电第十二工程局有限公司

【摘　要】 本文通过对夹岩水利枢纽大坝溢洪道HF抗冲耐磨混凝土性能及施工工艺的研究和优化，总结了符合工程特点的混凝土配合比和施工工艺，对今后同类型的工程具有指导和借鉴意义。

【关键词】 溢洪道　HF抗冲耐磨　混凝土

1　引言

溢洪道采用HF抗冲耐磨混凝土施工技术已有约30年，成功应用于多个工程。随着HF抗冲耐磨混凝土施工技术的不断成熟完善，越来越多的过流建筑物表面采用HF抗冲耐磨混凝土，取代了硅粉混凝土、纤维混凝土等传统抗冲耐磨混凝土。由于其往往用于高流速过流断面，对混凝土抗冲磨、防空蚀和抗裂性等要求更高，对施工工艺质量控制要求也更严。

贵州夹岩水利枢纽水源Ⅰ标工程大坝溢洪道泄槽溢0＋118.50～溢0＋283.91段表面即采用了30cm厚HF抗冲耐磨混凝土。该工程溢洪道泄槽段断面为矩形，底板纵坡i＝0.03～0.395，底板宽30m、厚1.0m，底板混凝土采用内部0.7m厚C30W8F50混凝土＋表面0.3m厚C40W8F50 HF抗冲耐磨混凝土。边墙高6.5～7.0m、厚1.5m。泄槽段每隔15m设置1条横缝，底板顺水流方向中心设置1条纵缝。溢洪道混凝土要求表面平整光滑，不平整度不超过10mm，与施工图纸所示理论线的偏差不大于2mm/m。

2　技术要点分析

混凝土抗冲磨、防空蚀性能主要从优化混凝土性能和提高施工工艺质量两个方面来保证，其主要技术要点如下：

（1）通过水泥、掺合料、骨料、外加剂的对比分析，选定符合项目材料外购情况及设计指标要求的原材料。

（2）深入研究HF抗冲耐磨混凝土的作用机理及已成功运用的HF抗冲耐磨混凝土配合比，并通过计算、试配和调整，确定既能满足设计要求又能较好地满足施工性能的配合比。

（3）通过对HF抗冲耐磨混凝土施工工艺的研究，并结合现场地形地质条件，确定泄槽段HF抗冲耐磨混凝土拌和、运输、浇筑、养护等工艺。

3　混凝土性能优化

根据该工程所在地实际情况和工程特点，该工程HF抗冲耐磨混凝土采用的水泥为毕节市赛德水泥有限公司生产的42.5普通硅酸盐水泥，比表面积为330m^2/kg，初终凝时间分别为160min和215min，28d抗压、抗折强度分别为47.7MPa和8.6MPa，安定性合格。掺合料为毕节活发工贸有限公司生产的F类Ⅱ级粉煤灰，需水量比为99%、细度为22.0%、烧失量为6.9%、含水量为0.5%。骨料采用右岸石料场开挖的灰岩加工的人工骨料：非活性骨料，细骨料细度模数为2.76、表观密度为2700kg/m^3、堆积密度为1460kg/m^3，饱和面干吸水率为1.8%，泥块、石粉含量合格；粗骨料表观密度为2690kg/m^3、堆积密度为1410kg/m^3，饱和面干吸水率为0.3%～0.5%，含泥量、针片状、超逊径合格。减水剂为中国水利水电第十二工程局有限公司混凝土外加剂厂生产的 NMR－Ⅰ高效减水剂，减水率为 19.5%，含气量为 2.9%，初、终凝时间差分别为＋60min、＋70min，3d、7d 和 28d 抗压强度比分别为 144%、138% 和 128%，均符合标准要求。引气剂为中国水利水电第十二工程局有限公司混凝土外加剂厂生产的 BLY 引气剂，减水率为 6.0%，含气量为 4.7%，初、终凝时间差分别为＋50min、＋44min，3d、7d 和 28d 抗压强度比分别为 92%、93%和 92%，均符合标准要求。HF 外加剂为武汉三源特种建材有限责任公司生产的 SY－HF 抗冲磨剂，减水率为 21%，含气量为 2.4%，初、终凝时间差分别为＋80min、＋70min，3d、7d 和 28d 抗压强度比分别为 148%、144%和 138%。

对该工程的 HF 抗冲耐磨混凝土性能优化设计主要结合给定原材料进行。

3.1 粗骨料组合级配优化

粗骨料具有良好的颗粒级配，可以减小孔隙率，增强密实性，从而保证混凝土和易性、强度和耐久性，并节约胶凝材料。

配合比设计前，分别对小石与中石不同组合比例测定其振实密度，从中选出振实密度较大的组合作为最佳骨料级配，共 4 组不同比例组合试验。粗骨料不同组合级配振实密度试验结果见表 1。

表 1　粗骨料不同组合级配振实密度试验结果

粗骨料级配比例	振实密度 /(kg/m³)	备注
中石：小石＝60：40	1700	小石为 5～20mm，中石为 20～40mm
中石：小石＝55：45	1710	
中石：小石＝50：50	1720	
中石：小石＝40：60	1730	

粗骨料级配试验结果表明，当中石：小石＝40：60 时，其振实密度最大，故采用该比例作为配合比设计的掺配比例。

3.2 粉煤灰掺量优化

根据已建类似工程 HF 抗冲耐磨混凝土配合比的经验，且考虑到该工程 HF 抗冲耐磨混凝土试验龄期为 28d，粉煤灰掺量大于 20%后会使混凝土早期强度有所下降，若粉煤灰掺量过小，混凝土水化热相对较高，经综合考虑选用粉煤灰掺量为 15%。

3.3 减水剂及引气剂掺量优化

进行配合比设计前，从室内进行的多组混凝土配合比试拌结果来看，水灰比为 0.33～0.35、粉煤灰掺量为 15%时，当 NMR－Ⅰ高效减水剂、BLY 引气剂、SY－HF 抗冲磨剂三种材料复掺时，混凝土含气量经常超出 6%，导致混凝土 28d 抗压强度均较低，不能满足 C40 混凝土强度要求；当不掺加引气剂时，混凝土含气量一般为 2.5%左右，混凝土 28d 抗压强度满足 C40 要求，且混凝土抗冻、抗渗等指标满足设计及规范要求。经综合考虑，该工程 HF 抗冲耐磨混凝土配合比不再掺加引气剂。

由于 SY－HF 抗冲耐磨剂具有一定的减水效果，因此高效减水剂掺量不宜太高，否则混凝土坍落度将偏大且波动较大不易控制，经室内试验，最终确定坍落度为 70～90mm、掺量为 0.3%和坍落度为 100～120mm、掺量为 0.4%，与原普通混凝土配合比相比较，掺量分别下降了 0.5%和 0.4%。

3.4 最佳用水量优化

混凝土配合比中的用水量大小是影响混凝土拌和物坍落度的重要因素，也是影响混凝土密实度和强度的重要因素。随着用水量的增大，坍落度增大；混凝土的流动性提高。但用水量过分增大，不仅会造成坍落度过大，而且会造成胶凝材料用量的增加。因此，确定用水量的原则是既能保证混凝土振捣密实，又能在满足施工要求的条件下取最小值。以 0.34 水灰比下不同用水量进行室内试验，最终选定 143kg/m³ 作为抗冲耐磨混凝土单位用水量，与同类型配合比相比较，节约单位用水量约 8kg/m³，每方混凝土节约水泥用量 20kg。

3.5 HF 抗冲耐磨混凝土施工配合比

通过选取不同水灰比进行试配，最终通过回归方程确定施工配合比，分别进行混凝土相关性能检测，混凝土抗压强度、抗冻、抗渗、抗冲磨性能均满足设计及规范要求，最终形成配合比试验报告。溢洪道 HF 抗冲耐磨混凝土施工配合比见表 2。

4 提高施工工艺质量

4.1 混凝土拌制

混凝土拌和时，HF 外加剂直接以干粉状与砂石骨料一起加入混凝土搅拌机中，再投放水泥和粉煤灰，最后加水进行搅拌。夹岩水利枢纽工程大坝溢洪道采用 HZS120 型强制式拌和系统拌制 HF 抗冲耐磨混凝土。根据规范，抗磨蚀混凝土的拌和时间较普通混凝土要延长 30～60s。经试验，拌和时间为 120s 时，混凝土和易性良好，故将 120s 作为后续抗冲耐磨混凝土拌和时间。

4.2 混凝土运输

对底板 C30 混凝土，在具备道路布置条件时采用溜槽入仓，不具备道路布置条件时采用塔机入仓，坍落度

表 2　　溢洪道HF抗冲耐磨混凝土施工配合比

指标	强度等级	级配	设计坍落度/mm	水灰比	砂率/%	1m³ 混凝土材料用量/kg							
						水泥	粉煤灰	砂	小石	中石	高效减水剂	抗冲磨剂(2.5%)	水
参数	C40W8F50	二	70～90	0.34	39	358	63	732	687	458	1.26 (0.3%)	10.5	143
			100～120	0.34	39	358	63	732	687	458	1.68 (0.4%)	10.5	143

为70～90mm。而由于HF抗冲耐磨混凝土稠度较大，为缩短混凝土运输时间，溢洪道C40 HF抗冲耐磨混凝由拌和系统拌制，采用6m³搅拌车运输至施工现场，运输达到仓面时间约15min，坍落度损失约20mm。入仓坍落度一般需100mm以上方具有可泵性，为了确保混凝土可操作性、施工进度和施工质量，综合考虑采用坍落度为100～120mm的混凝土配合比作为施工配合比较适宜，运输过程中要求搅拌车运输罐进行遮阳处理，避免温度过高而使坍落度在运输过程中损失过大。

4.3 混凝土浇筑

该工程溢洪道泄槽段左侧为高陡边坡，没有道路布置条件，右侧为大坝，坝后布置有斜坡道。由于该工程泄槽段结构纵向从溢洪道中心线分为左、右两大部分，考虑到混凝土的入仓施工道路等条件，先浇筑左侧底板混凝土，再浇筑右侧底板混凝土。

1. 入仓

前期混凝土入仓采用TC7030塔机吊罐入仓，由于现场只布置了一台TC7030塔机，平均每小时浇筑强度约6m³，每浇筑1.2m条带，需浇筑混凝土18m³，混凝土分层浇筑易出现覆盖不及时现象，无法保证施工质量和施工进度。为此，经论证和生产验证，决定采用泵送混凝土入仓方式。

2. 模板

溢洪道泄槽段混凝土原计划采用滑模施工，但受分块等影响难以一次性滑模，分别滑模时仓块宽度又偏小。为了确保混凝土浇筑连续性和施工进度，经综合考虑后采用翻模施工，下料过程中安排专人查看下料情况，对逐块模板进行检查，确保每块模板内混凝土充填饱满。边墙混凝土内架设SM免拆模板作为两种混凝土的分隔界面。样架安装及翻模施工工艺如图1所示。

3. 浇捣

泄槽段陡坡段底板混凝土浇筑时先入仓浇筑C30混凝土，沿垂直于溢洪道中心线方向铺设1.2m宽C30混凝土条带，分层浇筑，第一层铺设厚50cm，可按相应的水平宽度控制摊铺；第二层铺设厚20cm。因C30混凝土坍落度为70～90mm，可先摊铺但不振捣，预留足够的HF抗冲耐磨混凝土水平宽度，并宜紧跟C30混凝土同步摊铺HF抗冲耐磨混凝土，待HF抗冲耐磨混凝土入仓后一并振捣，HF抗冲耐磨混凝土与C30混凝土

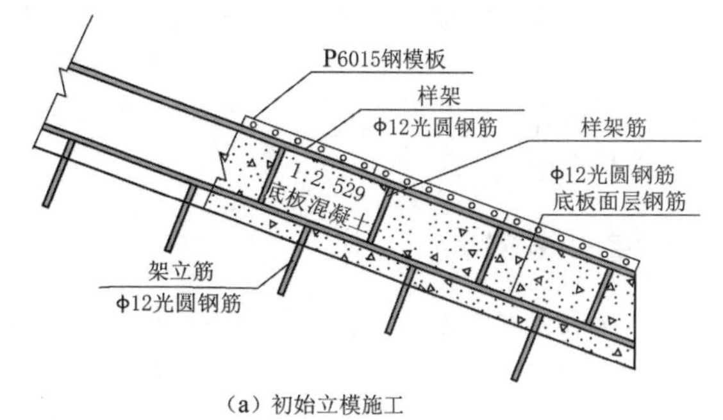

(a) 初始立模施工

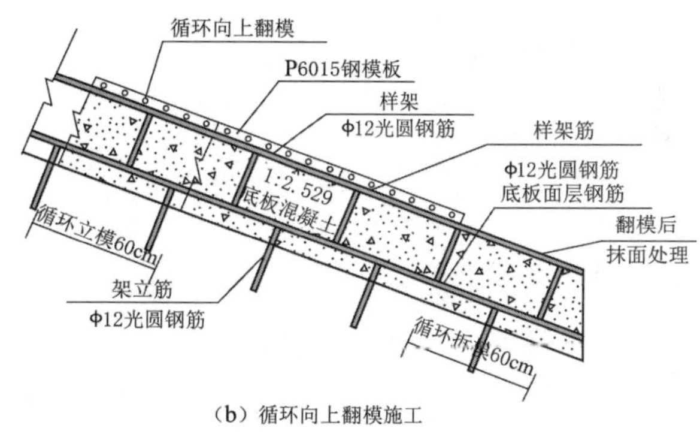

(b) 循环向上翻模施工

图1　样架安装及翻模施工工艺图

覆盖间隔时间应不超过40min。经现场浇筑经验总结，每块底板浇筑应先拌制18m³ C30混凝土、后拌制6m³ C40 HF抗冲耐磨混凝土，可确保两种混凝土浇筑无间断衔接；对泄槽水平段，铺筑底层混凝土后分层浇筑表层HF抗冲耐磨混凝土；底板混凝土浇筑时在模板、钢筋上做基层混凝土与HF抗冲耐磨混凝土的分层标记。

边墙浇筑时，采用泵送管下料，分层铺料厚度控制在50cm以内，预留足够的HF抗冲耐磨混凝土宽度，先下坍落度70～90mm的C30混凝土，不摊铺、赶仓振捣，再紧跟下HF抗冲耐磨混凝土，同步摊铺振捣、同步上升。HF抗冲耐磨混凝土具有高流动性和自密实的特性，一般采用ϕ70mm软轴振捣器振捣，止水铜片位置需采用ϕ50mm软轴振捣器振捣，人工平仓，避免过振、欠振现象。同时HF抗冲耐磨混凝土施工过程中，应关注天气情况，避开高温、暴雨等恶劣天气施工。

4. 抹面

HF抗冲耐磨混凝土稠度较大，振捣后致密、不易找平，但过流面混凝土要求平仓非常精确，因此，抹面工序至关重要，直接影响溢洪道混凝土施工平整度。泄

槽段陡坡段宜在HF抗冲耐磨混凝土接近初凝时分节拆开模板进行人工抹面。泄槽段混凝土抹面定人定点进行，责任到每个人、每个区域，在抹面过程中参照样架进行抹面，并采用2m靠尺进行平整度检查。

4.4 混凝土养护

由于HF抗冲耐磨混凝土水灰比较小，混凝土初凝后采用塑料薄膜进行保湿，终凝后，马上覆盖养护毯进行保温。保温保湿养护时间为7d。7d后进入常规养护阶段，掀开塑料薄膜，保留养护毯，并进行经常性洒水养护，养护时间不少于28d。

5 工程应用情况

夹岩水利枢纽大坝溢洪道共完成HF抗冲耐磨混凝土浇筑2580m^3，混凝土抗压强度检测76组，最大值为51.2MPa，最小值为40.3MPa，平均值为43.7MPa，强度保证率为93.3%，离差系数为0.06；该段混凝土单元评定66个，全部合格，其中优良57个，优良率为86.4%；其不平整度为最大为7.1mm，与施工图纸所示理论线的偏差最大为1.3mm/m，施工质量满足设计及规范要求，同时节约了工期2个月左右。

6 结语

通过对HF抗冲耐磨混凝土配合比设计、施工工艺等深入研究和优化运用，使该工程溢洪道抗冲耐磨混凝土在施工质量满足合同及规范要求的前提下，进度得到了保障，成本也有所下降，为今后高速水流下抗冲耐磨混凝土提供了施工经验，具有一定的推广价值。

戈壁滩极端气候下涵洞混凝土温度控制与防裂措施

卢永兵　毛鸿颖/中国水利水电第十二工程局有限公司

【摘　要】本文结合工程案例，探讨在极端气候环境下戈壁滩地区输水工程涵洞混凝土如何采取有效的温控和防裂措施。通过对混凝土结构裂缝产生的原因进行分析，提出了采取相应的温控和防裂措施有效减少混凝土裂缝，以便为同类型环境下的输水工程涵洞混凝土施工提供参考。

【关键词】戈壁滩极端气候环境　输水工程　涵洞　混凝土结构　温控和防裂措施

1　引言

随着我国西部大开发战略的深入实施，戈壁滩地区的基础设施建设得到了极大的发展。其中，新疆 YEGS 二期输水工程建成通水后，将很大程度改善周边受水地区生活、畜牧、工业、生态用水的困难现状，对于推进区域经济社会发展和改善民生福祉有着巨大作用和重要意义。新疆 YEGS 二期输水工程某标段是新疆北水南调重大水利建设工程的一部分。该工程处在气候条件恶劣的荒漠戈壁上，且是二期工程中涵洞施工最长的标段。涵洞施工在大温差、大风沙、干燥等气候环境下混凝土结构受内部和外部因素的影响，更容易产生裂缝，引起质量问题。例如混凝土配合比存在不足、温控措施不当等，会产生贯穿裂缝引起渗漏，严重时影响涵洞整体结构的质量。因此，研究戈壁滩地区极端气候环境下涵洞混凝土温控与防裂措施具有重要意义，如何做好涵洞混凝土结构温控与防裂措施是涵洞混凝土施工中的重点内容。

2　工程气候条件

该工程环境气温变化大，每年 11 月至次年 3 月因低温禁止混凝土施工，混凝土浇筑主要是在 4—10 月进行，其中每年的 4 月、10 月气温有可能比较低，而其他时段又基本属于高温季节且经常有风沙来袭。在工程建设期间统计的最高气温超过 40℃（室外温度统计最高温度为 48℃），高温季节最低气温为 10℃，最大沙尘暴风力超过 12 级，最低气温低于－30℃，最大温差能达到 70℃，同时在季节更替时气温变化频繁。

3　涵洞结构概述

该工程涵洞总长度为 3.994km，其中埋涵长度为 2.094km，退水涵结构长度为 1.9km。埋涵和退水涵典型断面示意如图 1 和图 2 所示。最小顶板及底板混凝土厚 50cm，侧墙厚 50cm。埋涵每隔 12m 设置一结构缝，退水涵每隔 10m 设置一结构缝，缝宽均为 2cm。

4　温度裂缝产生的原因

根据工程所在地所处的位置及气候环境，裂缝形成的原因主要有以下几方面。

1. 温度应力

工程所在的戈壁滩混凝土浇筑后由于极端气候环境下的温度波动较大。导致混凝土结构内外温差较大，从而产生温度应力。当温度应力超过混凝土的抗拉强度时，混凝土结构表面就会出现裂缝[1]。

混凝土浇筑产生大量的水化热，水化热积聚在混凝土内部不易散发，使混凝土内部温度上升，而混凝土表面温度为室外环境温度，形成了内外温差。当这种内外温差在混凝土凝结初期产生的拉应力超过混凝土抗拉强度极限时[2]，将导致混凝土裂缝的产生。

2. 混凝土收缩

极端气候环境下湿度变化较大，混凝土结构在湿度变化作用下会产生干缩和湿胀，产生裂缝。硬化初期主要是水泥水化凝固过程中产生的体积变化，后期主要是混凝土内部自由水分蒸发而引起的干缩变形[1]。混凝土进入硬化阶段后，干燥收缩会一直进行，有的混凝土结构中干燥收缩会持续很长一段时间。

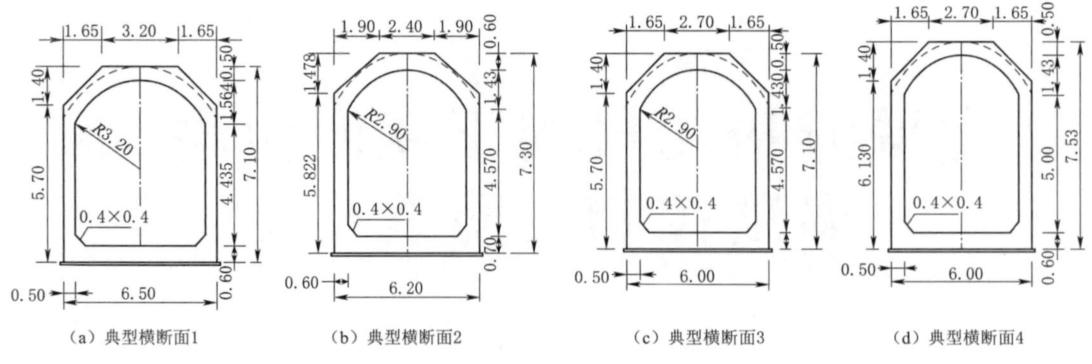

（a）典型横断面1 （b）典型横断面2 （c）典型横断面3 （d）典型横断面4

图1 埋涵典型断面示意图（单位：m）

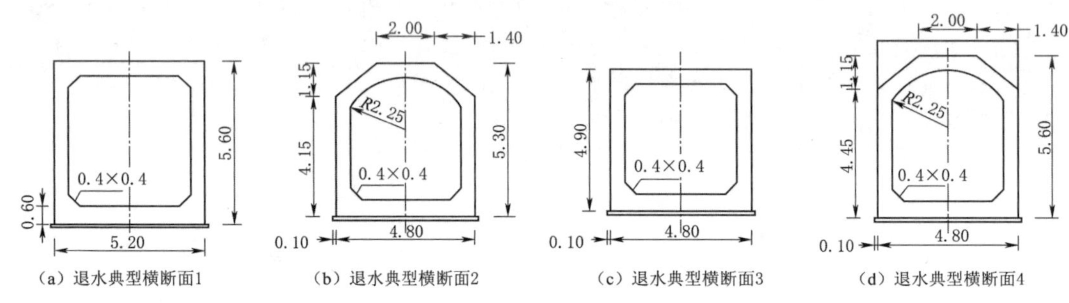

（a）退水典型横断面1 （b）退水典型横断面2 （c）退水典型横断面3 （d）退水典型横断面4

图2 退水涵典型断面示意图（单位：m）

根据工程建设所在地某临近气象站的数据显示，该工程所在地区一年内最低气温与最高气温相差约70℃。混凝土浇筑完成后，随着时间推移，由于气温温差大，可能造成裂缝有所新增。

3．施工质量和材料选择

施工质量和材料选择也是导致混凝土裂缝的重要因素。例如：现场施工过程中，未严格按照设计及相关规程规范进行施工；浇筑振捣不密实[3]；拌和时使用了被风沙污染严重的砂石骨料，从而影响混凝土配合比，造成混凝土裂缝产生。

5 温度控制和防裂综合措施

涵洞混凝土出机口温度控制在28℃以下，日平均气温连续5d稳定在5℃以下或最低气温在－3℃以下时，禁止浇筑混凝土。大风、大雨天气时不浇筑混凝土。在混凝土全面浇筑铺开前，项目部对退水涵和埋涵各浇筑一仓，检验相应的施工工艺，发现按照常规的浇筑和养护方式，仍会导致大量混凝土裂缝产生，造成外观质量差，形成了一定的损失并影响了项目工期。故结合已浇筑仓面时采取的施工工艺、咨询相关专家及结合混凝土现场浇筑试验，并通过严格采取下列措施，使浇筑混凝土的表面裂缝大大减少，提高了混凝土整体质量和施工进度。

1．优化混凝土配合比设计

考虑戈壁滩的极端气候，在主体工程混凝土浇筑前，在现场涵洞附近进行混凝土浇筑试验，经专家指导，进一步对混凝土施工配合比进行优化设计，并上报监理单位审批。试验主要优化对象包括骨料级配、粉煤灰和复合外加剂（减水剂和引气剂）。浇筑试验为后续主体浇筑提供了参照，既降低了单位混凝土的水泥用量，减少了混凝土水化热温升和延缓水化热发散速率[4]；同时又确保了混凝土所必需的极限拉伸值（或抗拉强度）、施工匀质性指标及强度保证率达到要求，改善了混凝土抗裂性能，提高了混凝土抗裂能力[5]。

2．合理安排混凝土施工程序和施工进度

合理安排混凝土施工程序和施工进度，防止基础贯穿裂缝、减少表面裂缝[5]。浇筑前根据浇筑方量和人、材、机投入，初步估算浇筑所需施工时间，同时结合天气预报信息，判断是否有大风沙和沙尘暴，若有则取消浇筑计划。高温季节期间，若无法避开高温时段时，重要部位混凝土浇筑基本选择在晚间进行，一般浇筑时间为当日22：00至次日8：00左右，尽可能避开高温时间点。

3．控制砂石骨料温度

混凝土砂石骨料堆高储存，采用底部取料，砂石骨料堆存区设置遮阳棚，防止太阳直射而引起砂石骨料温度升高。砂石骨料仓四周采取开放式，使空气对流，带走热量。对混凝土配料机及运输皮带进行封闭，防止太阳直射和风沙污染，引起砂石骨料在运输和配料过程中温度升高及骨料污染。夏季高温季节混凝土浇筑时间选择在当日22：00至次日8：00，且混凝土拌和生产用水水温基本保持在7～12℃左右，此时砂石骨料控制在自然温度即可。

风沙较大的时候，对骨料采用帆布进行覆盖保护，避免风沙污染骨料，影响混凝土质量，对于已污染部分要进行清洗处理并通过试验检测合格后方可使用，无法清理的部分不能进行拌和使用，应将其转运至指定区域，后续按照不合格骨料处理。

4. 控制拌和站拌制温度及出机口温度

拌和站搅拌设施采用封闭布置，防止太阳直射。搅拌机布置在4个水泥罐背阳面，尽量使其不受太阳照射，从而降低搅拌机本身温度。

控制混凝土细骨料的含水率在6%以下，且含水率波动幅度小于2%[6]，以利于混凝土加入足够的冷水。根据工程施工期间对拌和用水温度的量测，拌和用水水温一般在7～12℃。工程所在地距离最近的县有将近2.5h的车程，因此综合考虑确定拌和用水未采用冰水拌和。为防止拌和用水及外加剂拌和前温度升高，采用地埋式对其进行温度控制。混凝土用水采用循环水，水管埋入地下1.5m以下，以保证高温季节期间水温不会因太阳暴晒而突然上升，从而影响混凝土拌和质量。

埋涵和退水涵混凝土浇筑过程中所测的出机口温度，最高为26.5℃，最低为16.0℃，均在28℃以内。

5. 控制混凝土运输过程温度

混凝土运输过程中为降低温度的回升，尽量将混凝土从出机口温度到浇筑温度回升系数控制在0.25以内。高温季节主要采取以下措施。

(1) 根据混凝土仓面所在位置优化混凝土运输方案，缩短运输时间和减少中转倒运，减小混凝土温度回升系数。

(2) 加强现场管理，现场安排专人计算混凝土浇筑时间并及时与拌和站沟通，避免混凝土搅拌车运输至现场后等待时间过长，而影响混凝土坍落度。道路交叉口和危险路段安排专人指挥交通，以确保运输道路的畅通和车辆行驶的安全，避免浇筑过程中等车卸料现象发生，缩短运输时间并减少混凝土倒运次数。

(3) 高温季节施工需加强混凝土运输机具的保温工作，将混凝土搅拌车辆等运输设备搭设活动遮阳篷，两侧设保温隔热层，以减少混凝土温度回升[6]。同时，混凝土运输车辆需定期用冷水冲洗降温。

6. 控制混凝土浇筑过程温度

高温季节混凝土浇筑施工中加强过程管理，优选施工设备，严格按照已批准方案和规范控制混凝土浇筑施工方法和顺序进行施工。严格控制运输时间和混凝土浇筑后养护覆盖前的暴露时间，加快混凝土入仓速度和覆盖速度，降低混凝土浇筑温度，从而降低涵身混凝土最高温度[7]。具体措施如下。

(1) 在高温季节混凝土入仓后及时平仓，缩短混凝土暴露时间。层间间隔时间冬天控制在2h以内，其他时间控制在1h以内。

(2) 合理安排开仓时间。高温季节浇筑常态混凝土时，施工时间尽量安排在当日22：00至次日8：00，以避开白天高温时段浇筑混凝土。大仓面混凝土施工持续时间较长，尽可能避开高温季节高温时段施工大体积混凝土，以降低混凝土温度控制难度；不能避开时，应加强混凝土施工管理，以确保混凝土施工质量及设计温控要求。

(3) 仓面降温。外界气温较高时，为防止混凝土初凝及气温倒灌，采用雾炮机喷雾降低仓面环境温度，喷量在2.0mm/h以内，喷雾要保证为雾状，避免形成水滴落在混凝土面上。涵洞地区地形有利于形成较好的小环境气候，雾炮机采用支架，架高2～3m并结合风向，使喷雾方向与风向一致。根据仓面大小选择雾炮机数量，该工程涵洞混凝土浇筑共使用4台雾炮机。同时，浇筑开仓1h前对仓面模板外侧进行洒水降温，模板内侧采用雾炮机喷雾降温，做好遮阳板，防止仓面被太阳直射，避免风沙进入仓面。混凝土面覆盖保温被，当仓面气温高于20℃时，混凝土每一坯振捣好后都需及时用15mm厚聚乙烯保温被覆盖，要求保温被等效热交换系数$\beta \leqslant 1.5 \sim 2.0 W/(m^2 \cdot ℃)$[8]，直到摊铺或覆盖上一层混凝土时再揭开，以减少辐射热温升和环境温度倒灌。晚上浇筑时可不采用该措施。混凝土生产系统与所有埋涵和退水涵浇筑仓面的运输距离均在4km以内，最短的运输距离不足1km。按照确定的温控措施执行后，实测的混凝土入仓温度最小值为17.5℃，最大值为27.2℃，满足相关技术及规范要求。

7. 混凝土养护

加强混凝土养护可以提高混凝土的抗裂性能。在极端气候环境下，采用正确的养护方式能降低混凝土温度裂缝的产生，也能避免表面裂缝扩大成深度裂缝甚至贯穿裂缝。该工程具体采用了如下措施。

混凝土浇筑完成并初凝后，及时对外漏混凝土采用喷雾润湿并覆盖薄膜养护（高温时段和风沙大时采用洒水润湿的聚乙烯保温被进行覆盖），未拆模板时定时对模板外进行洒水降温。混凝土终凝后和模板拆除后，涵洞外采取洒水养护＋聚乙烯保温被覆盖养护的方式进行养护，直到涵洞回填，高温时段保证保温被均处于润湿状态；涵洞内采用雾炮机对已浇混凝土进行不间断喷雾养护。涵洞回填后，即使养护时间达到28d，洞内也要定期养护。已产生的表面裂缝在两周内如无扩大现象，高温季节则可不需要继续养护；若发现深度裂缝，则需要立即按照已上报获批准的方案进行裂缝处理。

遇到突然来袭的寒潮或临近低温季节（冬歇期）时，对已浇筑但未达到28d的混凝土，一定要做好保温措施，洞外主要是采取覆盖保温被，洞内采用帆布封住两端洞口。同时，采用暖风机维持洞内温度，避免混凝土内部温度与外界环境温差过大而产生过多混凝土裂缝或造成已有的表面裂缝变成深度裂缝。低温季节（冬歇期）要对已浇筑的涵洞洞口进行密封保温，并定期观察已产生的表面裂缝是否有扩大现象。

为做好养护工作，建立专门的养护队伍，根据浇筑时间部位专门建立台账，养护队伍由技术员＋施工员＋3名以上养护工人组成。一把手定期检查制度，确保养护工作的落实到位。

6 温控效果

6.1 涵洞混凝土结构裂缝检查情况

涵洞混凝土主体结构施工时间为2019年4月—2021年9月。2023年4—6月，项目组织专业人员再一次对3.994km涵洞混凝土结构进行了全面详细检测，未发现深度裂缝和贯穿裂缝，但存在表面裂缝，已发现和处理的表面裂缝符合设计及相关规范要求。工程暂未通水，可能存在未观察到和检查到的地方，也可能混凝土的干燥收缩仍在进行。工程通水后需要相关单位进一步观测。

6.2 质量验评和工程验收

埋涵混凝土分部工程（2.094km）共422个单元工程，单元工程合格率为100%，其中优良单元416个，单元工程优良率为98.6%。退水涵混凝土分部工程（1.9km）共414个单元工程，单元工程合格率为100%，其中优良单元400个，单元工程优良率为96.6%。

验收组通过听取汇报、查看现场、查阅资料，并经过认真讨论，认为两个分部工程已按批准的设计文件、施工合同及有关规程、规范要求完成了建设任务，未发现质量缺陷，无质量事故，工程资料齐全，工程质量等级均为优良。

根据《水利水电建设工程验收规程》（SL 223—2008）埋涵混凝土分部工程和退水涵混凝土分部工程通过验收。

7 结语

本文针对戈壁滩极端气候环境下输水工程涵洞混凝土结构，探讨了温控与防裂的措施。通过采取合理的温控技术和防裂措施，可以有效降低涵洞混凝土结构的裂缝发生率，且可以防止已产生的表面裂缝向深度裂缝甚至贯穿裂缝演变，从而提高输水工程涵洞混凝土结构的安全性和稳定性。研究和探索更高效的温控和防裂措施，将为极端气候环境下输水工程的发展提供有力保障。

参考文献

[1] 王军．桥梁工程大体积混凝土裂缝形成原因及防治[J]．山西建筑，2011，37（18）：170－171.

[2] 左生荣，刘占兵，何志红，等．丹江口汉江公路大桥主塔承台水化热温控分析［J］．交通科技，2015（2）：4－6.

[3] 陈先荣．钢筋混凝土结构裂缝的成因及防控处理措施探讨［J］．工程与建设，2014，28（6）：827－829.

[4] 朱文举．混凝土重力坝温控设计研究与优化分析[J]．黑龙江水利科技，2021，49（7）：18－21.

[5] 袁建华，杨学红．构皮滩高拱坝温度控制设计和实践［C］//中国大坝协会．水库大坝建设与管理中的技术进展——中国大坝协会2012学术年会论文集．长江水利委员会长江勘测规划设计研究院，2012：155－160.

[6] 吴轩．洋前坝水库大体积混凝土施工温度控制措施研究［J］．黑龙江水利科技，2021，49（10）：153－155.

[7] 黄君香，龚政休．丹江口大坝加高贴坡混凝土施工中的温控措施［J］．四川水力发电，2009，28（S2）：158－160.

[8] 吴昊．垂直升船机混凝土浇筑施工研究［J］．低碳世界，2017（20）：32－34.

覆盖大直径沉管的水下混凝土施工技术实践

金岳堂　张深垒　何丁凯/中国水利水电第十二工程局有限公司

【摘　要】 湛江市引调水工程穿越西溪河，西溪河河宽约 150m，河床高程约－0.50m，水面高程约为 2.00m。潮水涨落对沉管水下混凝土浇筑影响极大，为了确保水下混凝土浇筑的施工安全及质量，合理的施工工艺是确保大直径沉管施工顺利的关键因素。本文对湛江市引调水工程穿越西溪河沉管水下混凝土覆盖施工技术措施进行研究。

【关键词】 覆盖　大直径沉管　水下混凝土

1　引言

湛江市引调水工程输水管线沉管位于遂溪县许宅村附近西溪河，位于广东省西南部的雷州半岛上，西临北部湾，东临湛江港湾，地跨东经 109°40′～110°25′、北纬 21°00′～20°31′，管辖面积为 2131.63km^2。施工桩号为 34＋759.825～34＋926.690，全长 167m，钢管规格为 *DN*2600mm（壁厚 26mm，Q345CZ）。西溪河沉管段钢管采用外包混凝土的型式，西溪河施工期洪水位（当年 12 月至次年 3 月）落潮时平均高程为 2.00m，涨潮时平均高程为 4.00m，河底设计高程为－0.50m。西溪河沉管水下混凝土断面如图 1 所示。

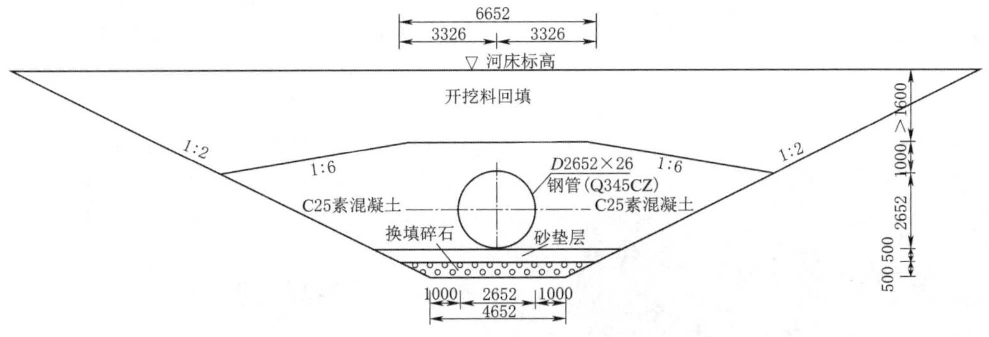

图 1　西溪河沉管水下混凝土断面图（单位：mm）

目前，沉管水下混凝土覆盖技术已经取得了一些进展，但仍然存在部分挑战。例如，如何保证混凝土在受海水潮汐影响下能在水下具有良好的和易性和稳定性，以及如何提高施工效率和质量问题亟待解决。本文就湛江市引调水工程沉管工程展开分析讨论，提出改进措施，优化施工工艺，提高施工质量，确保水下工程的安全和稳定性。同时对推动大直径沉管水下混凝土覆盖技术的进一步发展具有一定的研究意义，为今后类似工程提供技术参考和指导。

2　总体施工思路

2.1　施工部署

采用混凝土泵送浮箱系统，实施水下混凝土浇筑。施工期内每天受涨潮落潮的影响，沉管段西溪河相应水位为 2m，涨潮时流速为 1.1m/s，平潮时流速为 0.8m/s，落潮时流速为 1.3m/s。拌和站距离施工现场 10.6km，现场施工以10m为一个浇筑区域，按照左岸至右岸的浇筑顺序，采用导管法施工，11：00—15：00为涨潮期，现场停止浇筑施工。前3d浇筑试验段，浇筑西溪河中心靠近右岸的22.5m，随后根据现场浇筑完成情况向左右岸同时施工。前3d每天浇筑方量约为375m³，之后每天浇筑方量约为750m³。根据现场施工情况，工程历时13d浇筑完成。

2.2 泵管架设

水下混凝土浇筑，常规方法为船运混凝土材料至施工点浇筑或者专业混凝土船现场拌料，这两种方法效率低、成本高。该工程采用泵管浮箱架设新技术，可有效解决水上混凝土连续泵送效率低和成本高的问题，关键点是在水流较湍急的河流中可抵御水流的冲击。混凝土泵送浮排系统正常工作时，混凝土浇筑的效率是常规方法的3倍以上。泵管架设如图2所示，水下混凝土浇筑施工如图3所示。

图2 泵管架设

图3 水下混凝土浇筑施工

2.2.1 对拉钢丝绳的布置

为了抵御水流的冲击和保证浮排系统的稳定牢固性，在浇筑点轴线上游布置对拉钢丝绳，一侧埋入地锚，一侧用25t卷扬机收紧，根据河流宽度选择直径8.7mm的对拉钢丝绳和60°的张紧度，同时在河中间每隔50m设浮箱托住钢丝绳下坠，让对拉钢丝绳全部在水上1m高度左右。

2.2.2 浮排材料的选择

浮排采用铁桶或者塑料桶（成本较低），2个桶为一组，采用钢管扣件绑扎固定，混凝土输送泵管架在浮排上，浮排绑扎方法如图4所示。

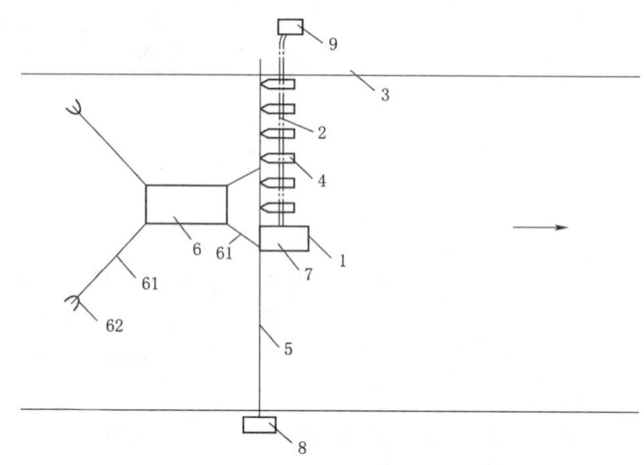

图4 浮排绑扎方法图

1—水下导管；2—输送泵管；3—河岸；4—铁桶；5—对拉钢丝绳；6—固定船；7—下料船；8—地锚；9—地泵；61—钢丝绳；62—定爪锚

2.2.3 混凝土输送泵管连接方法

每组浮排间距3m，混凝土泵送管长度3m，纵向架设在浮排上，卡扣位于两组浮排之间，方便拆卸。浮排的上游钢管上用塑料绳连接卸扣固定在对拉钢丝绳上，每组浮排都设置一个绳索固定点。在连接长距离输送泵管时，可在河岸边连接混凝土输送泵管，在向施工点送浮排组合的过程中连接对拉钢丝绳与浮排的卸扣，在对拉钢丝绳上向前滑动，直至连接到水下混凝土浇筑施工点。

西溪河河道较宽，施工时可在对拉钢丝绳上游设工程船定位，使两根钢丝绳拉住轴线对拉钢丝绳，避免因水流冲击长度过长钢丝绳而形成向下游的大的弧度，造成连接好的混凝土输送泵管整体弧度过大。

3 水下混凝土配制

为了满足水下混凝土的基本要求，混凝土的配制是关键。因此，根据相关规范要求，项目部施工前对拟选用搅拌站的拌和原材料进行抽检，通过多次试验，最终确定水下混凝土的配合比（水泥：水：混合材：砂：石）为1：0.63：0.41：3.11：3.92，水胶比为0.45，坍落度为210mm[1]，各种拌和用技术参数如下。

（1）水泥。选用P·O42.5普通水泥，经检测水泥的初凝时间为131min，终凝时间为197min。

（2）粗集料。宜优先选用卵石，粗集料最大粒径应小于导管内径的1/6～1/3，同时不应大于40mm。所选用粗集料，必须经过水洗，不能混有泥土杂物。

（3）细集料。根据周边市场调查最终采用机制砂。

（4）含砂率。经试验检测，混凝土含砂率为44%。

（5）水灰比。沉管水下混凝土的水灰比经过多次试验，最终确定为0.45，符合设计的试配强度，满足施工规定的和易性。

（6）和易性。由于水下混凝土的整平和密实是靠混凝土自重下沉完成的，因此，水下混凝土应有良好的流动性和黏聚性。经过试验，水下混凝土坍落度为21cm，确保了混凝土表面能自动摊平的要求，同时混凝土的和易性满足施工工艺技术要求。

（7）最小水泥用量。由于水下混凝土所处的特殊环境和不利条件，因此对水泥最小用量有严格规定。通过试验检测，确定每立方米混凝土中水泥用量为260kg。

（8）强度与耐久性。水下混凝土的强度与耐久性有密切关系。一般来说，当水下混凝土的强度高时，其耐久性也好，水下混凝土的强度主要取决于水泥标号、水泥用量、水用量、粗集料的种类和性质及有无掺用外加剂等。根据有关资料和实践证明，水下混凝土的强度要比空气中施工的混凝土的强度低。用钻芯取样检验，水下混凝土抗压强度约为混凝土标准强度的80%左右，一般水下混凝土强度为空气中施工混凝土强度的50%～90%。通过试验可知，水下混凝土28d试配强度为43.6MPa，高于混凝土设计强度C30的20%，满足施工要求，保证了混凝土施工质量。

4 水下混凝土浇筑

现场采用导管法施工，导管法水下浇筑混凝土如图5所示。采用商品混凝土，罐车运送。浇筑应尽量缩短时间，坚持连续作业，每仓浇筑10m左右，方量为375m³，在最短的时间内完成。

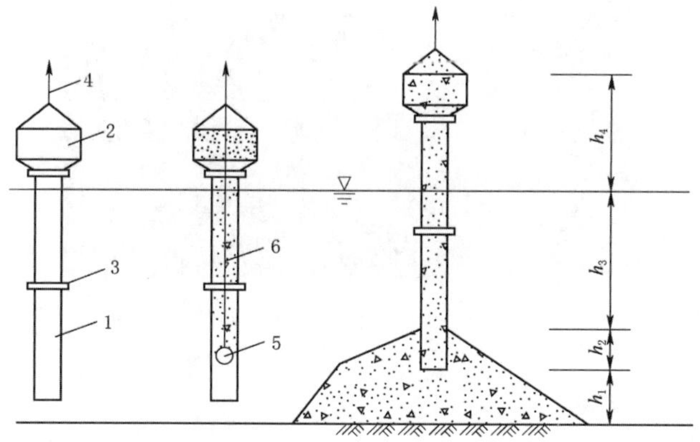

图5　导管法水下浇筑混凝土示意图

1—钢导管；2—漏斗；3—接头；4—吊索；5—隔水塞；6—铁丝

4.1 每个浇筑单元示意

考虑到水下混凝土浇筑导管初始瞬间埋深需0.5m以上，而现场浇筑范围非常大，漏斗里灌满混凝土只有0.86m³左右。为了确保混凝土不离析，潜水员先到水下导管位置用沙袋围一个围堰，高度1m，直径比导管稍大即可，这样可以确保初始混凝土浇筑时导管的埋深达到1m。排水塞拟用沙袋排水，沙袋放进导管后，末端用铁丝连接，漏斗内混凝土快要注满时，迅速剪断铁丝，混凝土瞬间冲落，此时马上泵送混凝土，混凝土浇筑应连续不间断进行[2]。具体要求如下。

（1）首先安设直径为250mm的钢导管，导管接头需装卸方便、连接牢靠并带有密封橡胶圈，保证不渗水、不透气，并要经闭水、承压试验，确保接口严密，有足够的抗拉强度。

（2）用吊车将导管吊入孔内，位置应保持居中，导管下口与孔底距离保留10～30cm。导管在使用前，要检查导管及其接头的密闭性，确保密封良好。

（3）浇筑首批混凝土之前在漏斗中放入首批混凝土。在确认储存量备足后，即可剪断铁丝，浇筑首批混凝土的用量应能使导管埋入混凝土中深度不小于0.5m。

（4）首批混凝土浇筑正常后，应连续不断浇筑，浇筑过程中应用测绳测探混凝土面高度，推算导管下端埋入混凝土的深度，并做好记录，正确指导导管的提升和拆除。

（5）当导管内混凝土不满时，应徐徐灌注，防止在导管内形成高压气囊，压漏导管。在灌注过程中，保持基槽水头高度，定时探测槽内混凝土面的位置，及时调整导管埋深。

（6）为保证混凝土质量，混凝土灌注完成时，混凝土面按高出设计标高0.2～0.4cm控制。

4.2 各工作单元移位

一个位置浇筑到达设计标高后，如果要移到其他水下浇筑施工段面，工程船移位采用一边绞锚缆一边送锚缆的方式，使船舶上下游移动及左右移动。移动速度每分钟不可超过1m。移动时不要将导管提出混凝土面。

水平的泵管移位时，先拆除船舶与浮箱上的泵管连接。将船舶移位定位后，再将泵管接到船上，与船上的泵管相连接。浮箱与船舶分开后，最下游端的浮箱要抛锚稳定，防止整条浮箱管线来回摆动。

浇筑水下混凝土时，潜水员应在水下控制混凝土的流动性以及标高。水上人员配合用测绳测量混凝土的高度，不可浇筑超过设计标高造成混凝土的浪费。由于混凝土浇筑方量较大，一次性无法全部浇筑完成。当天混凝土方量浇筑完成后，要排空导管内混凝土后将导管提出水面。同样，泵管里的混凝土也要排空，并用清水冲洗[3]。

第二天浇筑开始前，潜水员在专人看护下对昨日浇筑完成已初凝的混凝土进行人工凿毛。

5 质量控制措施

5.1 测量

（1）根据该工程特点，施工前由专业人员组成测量小组，制定切实可行的测量控制方案，建立平面及高程控制网。

（2）施工中严格按照测量方案、技术交底做好测量放线工作，并及时核验。

5.2 原材料

（1）施工前与搅拌站技术人员对接，将要求提供给搅拌站，要求其按照项目要求生产混凝土。

（2）把好材料质量关，各种进场材料的准用证、出厂合格证、质量证明书应齐全，并加强材料试验、检验工作，不合格材料不得投入使用。

（3）施工前对搅拌站进行原材料抽检，保证原材料质量。

5.3 混凝土施工质量控制措施

（1）每段施工前对上一段已初凝的混凝土进行凿毛，确保结合面质量。

（2）每次提升导管前用测绳测量浇筑面高度，计算埋入导管深度，每次提升导管保证导管埋深1m以上。

（3）为确保水下混凝土浇筑质量，项目采用自密实混凝土。自密实混凝土流动性好，具有良好的施工性能和填充性能，而且骨料不离析，混凝土硬化后具有良好的力学性能和耐久性，有利于保证质量、加快施工进度、提高建设效益，解决了水下施工的技术难题。

5.4 异常情况处理

1. 导管塞卡堵

如果刚开始浇筑即发生导管阻塞，可判断为球塞卡堵，应及时提升导管，上下来回缓慢升降。如仍不下料应立即拆除导管，然后重新下管浇筑。

2. 埋管

在浇筑混凝土过程中发生堵塞时，应查对下料记录，确认管底位置和埋深；以最大限度上下反复抖动导管，开始提升时不宜过高，不得向下猛落，以防止引起导管破裂、混凝土离析等问题；若以上方法仍不行的话，应果断抓紧起拔导管，重新下管浇筑；重新浇筑时，导管底部应该插入混凝土1.0m，同时用小抽筒抽净管内泥浆，并注入适量砂浆。

3. 堵管

若埋管深度不大时，应立即停止浇筑，拆除上部导管，挖除已经浇筑的混凝土，埋管过深时，埋管应报废处理。

4. 导管接头、焊缝进水

在施工过程中，若导管漏水部位较浅，可提升导管（不提出混凝土面），处理渗漏处，然后下导管，用小抽筒吸净管内泥浆，继续浇筑；若导管漏水部位较深，则提出导管，处理渗漏处或更换导管，重新下管至混凝土面以下1.0m，用小抽筒抽净管内泥浆，继续浇筑。

5. 导管提空

技术人员应记录清孔后的泥浆比重，以此精确计算浇筑过程中导管的埋深，并与混凝土面探测对照，认真做好导管拆卸记录；开始浇筑前检查卷扬机刹车，如提升过程中突然发生刹车失灵，则及时关闭电源开关，使卷扬机停止提升，严格控制泥浆质量和清孔质量；防止混凝土面泥沙淤积过厚，并注意混凝土自管外落入孔内形成混凝土假面，导致探测错误。

6 结语

针对大直径沉管水下混凝土浇筑施工受潮汐影响的特殊性，施工前，对每一个施工人员进行技术、安全交底，强化安全、质量意识。通过合理地组织人力、设备资源，采用科学的混凝土配合比和经济、高效的水下浇筑方式，确保了水下混凝土浇筑的施工安全和工程质量，为今后类似项目施工积累经验，并具有一定的指导意义。同时该工程在实施过程中，通过项目科研团队的努力，不仅提高了施工工效，缩短了工期，实现了度汛目标，而且确保了工程质量，施工安排和资源投入更加均衡，减少了资源配置风险，具有较广的应用前景，值得在今后的工程中推广。2022年10月12日，该工程通过分部工程验收，质量等级评定为优良；2023年5月1日，该工程全线正式投入运营阶段，具有良好的社会效应。湛江市引调水工程输水管线实体完工效果如图6所示。

图6 湛江市引调水工程输水管线实体完工效果

参考文献

[1] 国家能源局. 水工混凝土试验规程：DL/T 5150—2017 [S]. 北京：中国电力出版社，2017.

[2] 国家能源局. 水工混凝土施工规范：DL/T 5144—2015 [S]. 北京：中国电力出版社，2015.

[3] 迟培云. 现代混凝土技术 [M]. 上海：同济大学出版社，1999.

外贴式止水系统在渡槽槽身中的应用

张正贵　张　雪　杨　强/中国水利水电第十二工程局有限公司

【摘　要】 外贴式止水系统是一种高性能接头和裂缝密封系统，主要用于混凝土伸缩（变形）缝处连接。本文通过外贴式止水系统在渡槽槽身伸缩缝间的实际应用，阐述了高性能外贴式止水系统的止水效果及其优点。

【关键词】 外贴式止水　伸缩缝　渡槽槽身　止水效果

1 引言

广西驮英水库及灌区工程设计引水渡槽较长，驮英东干渠工程全长 64.21km，其中渡槽 18 座，总长 10.18km，最长渡槽为岜特渡槽，设计长度为 3.24km。该工程渡槽主要设计断面结构型式分为 U 形和矩形两种，其中 U 形渡槽 388 跨，矩形渡槽 279 跨，渡槽槽身均为薄壁式混凝土结构，采取分跨浇筑的方式，相邻两跨槽身间设伸缩缝。根据该工程渡槽槽身断面结构计算，槽身间伸缩缝断面总长为 6.19km，止水工程量较大。为避免槽身与伸缩缝间出现漏水情况，达到后期引水工程顺利输水的条件，该工程对渡槽槽身间伸缩缝止水施工要求很高。

2 止水系统

2.1 内嵌式橡胶止水

渡槽伸缩缝原设计方案采用内嵌式橡胶止水，如图 1 所示。内嵌式橡胶止水所用材料种类较多、价格昂贵，且内嵌式橡胶止水施工工艺较为复杂，现场采取内嵌式橡胶止水施工后发现，该止水工艺极容易产生质量缺陷，根据现场实况产生的质量缺陷如下：①螺栓钻孔施工对基础破坏较大，容易钻到槽身内部钢筋，且钻孔数量多，施工效率低，施工成本高；②橡胶止水带不易焊接，交叉处或搭接处热熔处理比较麻烦，处理不好容易发生渗水隐患；③橡胶止水带与螺栓之间的密封性不足，有空隙；④橡胶止水检修麻烦，检修时必须全部拆除，且对基面破坏严重；因此内嵌式橡胶止水不适用于该工程长渡槽槽身间伸缩缝止水。

2.2 外贴式止水系统

外贴式止水采用一种高性能接头和接缝（或裂缝）密封系统，如图 2 所示。所用材料主要包括改性（FPO）防水胶带以及一系列不同特殊性能组合的环氧胶粘剂。此系统具备以下特点：①外贴式止水系统无须钻孔，可以避免出现钻孔孔洞，也不需要螺栓、螺母、垫板等材料，节省施工成本；②外贴式防水胶带不需要

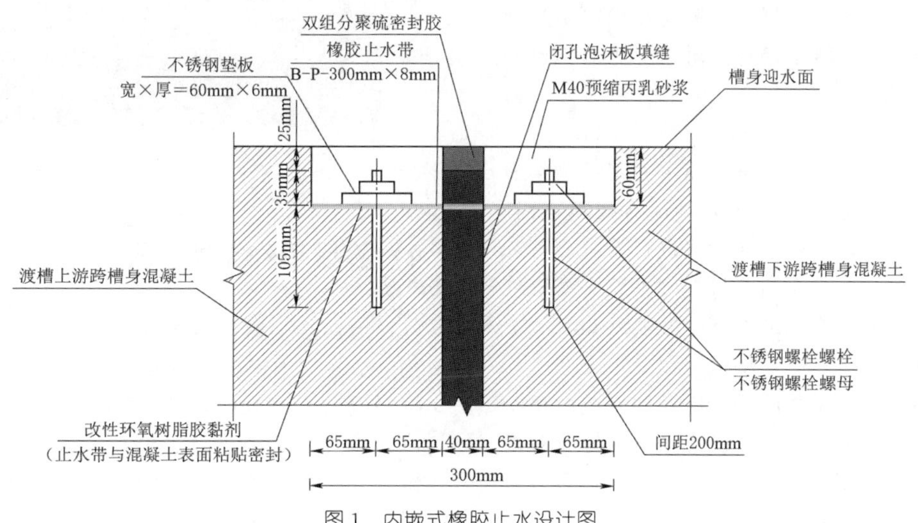

图 1　内嵌式橡胶止水设计图

焊接，按照渡槽槽身间预留伸缩缝宽度、断面长度剪切后采用特殊性能组合的胶粘剂与混凝土面粘接即可，此止水系统易于安装，操作简单；③槽身预留槽内直接填充密封胶，避免出现空隙；④后期若发生渗水、漏水等质量问题需要检修时，直接拆除原防水胶带，取出密封胶即可，检修程序简单方便；⑤外贴式止水系统在其他引水工程中应用较多，防渗效果良好，经厂家在其他工程中应用多年，其耐久性可以满足本项目渡槽工程设计合理使用年限要求。

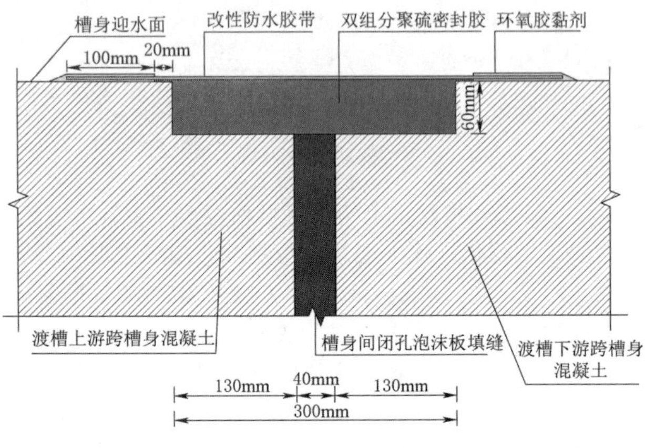

图 2 外贴式止水系统示意图

此外外贴式止水系统还具备与不同种基材粘接（混凝土、金属、PE 等），适用于干燥或潮湿（无明水）的混凝土表面、改性防水胶带，具有非常高的延展性、良好的耐腐蚀性、耐高温和耐紫外线等优点。

3 外贴式止水系统施工技术

外贴式止水系统施工工艺流程如下：槽身预留基槽→基槽混凝土面处理→密封胶填充→涂刷第一道胶粘剂→防水胶带铺设→涂刷第二道胶黏剂。

1. *槽身预留基槽*

渡槽槽身混凝土浇筑时利用定型钢模板预留槽身间伸缩缝基槽，待完成所有渡槽槽身混凝土施工后，再处理预留基槽混凝土面。

2. *基槽混凝土面处理*

首先采用钢丝刷将基槽混凝土表面水泥浆及杂物清理干净，清理过程中若发现混凝土基础面有蜂窝麻面、边角破损等质量缺陷，可调配水泥砂浆进行修补。若基槽混凝土表面不平整，可采用角磨机打磨平整。基槽处理平整、杂物清除完成后方可进入下一工序施工。

3. *密封胶填充*

采用抹泥刀将黏稠状密封胶涂在已处理完成的槽身伸缩缝基槽中，涂抹厚度与槽身内壁齐平，涂抹胶液时要连续、均匀，不能缺胶，整个基槽内应饱满地填充密封胶，不允许有间隙，最后将密封胶表面抹平。

4. *涂刷第一道胶黏剂*

待密封胶凝固后在基槽两侧涂刷胶黏剂，首先在基槽边缘约 5cm 的位置涂刷第一道触变性环氧胶黏剂，涂刷宽度为 130mm、厚度为 2mm，从槽身直墙段顶部顺着基槽边缘往下均匀涂刷胶黏剂，由于胶黏剂较为黏稠，为避免在槽身底部聚集，需在基槽边缘位置从上至下往返多次涂刷，确保胶黏剂涂刷均匀。

5. *防水胶带铺设*

第一道胶粘剂涂刷完成后立即进行防水胶带施工，防水胶带采用厚 2mm、宽 510mm 的西卡 FPO（改性聚烯烃）外贴式止水带，此胶带耐紫外线，耐超大形变，且无须打钉固定，改性环氧胶黏剂化学粘接，环氧与 FPO（改性聚烯烃）止水带粘接强度可达到 4.1N/m，粘接性能非常好。

防水胶带采用人工铺设，首先将胶带剪切为与渡槽槽身断面一致的大小，然后从槽身底面开始粘贴，底面粘贴完成后再粘贴槽身两侧直墙段。施工时两人相互配合，一人负责粘贴，另一人按压，确保胶带与胶黏剂紧密贴合。

6. *涂刷第二道胶黏剂*

胶带粘贴完成后即可涂刷第二道胶黏剂，涂刷宽度为 100mm、厚度为 2mm，涂刷第二遍胶黏剂的边缘位置应与之前涂刷的胶黏剂衔接平顺，以减小后续输水水流冲刷的压力，胶黏剂要掩盖防水胶带，涂抹后将其表面涂刷平整。矩形和 U 形渡槽外贴式止水系统实施完成状态如图 3 和图 4 所示。

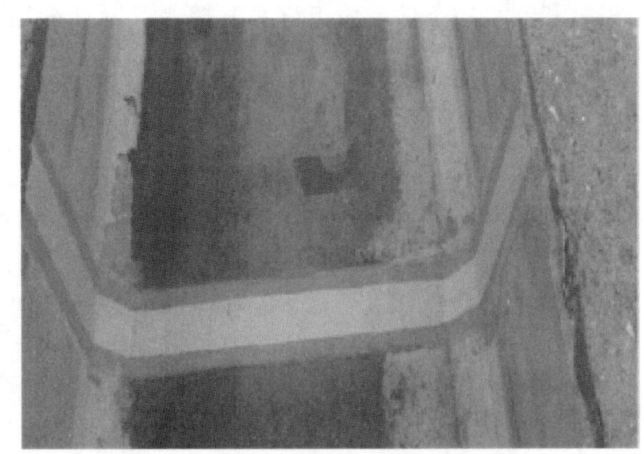

图 3 矩形渡槽外贴式止水系统实施完成状态

4 渡槽槽身蓄水试验

为检验渡槽槽身外贴式止水效果，选取较短的渡槽（节省成本资源）更杨渡槽为蓄水试验点。更杨渡槽槽身段全长 144m，12 跨槽身，13 个伸缩缝，槽身为矩形，槽身断面尺寸为 1.42m×1.42m（宽×高），蓄满水量为 290m^3。由于断面较小，槽身两端采用混凝土封堵，外侧采用砂＋黏土编织袋进行围挡，然后将水管与

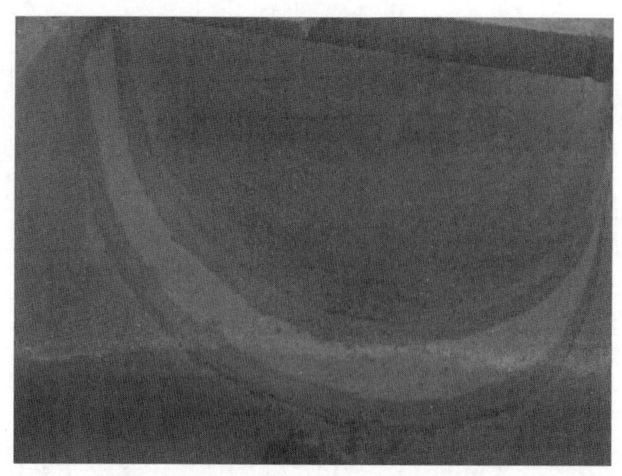

图 4　U 形渡槽外贴式止水系统实施完成状态

图 5　更杨渡槽槽身蓄水试验

洒水车连接，再往槽身中注水，待槽身蓄满水后，静停观测 30d。

试验期间，槽身止水缝并未发现有渗水、漏水现象，观测时间结束后将槽身内蓄满的水排出，并检查止水系统外观质量，也未发现有脱胶、开裂等缺陷，说明止水效果良好，与内嵌式橡胶止水相比，外贴式止水系统更适用于此工程渡槽槽身伸缩缝止水施工。

5　外贴式止水系统实际应用

高性能外贴式止水系统在引水渡槽中应用较为广泛，而且实际应用效果很好，如安庆污水处理厂污水池伸缩缝、甘肃白银景泰川第一泵站渡槽伸缩缝采取的就是外贴式止水系统，利用 FPO（改性聚烯烃）外贴式止水胶带和触变型改性环氧胶黏剂进行伸缩缝止水。工程投入使用后，未曾出现渗水、漏水现象。

6　工程实施效果

更杨渡槽工程槽身伸缩缝共 667 条，止水总长度 6.19km，已全部施工完成，经蓄水试验发现 25 条伸缩缝处有渗水痕迹，部分渗水原因是槽身端头底部混凝土振捣不密实，其中 11 处渗水点是由于粘贴改性防水胶带前未清理混凝土表面水泥浆，导致防水胶带与混凝土面粘接不牢固发生渗水，已返工处理。更杨渡槽槽身蓄水试验如图 5 所示。

岜特渡槽工程伸缩缝质量验收合格 642 条，合格率为 96.3%。工程试通水后未发现伸缩缝有渗水现象，岜特渡槽工程已顺利通过验收，基本可以投入运行使用。岜特渡槽工程试通水如图 6 所示。

外贴式止水系统在其他类似工程项目中也有使用案例，甘肃白银景泰川第一泵站渡槽如图 7 所示，均可正常运行，为当地人民提供供水便利条件。

图 6　岜特渡槽工程试通水

图 7　甘肃白银景泰川第一泵站渡槽

7　结语

外贴式止水系统相比内嵌式橡胶止水来说，简化了施工工艺，所用材料少，操作简单，减少了成本投入与后期检修的费用，同时还能确保渡槽槽身伸缩缝止水满足工程使用要求。外贴式止水系统技术成熟，可为其他类似渡槽工程止水设计选择外贴式止水系统进行施工提供参考。

参考文献

[1]　何猛，邓小飞，李会雄．渡槽伸缩缝止水施工技术［J］．广西水利水电，2022（6）：57－59．

[2]　国家发展和改革委员会．水工建筑物止水带技术规范：DL/T 5215—2005［S］．北京：中国电力出版社，2005．

混凝土面板堆石坝垫层坡面修整碾压及乳化沥青喷涂技术

史晓欢/中国水利水电第十二工程局有限公司

【摘　要】 面板堆石坝垫层坡面采用乳化沥青防护施工方法，提高了施工质量、加快了施工进度，减少了对面板的约束阻力，为后续同类工程积累了丰富经验。

【关键词】 混凝土面板堆石坝　垫层料坡面　乳化沥青喷涂　施工技术

1 引言

混凝土面板堆石坝垫层坡面防护施工是大坝施工的一个重要项目，目前采用的施工方法和技术有斜坡碾压砂浆法、挤压边墙法和翻模固坡法。由于保护层贫混凝土与后期浇筑的面板混凝土同质，两者间层间摩阻约束较大；面板在水压、自重、温变等因素作用下发生变形或坝体沉降变形时，较易引发面板开裂等结构性缺陷。

为减少挤压边墙、碾压砂浆与混凝土面板之间的约束，减少面板裂缝发生概率和程度，采用喷涂乳化沥青的方法，充填垫层料表面孔洞，形成表面相对光滑、致密，与混凝土面板异质的柔性隔离层。面板堆石坝上游坡面采用乳化沥青防护施工方法提高了施工质量、加快了施工进度，减少了对面板的约束阻力。

2 设计参数

（1）斜坡碾压及设计指标见表1。

表1　　斜坡碾压及设计指标

指标	碾压指标			碾压前设计指标		碾压后设计指标	
	洒水量/%	碾压设备	碾压遍数	<5mm含量/%	<0.075mm含量/%	孔隙率/%	渗透系数/(cm/s)
参数	5	10t斜坡碾	8	22～40	<5	<17	1×10^{-2}～1×10^{-3}

（2）乳化沥青技术指标。乳化沥青主要原材料为G3改性乳化沥青和人工砂。G3改性乳化沥青是采用SBR乳胶作为主改性剂，匹配G3复合乳化剂，用内掺法生产的改性乳化沥青，进场后按要求进行检测，检测合格后方可投入使用。乳化沥青主要技术指标见表2。

表2　　乳化沥青主要技术指标

主要技术指标	要　求
筛上剩余量	过1.18mm筛，不大于0.10%
电荷	＋
拌和稳定度	慢裂
标准黏度 c	30～50
蒸发残留物	≥53%
蒸发残留物性质	针入度（100g，25℃，80～110s）为0.1mm
	延伸度（5cm/min，25℃）不小于20cm
	溶解度（三氯乙烯）不小于97.5%
	软化点为53℃
储存稳定性	5d时不大于5%
	1d时不大于1%
黏附性试验	裹覆面积不小于2/3

3 施工方法

3.1 斜坡碾压施工

1. 施工工艺流程

垫层斜坡修整碾压施工工艺流程如图1所示。

2. 施工方法

垫层坡面修整碾压的施工方法与要求如下。

（1）测量放线。直线段按照6m×6m网格做控制点，圆弧段以圆心为中心靠近面板分缝线进行布点，并在分缝线以内适当插点。控制点采用竹片作为控制桩，插入垫层坡面，按测量结果拉吊线，预留5～8cm沉

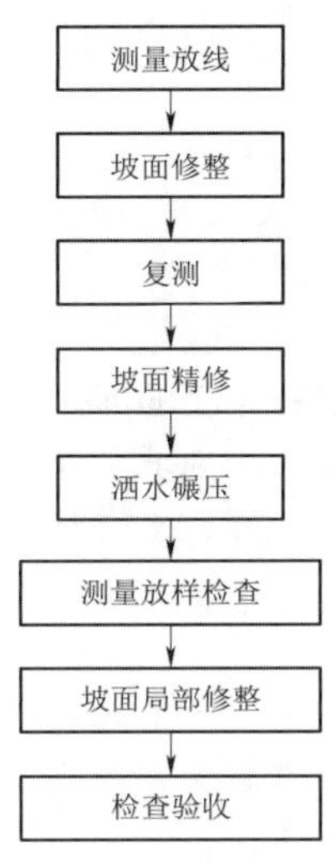

图 1　垫层斜坡修整碾压施工工艺流程图

降量。

(2) 坡面粗修。对坡面超填的部位，采用人工用锄头自上而下修整，剥除吊线以上的垫层料；对坡面欠填的部位，由自卸车运料至坝顶，在坝顶布置下料斗，连接溜槽，通过溜槽下料进行欠填部位的修补施工；修整后的坡面平整，超欠范围为－8～＋5cm。

(3) 坡面细修。测量检查，对不合格部位进行坡面仔细修整后，重新测量布线检查。

(4) 洒水。垫层坡面修整完成后，对需要碾压的坡面用人工进行洒水湿润，采用均匀雾状洒水，洒水提前4h进行，并控制好洒水量。洒水量以不能冲击坡面、对坡面造成破坏为准，确保垫层碾压质量。

(5) 斜坡碾压。斜坡碾压由 10t 卷扬机通过安装在挖掘机上的导向滑轮牵引 10t 斜坡振动碾进行施工。碾压参数根据生产性碾压试验成果及监理工程师批复意见确定。碾压时只在上坡时振动、不在下坡时振动，采用错距法，前后两次碾压应有搭接，碾迹重叠 5～10cm，碾压过程中振动碾速度控制在 1.5km/h 以内，匀速碾压。斜坡碾压施工示意如图 2 所示。

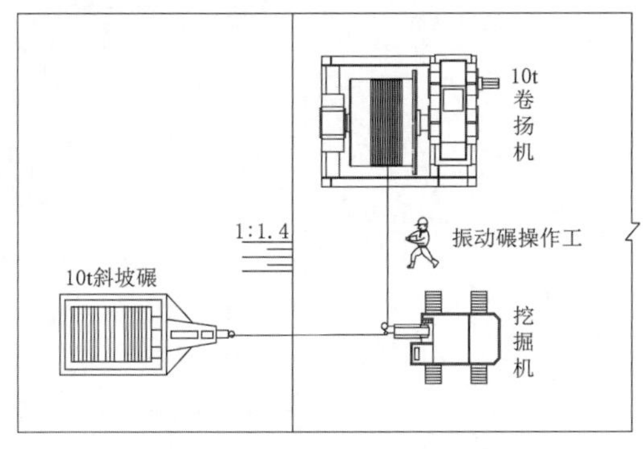

图 2　斜坡碾压施工示意图

碾压完成后由测量人员按规定的设计边坡线再次进行测量放样，坡面与设计边线的偏差不超过 5cm，超高 5cm 的需用人工削除，亏坡超过 8cm 处按相关规定进行修补，达到设计要求边坡线后方可进行下一步工序。在周边缝附近的坡面，人工用平板夯加强夯实。

(6) 检查验收。碾压完毕后采用挖坑注水法检测干密度是否符合设计要求，对不合格区域需要补碾至合格，合格后办理隐蔽验收合格证签证手续。

3.2　乳化沥青施工

垫层坡面压实合格后，尽快进行坡面防护，防止雨水冲刷坡面，防护措施为喷涂乳化沥青。

乳化沥青施工工艺流程如图 3 所示。

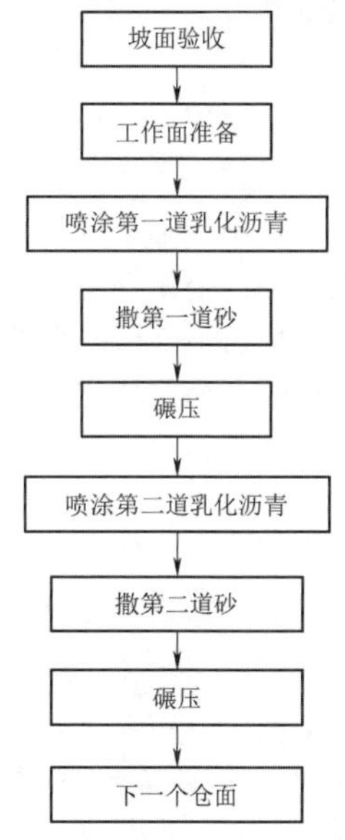

图 3　乳化沥青施工工艺流程图

1. *施工方法*

(1) 喷涂第一道乳化沥青。用沥青泵将沥青加压输送到管道中，乳化沥青操作手手持喷枪在坡面上下、左右移动，将雾化的乳化沥青无缝均匀喷涂在工作面上，压力以乳化沥青能充分雾化并能将工作面松散砂料和灰尘吹开为宜，约 1.2MPa。

(2) 撒第一道砂。沥青喷涂作业完成 2h 后开始撒砂，撒砂手操作撒砂机，随着卷扬机上、下拖动砂机，实现工作面无缝覆盖撒砂。

(3) 碾压（一碾）。撒砂施工结束后，即用卷扬机上、下拖动撒砂机，利用可转向的撒砂机碾轮将工作面均匀无缝碾压一遍。

(4) 喷涂第二道乳化沥青，撒第二道砂。待“一油一砂”固化后，再用相同方法在“一油一砂”的表面进行第二遍乳化沥青喷涂和撒砂。

(5) 碾压（二碾）。在“二油二砂”喷撒完成后，沥青未固化前，利用自带滚轮轻碾一遍。待沥青固化后，与砂料黏结形成“二油二砂”柔性结构薄层，约 3～5mm。

2. 质量控制

(1) 第一遍沥青喷涂前，将坡面彻底清理、清扫干净，坡面盈亏符合设计要求。

(2) 乳化沥青喷涂应适当，以临界流淌为准，第一遍喷涂量为 1.1～1.2kg/m^2，第二遍喷涂量为 1.0～1.1kg/m^2。

(3) 每遍砂料应均匀撒布，无缝覆盖沥青表面，每遍撒布量约为 0.002～0.0025m^3/m^2。

(4) 在乳化沥青完全破乳前完成撒砂，在乳化沥青彻底固化前完成碾压。

4 质量保证措施

(1) 大坝填筑质量采用“双控”法控制，坝体填筑前，进行现场填筑碾压试验，施工过程中严格按照碾压试验参数实施，并做好施工记录。每个单元填筑块必须验收合格后才能进入下一个循环施工。

(2) 加强料源管理，不合格料坚决不能上坝。

(3) 上坝填筑运输车辆保持相对固定，并在车上挂明显的标识牌，便于坝面作业人员指挥监控。运输及卸料过程中，防止颗粒分离。在运输过程中物料保持湿润，卸料高度加以限制。

(4) 做好测量控制及标记，尤其要重视分界线的测量标记，严格控制铺料厚度。

(5) 填筑压实参数由现场试验确定，经监理人确认后严格执行。压实机具的类型与规格、行车速度与方向、各分区的铺层厚度、碾压遍数、加水量等均需符合施工参数规定要求。

(6) 填筑压实后坝料的孔隙率、渗透系数等指标必须符合设计要求。

5 安全措施

(1) 施工人员佩戴安全帽。

(2) 随时检查悬挂钢管的部件焊点及钢丝绳。

(3) 垫层料上游人工削坡及乳化沥青喷洒时，所有人员系好安全带、安全绳，患有高血压、心脏病、贫血以及其他不适合高边坡作业的人员不得进行高边坡作业。

(4) 边坡修整按从上至下的顺序进行，坡面上的松动石渣应及时处理，严禁交叉作业。边坡上方有人作业时，边坡下方严禁站人。

6 结语

混凝土面板堆石坝垫层斜坡喷涂乳化沥青防护与传统砂浆防护相比，施工操作相对简单、干燥固化快，降低了施工过程中的安全风险。同时减少了因施工时间过长而带来的各种不确定因素。在适应性方面，其能够适应不同的气候条件和施工环境，无论是在高温、低温还是潮湿的环境下，乳化沥青都能保持较好的性能。同时，乳化沥青环保节能无须加热，其生产和施工过程中能源消耗较低，具有节能的优点。除上述特点外，斜坡喷涂乳化沥青防护还可以降低面板刚性约束。乳化沥青喷涂技术可从施工质量、成本、安全环保等方面为类似工程提供借鉴。

混凝土面板堆石坝挤压边墙一次成型平整度提升技术路径

李威威　刘会建　杨岁明/中国水利水电第十二工程局有限公司

【摘　要】 夹岩水利枢纽工程混凝土面板底部挤压边墙施工过程中，由于前期技术偏差和施工工艺选择的偏差，导致挤压边墙一次成型平整度不满足要求。经对现场已完成的施工情况进行现状样本调查、整理分析，确定了影响挤压边墙一次成型平整度的主要因素，针对性地制定了实施对策，最终在工程质量、经济效益方面取得了较为满意的效果。

【关键词】 面板堆石坝　挤压边墙　平整度　测量放样　基础找平

1　引言

夹岩水利枢纽工程主体大坝为混凝土面板堆石坝，坝址位于七星关区与纳雍县界河六冲河中游潘家岩处，大坝最大坝高为154.0m，坝顶长424.26m。混凝土面板堆石坝一般采用混凝土面板+混凝土趾板+防渗帷幕进行挡水，但在大坝坝体填筑期间，由于混凝土面板尚未施工，坝前垫层料易受暴雨的冲刷而流失[1]。夹岩水利枢纽工程采用挤压边墙的方式对上游垫层料进行防护，同时挤压边墙也是混凝土面板直接支承体的一部分，挤压边墙的施工质量直接影响到混凝土面板裂缝的产生。

夹岩水利枢纽工程挤压边墙由374层断面为直角梯形的单元组成，每个单元断面顶宽100mm、底宽660mm、高400mm，上游迎水面坡比为1：1.4。挤压边墙标准断面如图1所示。挤压边墙根据大坝面板混凝土分期浇筑情况分两期施工，一期挤压边墙施工高程为1175.00～1266.00m，二期挤压边墙施工高程为1266.00～1324.61m。现场施工使用坍落度为零的一级配干硬性C5混凝土，采用边墙挤压机一次性挤压成型，累计填筑工程量约1.224万m^3。

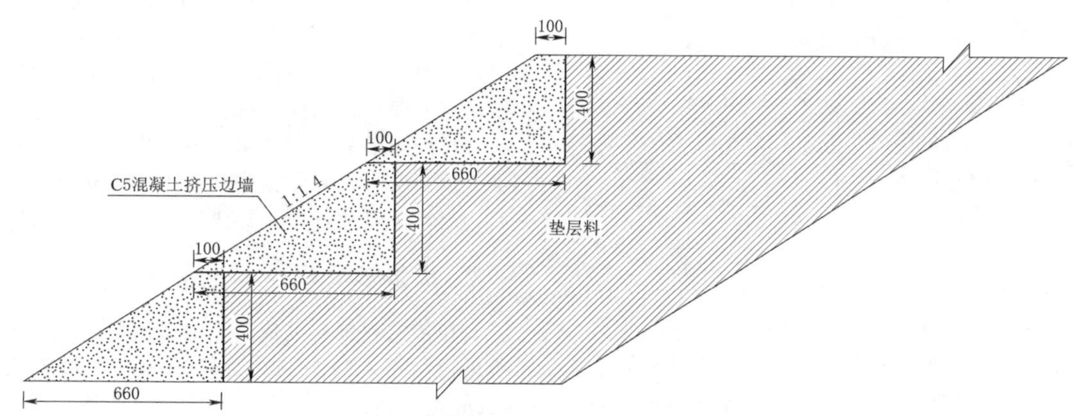

图1　挤压边墙标准断面图（单位：mm）

2　挤压边墙质量问题分析

现场技术人员在挤压边墙施工过程中发现边墙表面凹凸起伏较为明显，已施工完成的挤压边墙坡面平整度合格率不足30%，部分区域平整度偏差甚至达到20.0cm。难以满足《贵州省夹岩水利枢纽及黔西北供水工程大坝坝体填筑施工技术要求》中“成墙后上游侧斜面位置与设计坡面位置误差应控制在5cm以内”[2]的指标要求。

2.1 现场调研

项目部安排测量人员对已施工完成的挤压边墙表面进行 3m×3m 网格测量，并从中随机选择了 4 个连续高程范围内的 60 个测量点作为样本。通过对 60 个测量点进行统计，发现样本 4 合格的测量点为 13 个、不合格测量点为 47 个，平整度偏差最小值为 1.6cm、最大值为 20.0cm、平均值为 10.47cm，平整度合格率仅为 21.7%，挤压边墙平整度与设计技术指标相差较大。

通过对挤压边墙施工的初步分析，确定影响挤压边墙一次成型质量的因素包括：挤压边墙基础（垫层料）平整度、GPS 测量放点偏差、挤压边墙机行走轨迹、挤压边墙外侧边线拉线等。挤压边墙一次成型的质量问题调查与频数统计见表 1、表 2。

表 1　挤压边墙一次成型的质量问题调查表

序号	检查项目	测量点/个	不合格测量点/个	合格测量点/个	合格率/%
1	挤压边墙基础（垫层料）平整度	50	30	20	40.0
2	GPS 测量放点偏差	50	20	30	60.0
3	挤压边墙机行走轨迹	50	5	45	90.0
4	挤压边墙外侧边线拉线	50	5	45	90.0
5	其他	50	4	46	92.0
合计		250	64	186	74.4

表 2　挤压边墙一次成型的质量问题频数统计表

序号	检查项目	频数	累计频数	频率/%	累计频率/%
1	挤压边墙基础（垫层料）平整度	30	30	46.9	46.9
2	GPS 测量放点偏差	20	50	31.3	78.2
3	挤压边墙机行走轨迹	5	55	7.8	86
4	挤压边墙外侧边线拉线	5	60	7.8	93.8
5	其他	4	64	6.2	100
合计		64		100	

挤压边墙一次成型差的质量问题饼分图如图 2 所示。影响挤压边墙平整度的主要因素为挤压边墙基础平整度差和 GPS 测量放点偏差，累计频率达到 78.2%，是关键的少数项，也是要解决的主要问题。

2.2 要因与对策分析

对挤压边墙每道施工工序进行了详细的检查、复核，将可能影响挤压边墙表面平整度的因素进行整理、归纳。挤压边墙一次成型平整度偏大原因分析关联如图 3 所示，平整度影响因素要因确认见表 3。经综合分析，

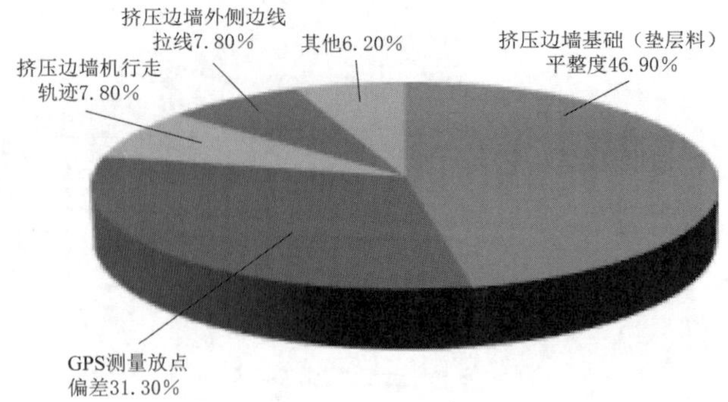

图 2　挤压边墙一次成型差的质量问题饼分图

确认影响因素主要为测量精度和挤压边墙基础平整度。趾板建基面开挖平整度影响要因对策见表 4。

针对测量设备选型与测量控制问题，提出如下对策：①改用全站仪测量放样、校核；②项目部测量员放样过程跟踪，数据复核；③控制点加密。

针对挤压边墙基础找平施工工艺问题，提出如下对策：①碾压前机械粗平整、人工平整；②碾压后，测量复核基础平整度；③人工进步平整，并碾压密实。

3 对策措施实施情况

3.1 施工全程复核、精细化测量

挤压边墙测量放样相对精度要求高，GPS 在测量过程中由于受人造卫星星历、电离层与对流层的折射影响，以及观测、接收机时钟误差、接收机的位置、多路径效应等的影响，导致测量存在误差，不能很好、很快地实现准确测量。全站仪适用于局域测量，精度较高。故将原来的 GPS 测量放样、校核改为徕卡全站仪测量放样、校核。同时，对挤压边墙机外沿控制点进行加密，由原来每 10m 设置一个控制点变成每 5m 设置一个控制点，使放样精度大幅度提高。

挤压边墙的放样测量任务均由项目部熟练的专职测量人员负责，并对数据进行严格的复核计算，复核无误后，出具测量放样单，再进行下一道工序的施工。

3.2 优化施工工艺

在垫层料铺料完成后，对垫层料层面首先采用挖掘机进行粗平，粗平结束后，采用人工对靠近上游坡面 70cm 范围内的垫层料进一步进行平整；上一层垫层料碾压完成后，由测量人员立即对挤压边墙基础面平整度进行复核检查，基础平整度不满足±2.5cm 的部位，由人工根据测量数据对层面进一步平整处理，接着再次碾压密实，直至平整度满足设计规范要求。

3.3 效果检查

各项对策实施后，统计 2019 年 6—7 月挤压边墙一

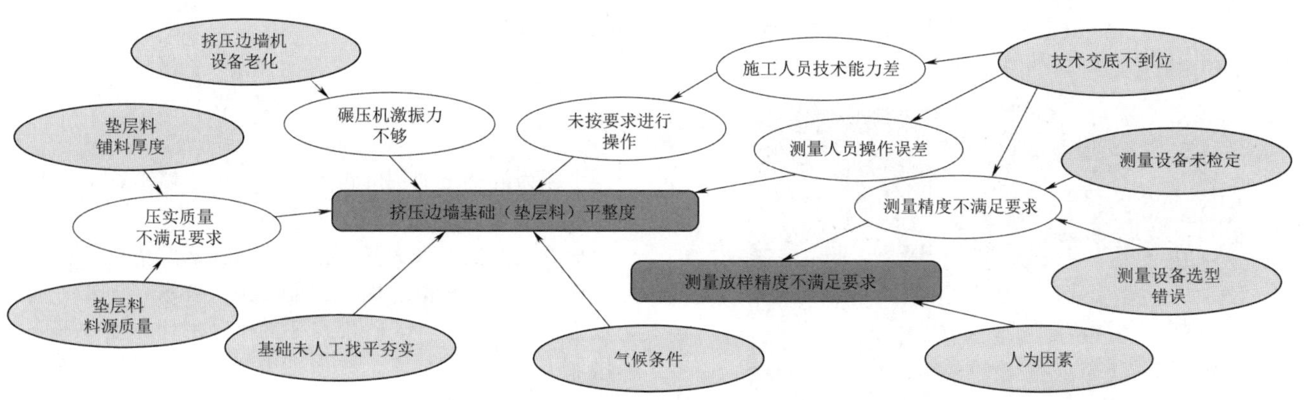

图3　挤压边墙一次成型平整度偏大原因分析关联图

表3　挤压边墙一次成型平整度影响因素要因确认表

序号	末端原因	确认标准	确认结果	确认结果
1	技术交底不到位	上岗前对员工进行交底并简单测试	检查项目部对施工队的交底记录已全覆盖，测试均合格	非要因
2	挤压边墙机设备老化	挤压效率以及成型质量	设备效率一般，故障率较高，设备保养不及时，经复核不影响挤压边墙成型平整度	非要因
3	测量设备未检定	是否在检定期限内	测量仪器均在校准期限内	非要因
4	垫层料铺料厚度	是否按照碾压试验要求铺料	现场铺料厚度均满足碾压试验要求	非要因
5	垫层料料源质量	检查料源包络线	试验检测料源均满足设计包络线要求	非要因
6	测量设备选型错误	误差范围是否满足精度要求	通过GPS与全站仪设备放样精度比较，GPS放样不满足精度要求	要因
7	人为因素	测量员、技术员、施工员、质检员均为熟练工	关键工序施工及管理人员均具有多年施工经验，并能熟练掌握各工序控制重点	非要因
8	基础未人工找平	平整度控制在±1.5cm	现场未按5m一个断面进行平整度复核检查，不满足规范要求	要因
9	气候条件	技术要求	不影响施工效果	非要因

表4　趾板建基面开挖平整度影响要因对策表

序号	主要原因	对　策	措　施	责任部门
1	测量控制	施工全程复核，精细化测量	(1) 改用全站仪测量放样、校核。 (2) 项目部测量员放样过程跟踪，数据复核。 (3) 控制点加密	测量队
2	施工工艺及参数	优化施工工艺，精细化施工流程	(1) 碾压前机械粗平整、人工平整。 (2) 碾压后，测量复核基础平整度。 (3) 人工进步平整，并碾压密实	质量管理科

次成型平整度。共计检查50个检测点，检测点中最大值为5.6cm，最小值为−5.2cm，平均值为1.08cm，合格检测点为47个，合格率为94%，挤压边墙一次成型平整度总体控制效果较好。

3.4　巩固措施

为了巩固工程中取得的良好质量效果，项目部编制了《挤压边墙施工作业指导书》，经技术负责人批准后实施，为后续的挤压边墙施工中提供技术指导；并加强了施工过程中的质量控制和监督检查。

将制定的巩固措施应用到后续挤压边墙施工中，并随机抽查50个检测点，检测点中平整度最大值为5.6cm，最小值为−5.4cm，平均值为1.06cm，合格检测点为48个，合格率为96%，较对策实施期94%的合格率有所提高，证明巩固措施有效。

4　工程实施效果

贵州夹岩水利枢纽工程二期挤压边墙施工通过采用“施工全程复核、精细化测量”及“优化施工工艺”等措施，挤压边墙一次成型平整度合格率由最初的不足30%提升至执行措施后的94%，甚至在后期巩固措施实施后，合格率提高至96%。二期挤压边墙一次成型平整度总体控制效果较好，如图4所示。

图4　二期挤压边墙一次成型效果图

5　结语

作为混凝土面板的持力层，挤压边墙平整度满足设计技术要求，将大大减少挤压边墙对面板的约束[3]，使面板裂缝产生率大大降低，保证面板的整体稳定性。因一期面板底部挤压边墙平整度不满足要求，导致一期面板施工中增加了M5砂浆找平工作（平均厚度约8cm），增加了工程施工成本。该项目为混凝土面板堆石坝坝体填筑挤压边墙成型施工和质量控制的施工积累了经验，为下一步挤压边墙施工提供了技术指导，可供同类工程施工借鉴。

参考文献

[1]　冯友文，谭其志，刘少东．挤压边墙快速施工技术在高面板堆石坝中的应用研究［J］．水利水电快报，2019，40（6）：48-51.

[2]　罗代明，冯俊，骆应刚．贵州省夹岩水利枢纽及黔西北供水工程大坝坝体填筑施工技术要求［R］．贵阳：贵州夹岩水利枢纽工程公司，2016.

[3]　马现军，李威威，杨岁明，等．夹岩水利枢纽工程混凝土面板防裂技术［J］．水利水电快报，2020，41（9）：86-89.

贝雷架在超高大跨度及空间受限启闭机平台施工中的应用

罗永华/中国水利水电第十二工程局有限公司

【摘　要】 广西桂平扩机工程尾水事故闸门启闭机平台净高45m，净跨21m且空间受限。平台混凝土现浇模板支撑采用钢管满堂支撑架或钢梁支撑等方式时无法确保混凝土施工安全。经多方案比选，采用贝雷架作为模板支撑架。通过贝雷架科学布设、荷载试压、监测及制定切实的拆除方案，解决了在超高大跨度及空间受限条件下进行大吨位现浇混凝土模板支撑的难题，顺利完成了施工，其技术成果及施工经验可供类似工程参考。

【关键词】 启闭机平台　超高大跨度　空间受限　贝雷架

1　引言

贝雷架又称贝雷片、贝雷梁或贝雷桁架，最先在第二次世界大战时期由一名英国工程兵发明，以解决战争期间桥梁快速架设的需求，并以他的名字命名。我国装配式公路钢桥（简称“321”钢桥），是在其基础上结合我国实情研制而成的快速组装桥梁。近年来因其适合较大跨度、较高梁板现浇的支撑架施工，具有大型移动模架和钢管满堂支撑架所不具备的优势，已广泛应用到桥梁工程、水利水电工程施工中。

广西桂平航运枢纽水电站扩机工程位于广西壮族自治区贵港市桂平市市区，系在原桂平航运枢纽左岸增加一台机组，机组装机容量为25MW（1台套灯泡贯流式机组），为低水头径流式电站。尾水事故闸门启闭机型号为2×2500kN固定卷扬式启闭机。启闭机平台位于厂房尾部，长25m、宽7.95m，顶高程为51.5m，尾水闸底板高程为5.5m，平台净高45m。平台采用C25（2）W6F50钢筋混凝土现浇板梁结构，板厚0.2m，最大梁厚1.5m、宽1m、净跨21m。启闭机平台上游为副厂房，下游为尾水渠，左侧有高程20m和32.6m的临时道路，右侧为一期围堰基坑。启闭机平台具有重量重、高度高、跨度大且空间受限的特点，采用钢管满堂支撑架及钢梁支撑等方式进行模板支撑施工难且安全风险大，同时因平台关系到启闭机、尾水事故闸门安装，涉及项目度汛，必须保质快速安全完成。为此，项目开展多方案对比分析研究，通过支撑架受力验算等方式，最终选择贝雷架作为启闭机平台现浇混凝土模板支撑架。

2　模板支撑方案选择

根据钢管脚手架安全技术相关规范要求，满堂支撑架搭设高度不宜超过30m，高宽比不宜大于3。该启闭机平台若采用钢管脚手架支撑，则支撑净高将达到45m，大于30m，高宽比为45/6.55=6.9，大于3，因此钢管脚手架方案需专项论证。

启闭机平台若采用大型工字钢做支撑架，主梁采用50b工字钢，工字钢长度为23m，跨度为21m，每25cm铺设一根，铺设22根（共51.1t），则复核计算其最大挠度值为182mm＞21000/400=52.5(mm)，不满足规范要求，此方案不可行且不经济。即使启闭机平台先进行下部梁预制，再通过大吨位吊机吊装，板以梁为支撑进行现浇，但因单根梁重达95t，现场空间受限，无适宜吊装平台，该方案也不可行。

结合贝雷架适合较大跨度、较高梁板的现浇混凝土支撑施工的特点，广西桂平扩机工程尾水事故闸门启闭机平台现浇混凝土模板支撑架确定采用贝雷架进行模板支撑，通过合理布置、设计及结构安全验算，经分析方案可行。

3　贝雷架模板支撑设计

桂平扩机工程尾水事故闸门启闭机平台现浇施工支架型式采贝雷架+钢管立柱支撑方式。贝雷架选用11组双排单层加强型贝雷架（每组贝雷架宽63cm、高1.7m，由12片3m×1.5m贝雷片、2片2.5m×1.5m

贝雷片和加强弦杆组成）和4组单排单层加强型贝雷架（每组贝雷架宽18cm、高1.7m，每组由6片3m×1.5m贝雷片、1片2.5m×1.5m贝雷片和加强弦杆组成，布置于大梁HL4下），作为启闭机平台现浇混凝土模板支撑架。贝雷片选用国产标准321型，16Mn钢，采用专用插销拼装接长，相邻两组贝雷片采用连接杆加固。贝雷架下部采用钢梁和Q-235螺旋钢管立柱支撑，钢梁采用双拼588×300H型钢，钢管立柱采用直径为609mm、壁厚16mm钢管，通过法兰盘连接而成。尾水事故闸门启闭机平台混凝土模板支撑架施工如图1所示。

4 贝雷架及上部脚手架安全结构验算

4.1 贝雷架安全结构验算（按均载复核）

4.1.1 贝雷架及上部总受力

贝雷架及上部总受力$G=1.2\sum N_{GK}+1.4\sum N_{QK}=1.2\times(G_1+G_2+G_3+G_4+G_5+G_6+G_7+G_8+G_9)+1.4\sum N_{QK}=6630.62$kN。式中$G_1$为ZL1梁重，$G_2$为HL2梁重，$G_3$为HL3梁重，$G_4$为HL4梁重，$G_5$为HL5和TL1梁重，$G_6$为板重，$G_7$为架上模板和脚手架重，$G_8$为20b工字钢重，$G_9$为贝雷支架重。倾倒混凝土荷载取1.0kN/m^2；混凝土振捣冲击荷载取2kN/m^2；施工活载荷载取6.0kN/m^2。

4.1.2 贝雷架安全结构验算

贝雷架承受最大正弯矩$qL^2/8=1096.09$kN·m＜3375kN·m，满足结构安全要求。

贝雷架承受最大剪力$qL/2=230.7$kN＜490kN，满足结构安全要求。

贝雷架最大挠度$y_{max}=5qL^4/384EI=0.034$m。式中，$q$为贝雷梁上所受的均布荷载，kN/m；$L$为跨度；$EI$为抗弯刚度，采用加强型双排单层的抗弯刚度，取2425224.48kN·m^2。$|y|_{max}/L=0.034/19=0.0018<1/400$，满足结构安全许可挠度要求。

4.2 贝雷架安全结构验算（按最不利荷载复核）

该工程最不利荷载为HL4梁（厚1.5m、宽1m）荷载，其下选用1组加强型双排单层贝雷架和2组加强型单排单层贝雷架。

4.2.1 受力分析计算

HL4梁下贝雷梁及上部总受力：$G=1.2\sum N_{GK}+1.4\sum N_{QK}=1316.12$kN。加强型双排单层贝雷架每米受力$q=31.34$kN/m；加强型单排单层贝雷架每米受力$q=15.67$kN/m。

4.2.2 贝雷架安全结构验算

加强型双排单层贝雷架承受最大正弯矩$qL^2/8=1129.93$kN·m＜3375kN·m；加强型单排单层贝雷架承受最大正弯矩$qL^2/8=564.97$kN·m＜1687kN·m；均满足结构安全要求。

加强型双排单层贝雷架承受最大剪力$qL/2=297.73$kN＜490kN；加强型单排单层贝雷架承受最大剪力$qL/2=148.87$kN＜245kN；均满足结构安全要求。

加强型双排单层贝雷架承受最大挠度$5qL^4/384EI=0.044$m，$0.044/L=0.0023<1/400$，满足结构安全许可挠度要求。加强型单排单层贝雷架承受最大挠度为$5qL^4/384EI=0.022$m。$0.022/L=0.0012<1/400$，满足结构安全许可挠度要求。

4.3 贝雷梁上部脚手架的安全结构验算

贝雷梁上部脚手架按支撑最不利荷载HL4梁荷载进行验算，其设计参数如下：横向间排距0.6m，步距0.6m，立杆上端伸出至模板支撑点长度0.1m，脚手架搭设高度0.61m；脚手架安全等级为Ⅰ级；钢管采用ϕ48.3mm×3.2mm，盘扣立杆材质采用Q355，其他材质采用ϕ48.3mm×3.5mm、Q235；扣件连接方式主要为承插型盘扣式；模板底支撑连接方式为钢管（ϕ48.3mm×3.5mm）支撑；模板底钢管的间隔距离为0.3m；经复核$N/(\phi A)=64.26$MPa＜300MPa，立杆稳定性通过验算。

5 型钢＋钢管立柱安全结构验算

5.1 型钢安全结构验算

1. 线分布荷载

钢梁及上部荷载设计总重量$G=1.2\sum N_{GK}+1.4\sum N_{QK}=6694.54$kN，受力钢梁上部线分布荷载为936.30kN/m。

2. 截面选择

支撑钢梁计算跨度为2.5m，跨中最大弯矩$M_{max}=qL^2/8=731.48$kN·m，$\sigma=M_{max}/w_n$，$[\sigma]=215$MPa，$\sigma<[\sigma]$，$w_n\geqslant3402$cm^3。

钢梁选用双拼588×300H型钢，安全系数为4020cm$^3\times2/3402$cm$^3=2.36$。

3. 钢梁最大挠度

$Y_{max}=5qL^4/(384E\times2I)=0.96$mm，$L/400=6.25$mm，0.96mm＜6.25mm，满足结构安全要求。

4. 悬挑钢梁最大应力和抗剪力

悬挑钢梁受力段长1.6m，钢梁上的悬挑荷载$q'=1.2\sum N_{GK}+1.4\sum N_{QK}=111.21$kN/m。

悬臂H型钢梁最大弯矩$M_{max}=q'L^2/2=142.35$kN·m。

最大应力$M/W=35.41$MPa，$f=215$MPa，35.41MPa＜215MPa，满足结构安全要求。

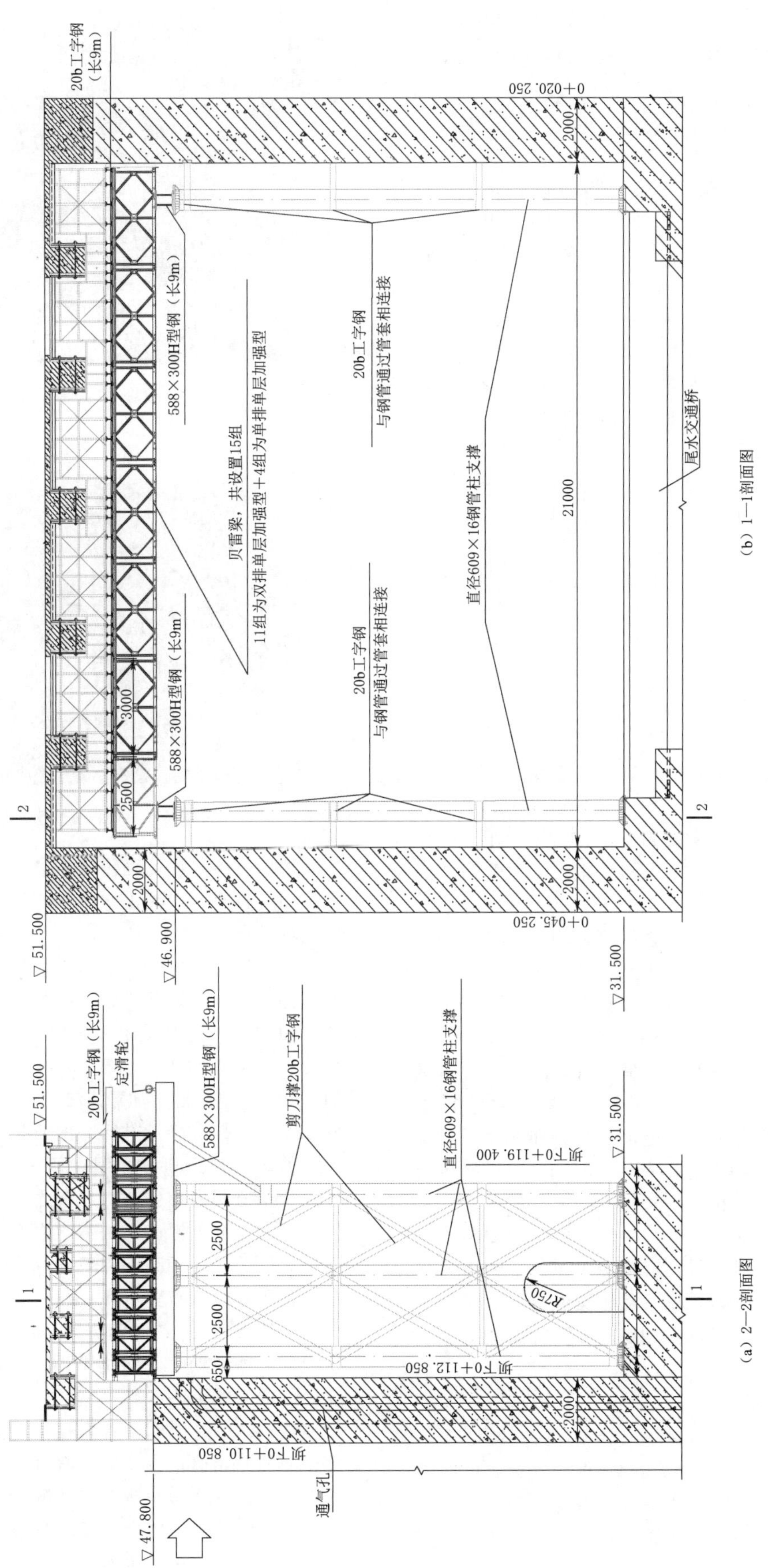

（a）2—2剖面图

（b）1—1剖面图

图1　尾水事故闸门启闭机平台混凝土模板支撑架施工图（高程单位：m，尺寸单位：mm）

最大抗剪力 $q'L=142.35/2\times1.6=113.88$（kPa），$f_v=125$MPa，0.11MPa＜125MPa，满足结构安全要求。

5.2 钢管立柱安全结构验算

设计 6 根 Q－235 螺旋钢管立柱，钢管的抗压、抗弯强度设计值为 215MPa，弹性模量为 2.6×10^5MPa；直径为 609mm，壁厚 16mm，截面积为 0.0298m^2；钢管柱之间的最大间距为 2.5m，钢管长度为 15.4m。承受最大荷载的钢管为中间钢管，中间钢管所受荷载 $G=1.2\sum N_{GK}+1.4\sum N_{QK}=1773.75$kN，最大压应力 $\sigma_{max}=59.52$MPa＜215MPa；最大支反力为 1773.75kN，满足结构安全要求。ϕ609mm×16mm 螺旋钢管的回转半径为 21.85cm，其长细比 $\lambda=1540/21.85=70.5$，查表得稳定系数 $\phi=0.75$。稳定性安全系数 $K=[\sigma]/(\sigma_{max}/\phi)=215/(59.52/0.75)=2.71>1.5$，满足结构稳定要求。

6 贝雷架安装及试压

6.1 贝雷架安装

贝雷架安装前，先进行钢管立柱及钢横梁的安装。共设 6 根 Q－235 螺旋钢管立柱，左、右侧各 3 根，钢管立柱直径为 609mm、壁厚 16mm、长度为 15.4m。钢管立柱支于尾水事故闸门墩墙高程 31.5m 平台上，采用在平台打膨胀螺栓的方式与之连接，钢管立柱节与节间采用法兰盘进行接长连接，钢管立柱之间采用焊接 I20 工字钢作为平联和斜撑，以加强钢管柱的稳定性。钢管立柱先在基坑内进行法兰连接安装，然后再用人工配合 150t 履带吊进行吊装。钢管立柱安装完成后，进行钢横梁安装。钢横梁采用 2 拼 588mm×300mm H 型钢，钢横梁间及钢横梁与钢立柱间采用间隔焊，吊装方法与钢管立柱相同。贝雷架先在尾水渠右侧基坑内进行安装（共 15 组），然后采用人工配合 150t 履带吊将贝雷梁按组整体吊装至钢横梁上进行安装。由于启闭机平台上游空间受限，安装顺序按 15 号→14 号→……→3 号→2 号→1 号从上游往下游方向进行吊装。贝雷架安装如图 2 所示。贝雷架安装完成后，再铺设 I20 工字钢横梁作为上部脚手架支架支垫，横梁与贝雷梁纵梁间用骑马卡琐死，保证横梁位置稳定。支撑架安装后面貌如图 3 所示。

6.2 贝雷架试压

为检查贝雷支架的安全性，确保施工安全，同时测量预压时支架产生的弹性变形值和塑性变形值，在贝雷梁搭设完毕后，对全部贝雷梁支架进行预压。预压荷载取贝雷梁支架所承受的结构恒载之和的 1.2 倍。

图 2　贝雷架安装

图 3　支撑架安装后面貌

预压材料：该工程预压重量较重，空间较小，采用常规预压材料（混凝土块、钢筋等）很难堆放，故租用配重块进行贝雷梁预压。

分级加载：配重块采用履带吊或塔吊吊运至贝雷梁上进行预压。支架预压分三级加载，第一级加载预压荷载值的 60%，即贝雷梁加载 225t；第二级加载预压荷载值的 80%，即贝雷梁加载 300t；第三级加载预压荷载值的 100%，即贝雷梁加载 375t。每级加载完成后，应每隔 12h 对支架沉降量进行一次测量，当支架顶部沉降量平均值小于 2mm 时，再进行下一级加载。

预压监测内容：监测加载之前的监测点标高、每级加载后的监测点标高、加载至预压荷载值的 100%后每隔 24h 的监测点标高、卸载 6h 后的监测点标高。

预压监测点布置：在每孔支架位置设置 5 个监测断面（两端支点处、1/4 跨处、1/2 跨处），每个监测断面布置 5 个监测点，分别位于左右侧翼板外边缘、1/4 宽度处、中心线上。

观察次数及时间：首先在预压前观察一次，并记录预压前的原始值；在分级加载过程中，每级加载完成后立即开始沉降变形观测，待观测结果表明支架稳定后方可进行下级加载；待全部预压荷载加完后，每日观察一次，并计算其每一时段的沉降量。

在全部加载完成的支架预压监测过程中，当满足下列条件之一时，应判定支架预压合格：①各监测点最初24h的沉降量平均值小于1mm；②各监测点最初72h的沉降量平均值小于5mm。

预压成果分析及预拱度设置：将在加载前、加载作用下、卸载稳定后测得的数据进行比较，得出支架的总沉降值$\Delta h_{总}$、非弹性变形值$\Delta h_{塑}$和弹性变形值$\Delta h_{弹}$。根据实际情况进行综合分析并做出结论：经过预压后，认为非弹性变形已经消除，支架底模板的标高只需根据弹性变形值进行精调，即支架底模板标高＝设计标高＋$\Delta h_{弹}$。

7 平台模板安装、混凝土浇筑

平台下脚手架采用盘扣式满堂脚手架，按照施工图进行搭设，搭设完成后，进行启闭机平台模板安装。启闭机平台模板底模采用18mm厚的胶合板，铺装成整体模板，侧模选用木模。梁板留预拱30mm。

混凝土入仓采用一台天泵进行浇筑，避免因地泵增大模板、支架各方向受力从而产生塌架。浇筑从中间向两边分层浇筑，分层厚度按40cm左右控制，按先梁后板顺序浇筑。混凝土振捣采用插入式振捣器振捣，插入振捣厚度要伸入下一层混凝土5～10cm。混凝土浇筑过程中要派专人检查模板、拉条。浇筑前在平台顶部设置监测点进行跟踪监测。

8 贝雷架拆除

启闭机平台混凝土强度达到设计强度的100%后，先进行平台模板及平台下部脚手架的拆除，然后再进行贝雷架、型钢及钢管立柱拆除。总体拆除顺序如下：平台模板及其下脚手架拆除→20b工字钢拆除→1号、2号、3号、……、15号贝雷架拆除→588mm×300mm的H型钢拆除→钢管立柱拆除。

平台模板及其下脚手架拆除采取人工拆除。贝雷架拆除时，应结合贝雷架结构及空间受限的特点，拆除吊装设备采用80t汽车吊，将80t汽车吊停靠在高程20.0m平台进行吊装。贝雷架拆除从下游向上游进行，通过吊机按组整体吊出。因大部分贝雷架在平台下方，空间受限，无法直接吊出，吊装存在较大困难，故在贝雷架拆除前，先在588mm×300mm H型钢下游位置（平台外加长位置）安装一个定滑轮，吊机缓慢向上吊，通过定滑轮将贝雷架从启闭机平台下水平移出，然后再将贝雷架分组吊出。贝雷架移出和拆除如图4和图5所示。

588mm×300mm的H型钢吊装应先切割开其与钢管立柱间的焊接部分，然后用吊机系着型钢下游侧缓慢吊起后再吊走。钢管立柱拆除时，先切割开钢管立柱间

图4　贝雷架移出

图5　贝雷架拆除

的连接件，然后采用吊机吊住钢管立柱上部，再拆除钢管立柱与混凝土基础间的膨胀螺栓。检查所有连接件切割分开后，采用吊机将钢管立柱以根为单位整体吊出。拆下的贝雷架和钢管立柱，在基坑内拆解小后再装车运出。

9 结语

广西桂平扩机工程尾水事故闸门启闭机平台的浇筑影响着尾水闸门的安装，涉及项目度汛安全。尾水事故闸门启闭机平台现浇混凝土采用贝雷架作为模板支撑架，通过贝雷架科学布设及荷载试压、监测等安全手段，特别是对贝雷架拆除制定了切实有效的拆除方案，解决了超高大跨度及空间受限条件下大吨位现浇混凝土模板支撑的难题，施工不仅安全而且快速，为后续启闭机及闸门安装争取了时间，确保了项目安全度汛。贝雷架安装完成，试压加载至100%后，测得跨中最大沉降为30mm。启闭机混凝土浇筑时，监测发现顶面跨中最大沉降为28mm。荷载试压及混凝土浇筑时的监测结果表明，贝雷架沉降均小于理论计算值34mm，贝雷架整体安全稳定。该方案具有较为明显的经济性优势和一定的工期优势，但支撑架结构需进行严谨的安全结构验算。相关技术可供类似工程参考。

审稿人：陈振华

大直径长距离PCCP管水压试验施工技术

贺贝贝/中国水利水电第十二工程局有限公司

【摘　要】在新疆的缺水地区采用常规方法无法满足水压试验的要求，本文以JK输水管线工程为依托，通过选择最优的打压设备，满足了新疆戈壁地区大直径长距离管道水压试验要求。在新疆戈壁地区缺水条件下通过优选打压设备和优化注水方式，达到了节约水资源的目的。

【关键词】PCCP管　长距离　水压试验　打压设备

1　引言

JK输水管线工程主管道为1根 *DN*3400mm 的PCCP管及钢管，桩号34＋300～64＋782，管道长30.482km。水压试验共分为4段，第一段长350m，第二段长4.8km，第三段长16.5km，第四段长7.7km。水压试验需要试压设备及压力表、连接管、排气管、进水管和管件等工具。

本文以JK输水管线工程为依托，解决了水源缺乏地区水压试验过程中水车运水效率低下的问题，加快了水压试验进度；通过改进打压设备，提高了水压试验的效率，降低了成本。该施工技术对类似工程具有借鉴意义。

2　试验要求

管道水压试验具有如下要求：

（1）该工程压力管道应进行管道水压试验，试验合格的判定依据为允许压力降值和允许渗水量值。应在监理人或其代表在场的情况下进行水压试验。

（2）管道采用两种或两种以上管材（管型）时，宜按不同管材（管型）分别进行试验；不具备分别试验的条件时，应进行组合试验，试验阶段分为预试验阶段和主试验阶段。

（3）管道水压试验应有安全防护措施，作业人员应按相关安全作业规程进行操作。

（4）管道水压试验和冲洗消毒排出的水，应及时排放至规定地点，不得影响周围环境和造成积水，并应采取措施确保人员、交通通行和附近设施的安全。

（5）压力管道水压试验或闭水试验前，应做好水源的引接、排水的疏导等方案。冬期进行压力管道水压试验时，应采取防冻措施。

（6）安装完连续的1.0km管道后，应进行首段水压试验。首段水压试验合格后，随安装进度利用打压管逐段进行水压试验，分段长度不宜超过10km，具体分段情况应根据管道附近水源及地形情况确定；对于无法分段试验的管道，应由工程有关方面根据工程具体情况确定。

（7）管道接口全部完成第三次打压试验并验收合格，管内接口填充材料验收合格，管道内进行检查，确保清扫干净、无杂物。

（8）管线段内弯头镇墩、包封混凝土及附属建筑物混凝土浇筑完成并达到设计强度要求。附属建筑物内各种阀门、设备等均安装完成并通过验收，所有阀门均处于全开状态。

（9）压力试验设备必须是经过专业检测部门率定的专用设备，必须设置单流阀，闭水时必须能够保证水压的稳定。

（10）试压设备、压力表、连接管、排气管、进水管及管件必须进行详细检查，确保系统的严密性。

3 管道水压试验

3.1 工艺流程

管道水压试验工艺流程如下：试压准备工作→试压水源选择→试压段两端封堵→试压段临时管线、阀门、打压泵等安装→管线注水→管线强度及严密性试验→渗水量测试→泄压、排水→临时装置拆除。

3.2 试验检测项目

PCCP 管材水压试验的压力为工作压力（采用静水压力）的 1.2 倍。根据《给水排水管道工程施工及验收规范》(GB 50268—2008)，检测项目为允许压力降或允许渗水量。

（1）压力管道水压试验的允许压力降见表 1。

表 1　压力管道水压试验的允许压力降

单位：MPa

管材种类	允许压力降
钢管	0
预应力钢筒混凝土管	0.03

（2）压力管道采用允许渗水量作为最终合格判定依据时，实测渗水量应小于或等于允许渗水量。

钢管允许渗水量 $q=0.05\sqrt{D_i}=2.92$L/(min·km)，预应力钢筒混凝土管允许渗水量 $q=0.14\sqrt{D_i}=8.16$L/(min·km)。式中，q 为允许渗水量，L/(min·km)；D_i 为管道内径，mm。

采用流量计对补水、渗水过程中的流量进行测定。将允许压力降控制在 0.03MPa 内，通过流量计测得流量小于或等于允许渗流量即水压试验满足规范要求。打压过程中对补水和渗水进行记录。

3.3 打压管布置及型式

（1）选取管厂生产的打压管进行水压试验。

（2）试验段水压试验打压管设置在桩号 63＋350.749～63＋355.749 和桩号 64＋101.743～64＋106.743。

（3）因已完成标头（34＋300.000）PCCP 管安装，故标头处的打压管设置在管线Ⅰ标与试验标段标头相接的最后一根管处。

（4）第二段打压管设置在桩号 42＋014.751～42＋019.751 和 114 号排气阀。

（5）根据预留打压管的位置，打压管有两种布置型式：一种是打压管和合拢联合布置的长度 5m 的打压管；另一种是排气阀、打压管、合拢联合布置的长度 6m 的打压管。1 号打压管、2 号打压管、3 号打压管采用第一种型式布置，114 号排气阀和打压管联合布置采用第二种型式。两种布置型式如图 1 和图 2 所示。

3.4 水压试验实施

（1）注水。充水水源水质为Ⅰ～Ⅲ类，在进水口处安装流量计控制注水流量，以较慢速度注水，注水流量在 0.3m³/s 以内，以免使管道发生水锤等现象，对管道造成损坏。充水时，先打开管道高处的排气阀，充分排除空气，充满水后，用试压泵向管内注水。管道注满水时应将置于管段内的排气阀、排气孔全部打开、进行排气，如排气不良，应重新进行排气，排出的水流应连续、不得带有气泡，速度均匀时，表明气已排净。充水

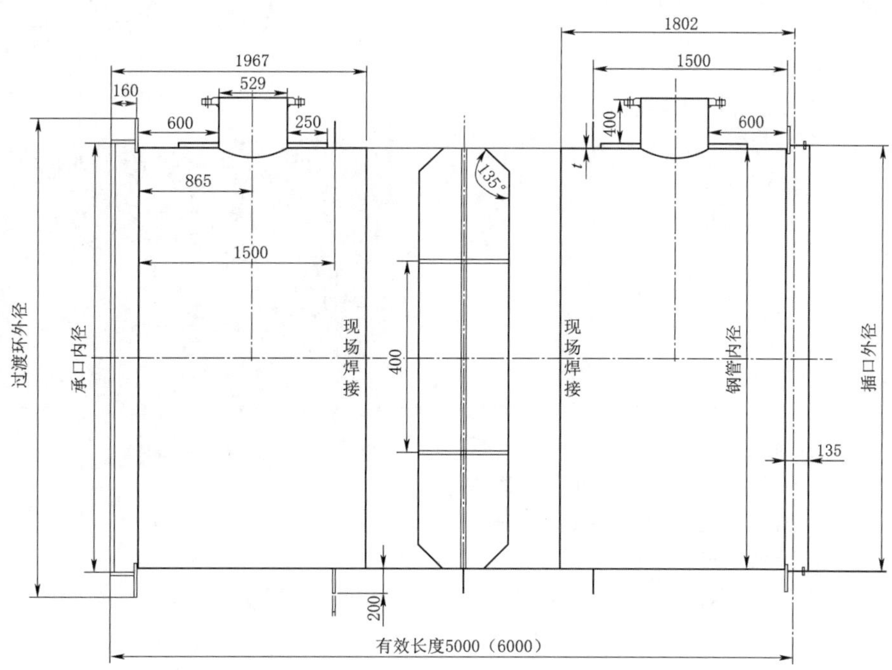

图 1　打压管和合拢联合布置型式（单位：mm）

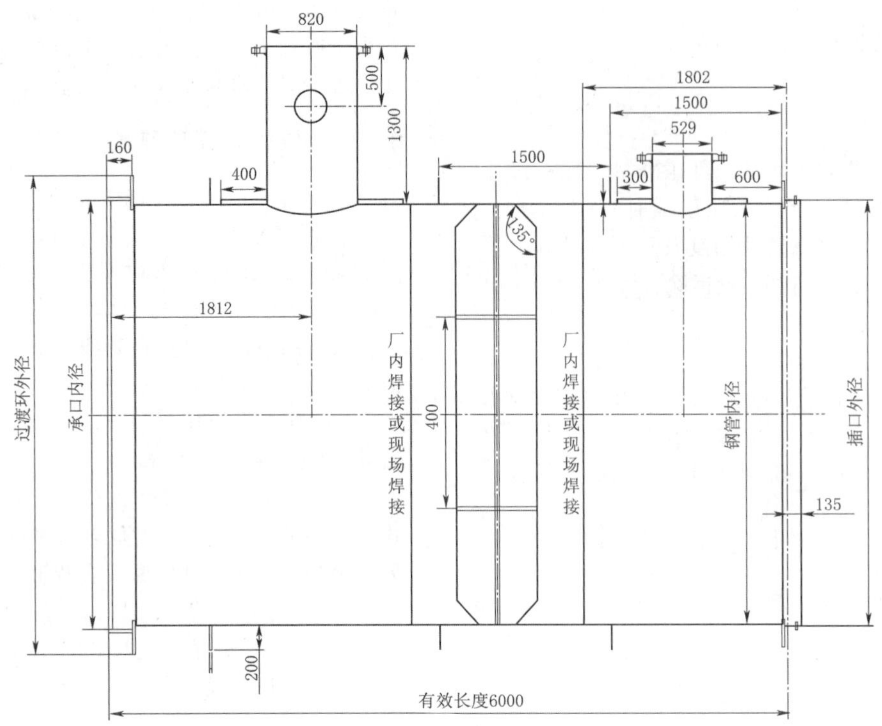

图 2　排气阀、打压管、合拢联合布置型式（单位：mm）

完成后，关闭注水口及阀门，逐个检查各个阀井及沿线管道是否存在漏水现象。

注水采用 ϕ150 的加压泵（流量为 100m^3/h），打压段每米需要 10m^3 注水量。试验段需要注水量为 7500m^3（注水需 75h），第一段需要注水量为 60340m^3（注水需 604h），第二段需要注水量为 165280m^3（注水需 1653h），第三段需要注水量为 77150m^3（注水需 772h）。

在所有阀门处于关闭状态下时，将水箱和引水管连接至水源，打开第一阀门和第三阀门以及第七阀门和第八阀门，在排除大直径管道内空气的同时注水，使每个试验段的所有大直径管道内注满水。水注满后关闭第一阀门和第三阀门以及第七阀门和第八阀门。

（2）管道浸泡。试验管段灌满水后，宜在不大于工作压力条件下充分浸泡后再进行试压，浸泡时间不少于 72h。

（3）预试验阶段的实施内容如下。

1）将打压组件的第一注水管连接在首段试验段顶端的打压管与试验段相邻的进人孔盖板上，在邻近盖板处的第一注水管上设置第二阀门，在第四阀门与压力表之间的第一注水管上设置第六阀门。

2）充分浸泡管道后，打开加压泵，并打开第二阀门、第四阀门和第六阀门，加压泵向首段试验段上注满水的管道内加压，流量计记录加压过程中的注水量，压力表实时观察管道内的压力，当管道内达到试验压力时关闭第六阀门。将管道内水压缓缓升至试验压力并稳压 30min。期间如有压力下降可注水补压，但不得高于试验压力。打压设备结构如图 3 所示。

图 3　打压设备结构图

3）检查管道接口、配件等处有无漏水、损坏现象。如有漏水、损坏现象应及时停止试压，查明原因并采取相应措施后重新试压。

4）升压可分级进行（每级 0.2MPa），每升一级后稳压不少于10min，检验管段有无渗漏处，情况正常可继续升压。

(4) 主试验阶段的实施内容如下。

1) 管压升至试验压力后，停止注水补压，稳定15min，如15min后压力下降不超过0.03MPa，则将试验压力降至工作压力并保持恒压30min，进行外观检查，管身及接口无破损及漏水现象，即为合格。

2) 管道水压试验合格后，应立即排水以解除管道内水压力，填写试压记录，经有关人员签字后归档。

3) 其他段水压试验重复上述步骤，直至所有试验段均完成水压试验。

(5) 排水的实施内容如下。

1) 各验收单位共同验收合格后，进行缓慢降压。卸压过程中不能引起管道颤动，要缓慢开关卸压阀，防止产生水锤现象，任何情况下阀门不能全开。同时逐步打开空气阀，保证管道排水过程中，空气阀能正常工作以补充气体。

2) 试压段排水根据现场实际情况，可分段开启具有排水条件的排空阀和排水孔进行自流排水，流量不大于0.3m^3/s，并采取措施，确保人员、交通通行及附近设施的安全。

3) 排水时应防止形成负压，排水过程中应注意控制阀门的开度。

4) 排水结束后，应检查排气阀及排水口处的水位，确认无危险后方可缓慢打开阀门，拆除试压临时管线、水泵及发电机等。

(6) 水压试验采用的设备、仪表规格及其安装应符合下列规定：采用弹簧压力计时，精度不低于1.5级，最大量程宜为试验压力的1.3～1.5倍，表壳的公称直径不宜小于150mm；使用前需校正并具有符合规定的检定证书；水泵、压力计应安装在试验段的两端部与管道轴线相垂直的支管上。

(7) 开槽施工管道试验前，附属设备安装应验收合格，混凝土构筑物强度应达到设计强度。

(8) 水压试验前，管道回填土应符合下列规定。

1) 管道两侧及管顶以上回填高度不应小于0.5m，且满足抗浮要求。

2) 除设计有其他要求或配备专项渗漏检测设施外，管道顶部回填土宜留出接口位置，以便检查渗漏处。

3) 当采用限制性接头作为止推措施时，接头管道两侧及管顶以上回填高度应满足设计要求。

(9) 水压试验前准备工作应符合下列规定。

1) 水压试验前应清除管道内的杂物。

2) 试验管段所有敞口应封闭，不得有渗漏水现象。

3) 除设计另有规定外，试验管段不得用闸阀做堵板。

(10) 水压试验应符合下列规定。

1) 管道升压时，管道的气体应排除；升压过程中，发现弹簧压力计表针摆动、不稳，且升压较慢时，应重新排气后再升压。

2) 应分级升压，每升一级应检查管身及接口，无异常现象时再继续升压。

3) 管道水压试验过程中，管道两端严禁站人。

4) 管道水压试验时严禁修补缺陷；遇有缺陷时应做出标记，卸压后修补。

4 试验结果

水压试验设计注水27.7万m^3，采用以上方法只需注水14万m^3，大大降低了用水量，节约了水资源。每个打压管两个进人孔采用管道和闸阀连接，通过连通原理将水引至第一段、第二段、第三段打压处，只需在一头进行注水即可将全线管道充满水。试验段水压试验于2021年8月5日16：25开始、19：20结束；第一段水压试验于2021年12月1日16：04开始、19：17结束；第二段水压试验于2022年5月19日16：43开始、19：38结束；第三段水压试验于2022年5月25日11：59开始、14：44结束。

通过选取最优的试验设备进行管道水压试验，水压试验均满足规范要求，在新疆地区严重缺水的戈壁滩，采用少量的水即完成了30km的管道水压试验，达到了预期目的，节约了水资源。

该方法适用于水源缺少及地形起伏较大地区铺设大长度管道的大直径管道水压试验，注水效率高，解决了水源缺乏地区水压试验过程中的水车运输水效率低下的问题，加快了水压试验进度。同时，该方法可以根据地区起伏及落差设置试验段的大直径管道，避免了因高差形成的管道内自压力使水压试验失败的问题。该打压装置简单、易购、易制作，可以满足大直径、地形复杂的管道打压。

5 结语

水压试验是管道施工过程中必不可少的工作，用于检验管道的安装质量。通过选择适用于水压试验的打压设备，优化水压试验方案，解决了每次试验时都需要重新安装引水管道和打压设备导致工作量增加的问题，为类似工程积累总结了经验，培养了一批具有大直径长距离管道水压试验经验的作业人员和施工管理人员。

参考文献

[1] 住房和城乡建设部. 给水排水管道工程施工及验收规范：GB 50268—2008 [S]. 北京：中国建筑工业出版社，2008.

[2] 中国水利水电勘测设计协会. 水利水电工程球墨铸铁管技术导则：T/CWHIDA 0002—2018 [S]. 北京：中国水利水电出版社，2018.

筛孔形状对特殊垫层料粗粒土级配检测结果的影响初探

毕汪汪　张曦彦　李佳威/中国水利水电第十二工程局有限公司

【摘　要】本文对粗粒土颗粒筛分时特殊垫层料1～2mm组分含量偏低的问题进行初步分析，拟出比选试验方案，通过对比和分析试验组合，最终得出其主要原因是检测器具标准未统一，降低了误判为不合格料的概率。

【关键词】土工试验筛　筛孔形状　金属丝编织网　冲孔板　电成型薄板

1　概述

面板堆石坝中，特殊垫层料位于趾板与垫层料之间，能对无黏性填料起到反滤保护作用，一般通过地弄系统将中石、小石及人工砂按照一定比例进行掺配生产获得。行业内试验所用的土工筛网中，2mm及以上的试验料采用圆形孔金属冲孔板试验筛进行颗粒筛分，1mm及以下的试验料采用方形孔金属丝编织网试验筛。本文对特殊垫层料1～2mm组分含量偏少的现象进行了分析研究，对同类工程的试验检测方法和试验器具的选取进行了分析和说明，对工程常见却易被忽视的细节进行了充分的理论研究和数据、试验分析。

根据《水电水利工程土工试验规程》(DL/T 5355—2006)中的粒组划分，巨粒土含块石、碎石，其粒径大于60mm；粗粒土含圆砾、角砾，其粒径范围为0.075～60mm。常规水电站、抽水蓄能电站的土石坝、面板堆石坝一般设计有堆石区、过渡区、垫层区等料区，这些料区的料源属于规范中所述的巨粒土、粗粒土范畴[1]。

混凝土面板堆石坝是抽水蓄能电站和常规水电站经常选用的坝型，在施工阶段，设计单位根据《混凝土面板堆石坝设计规范》(SL 228—2013)及工程实际，对堆石区、过渡区、垫层区及特殊垫层料的料源和级配提出要求。施工单位根据设计要求，通过不同的方式获得合格料源，再通过碾压试验取得满足设计要求的碾压施工参数。一般而言，堆石料的最大粒径为80cm，过渡料的最大粒径为30cm，二者可通过爆破开采的方式直接获得；垫层料的最大粒径为8cm、特殊垫层料的最大粒径为4cm，二者可通过砂石加工系统轧制的成品砂石料采用地弄等方式掺配获得，成品砂石料包含大石(40～80mm)、中石(20～40mm)、小石(5～20mm)及人工砂(<5mm)等。

面板堆石坝中，特殊垫层料作为坝前坝体结构的一部分，位于趾板与垫层料之间，宽度一般为3m，能对无黏性填料起到反滤保护作用，压实后具有低压缩性、高抗剪强度和适宜的渗透性，并具有良好的施工特性。本文所依托的大坝工程，其特殊垫层料通过地弄系统将中石、小石及人工砂按照一定比例进行掺配生产，掺配完成后需满足设计级配要求，然后运往试验场地或施工现场进行摊铺、碾压，压实后需满足设计级配要求和孔隙率要求。

特殊垫层料(ⅡB)采用石料场新鲜、微风化角闪片岩人工轧制料进行掺配加工。特殊垫层料有足够多的粒径小于5mm的颗粒含量，级配良好、内部结构稳定。根据主要技术指标要求，颗粒最大粒径不超过40mm，小于5mm颗粒的含量为45%～60%，小于0.075mm颗粒的含量为8%～12%，不均匀系数$C_u>5$，曲率系数C_c为1～3，级配连续[2]。特殊垫层料设计级配成果[3]见表1，特殊垫层料设计级配曲线如图1所示。

2　相关工程前期备料检测结果

通过砂石骨料加工系统掺配生产出一部分特殊垫层料成品料备存，特殊垫层料备料级配成果见表2，特殊垫层料备料级配曲线如图2所示，备料共检测18批次。

可以看出，18批次特殊垫层料备料曲线有一个显著的特点，即颗粒粒径为1～2mm时曲线较平缓，说明特殊垫层料中1～2mm粒径颗粒较设计要求偏少，该粒径的设计颗粒质量占比为8.5%～10%，而备料中该粒径的颗粒质量占比平均仅有3.9%。

表 1　　特殊垫层料设计级配成果表

指标	最大粒径/mm	小于某粒径的颗粒质量占比/%									
		<40mm	<30mm	<20mm	<10mm	<5mm	<2mm	<1mm	<0.5mm	<0.25mm	<0.075mm
上包线	20			100	78	60	43	33	25	19	12
平均线	30		100	88.5	68.5	53	36.75	28	21	16	10
下包线	40	100	90	77	59	45	30.5	22	16	12	8

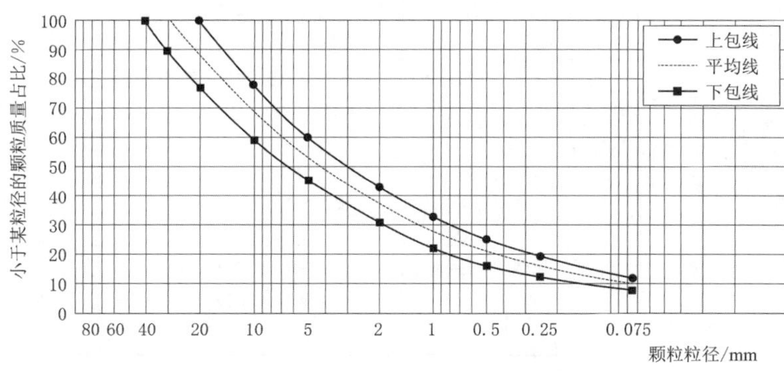

图 1　特殊垫层料设计级配曲线

表 2　　特殊垫层料备料级配成果表

指标	最大粒径/mm	小于某粒径的颗粒质量占比/%									
		<40mm	<30mm	<20mm	<10mm	<5mm	<2mm	<1mm	<0.5mm	<0.25mm	<0.075mm
上包线	20			100	78	60	43	33	25	19	12
平均线	30		100	88.5	68.5	53	36.75	28	21	16	10
下包线	40	100	90	77	59	45	30.5	22	16	12	8
生产检测平均		100	94.4	85.4	65.8	49.7	34.30	30.4	22.0	15.7	9.9
最大值		100	95.6	89.3	69.4	52.1	36.60	32.6	23.8	17.4	11.2
最小值		100	92.1	80.9	62.1	46.3	31.50	28.3	18.5	14.0	8.9

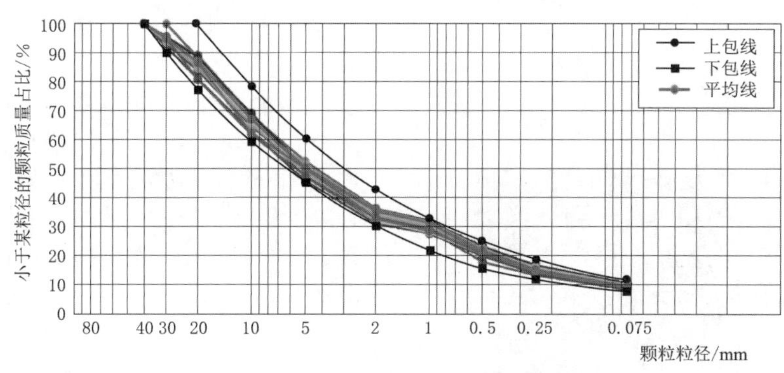

图 2　特殊垫层料备料级配曲线

3　检测结果初步分析

3.1　各方观点

检测过程中的方法、取样代表性等均符合相关规程规范要求，且各批次级配的成品料不均匀系数 C_u 均大于 5，曲率系数 C_c 均为 1～3，说明料源级配连续、级配良好。同时，1～2mm 粒径颗粒属于人工砂成品料中的组分，人工砂生产过程中没有设置 1mm 或 2mm 的筛网对该级配料进行选配，因此 1～2mm 粒径颗粒的质量占比不应该偏小。

其余参建各方认为项目部生产的特殊垫层料缺乏 1～2mm 粒径组分，不能够满足设计要求，应增加棒磨机、生产线，单独生产1～2mm粒径组分，并与成品料掺配，达到进一步改善料源品质的目的。

3.2 讨论分析及工作安排

通过对砂石加工系统生产流程、试验检测手段等进行现场检查和深层次分析，发现试验室所用的土工筛网中[4]，2mm及以上粒径的试验料采用圆形孔金属冲孔板试验筛进行颗粒筛分，1mm及以下粒径的试验料采用方形孔金属丝编织网试验筛筛分，而试验料恰好在1～2mm粒径产生了料源缺失，因此考虑试验筛的筛孔形状对检测结果产生了较大的影响。

试验室对试验筛的相关规范要求进行了梳理，见表3。

表3　试验筛的相关规范要求

序号	规　范	要　求	级别	备注
1	《土工试验方法标准》（GB/T 50123—2019）	试验筛应符合现行国家标准《试验筛　技术要求和检验　第1部分：金属丝编织网试验筛》（GB/T 6003.1）的规定	国家标准	
2	《水电水利工程土工试验规程》（DL/T 5355—2006）	对筛网、筛孔形状均未做具体要求	电力行业标准	该项目为水电项目
3	项目工地试验室检测实际做法（与当下行业做法一致）：2mm及以上粒径的试验料采用圆形孔金属冲孔板试验筛、1mm及以下粒径的试验料采用圆形孔金属丝编织网试验筛进行颗粒筛分			行业内土工试验一般用圆孔筛

4　优化试验筛方案及试验成果

4.1 试验组合及方法

基于行业内对试验筛的规范要求，采用单一变量法进行试验比选。试验组合见表4，1mm、2mm圆孔和方孔试验筛如图3所示。

表4　试验组合表

序号	试验组合	检测方法	备注
组合一	2mm圆孔＋1mm方孔	筛析法	其余筛不变
组合二	2mm圆孔＋1mm圆孔		只改变某一筛孔形状
组合三	2mm方孔＋1mm方孔		
组合四	2mm方孔＋1mm圆孔		仅作对比

图3　1mm、2mm圆孔和方孔试验筛

试验室对施工现场连续3天取样碾压后的特殊垫层料进行筛分，筛分方法如下：①将大于5mm粒径的料采用金属冲孔板试验筛进行分级筛分；②称取小于5mm粒径的料500g，通过振筛机进行机械筛分；③将5mm以下粒径的料通过换算计算整个样品的筛分结果；④对同一组5mm以下粒径的料反复收集、更换不同筛孔形状的筛网进行试验。试验过程符合相关规程规范要求。

4.2 试验成果

各试验组合的级配成果见表5，各试验组合级配曲线如图4～图6所示。

4.3 分析与结论

通过对级配成果及曲线进行分析，得出以下结论。

1. 曲线点的移位

将组合二与组合一比较，曲线上的$d_{30.2}$由1.31mm（小于1.31mm粒径的颗粒质量占比为30.2%）向右移动至1mm位置处，采用对数函数下的线性内插法进行计算，得到1mm方孔试验筛的筛孔等效于1.31mm圆孔试验筛的筛孔。颗粒粒径为1～2mm时曲线的平缓现象消失，颗粒粒径为0.5～1mm时曲线的平缓现象出现。

将组合三与组合一比较，曲线上的$d_{35.0}$由1.38mm向左移动至2mm位置处，理论计算得出2mm圆孔试验筛的筛孔等效于1.38mm方孔试验筛的筛孔。颗粒粒径为1～2mm时曲线的平缓现象消失，颗粒粒径为2～5mm时曲线的平缓现象出现。

2. 累积曲线的区间变化率大

试验组合中，1mm方孔试验筛换成1mm圆孔试验筛后，小于1mm粒径的颗粒质量占比由30.2%降低为27.2%，变化比例仅为9.9%，而1～2mm粒径的颗粒

表 5　　各试验组合级配成果表

指标	最大粒径/mm	小于某粒径的颗粒质量占比/%									
		<40mm	<30mm	<20mm	<10mm	<5mm	<2mm	<1mm	<0.5mm	<0.25mm	<0.075mm
上包线	20			100	78	60	43	33	25	19	12
平均线	30		100	88.5	68.5	53	36.75	28	21	16	10
下包线	40	100	90	77	59	45	30.5	22	16	12	8
组合一		100	92.6	83.8	67.8	53.5	35.00	30.2	21.9	15.4	8.9
组合二		100	92.6	83.8	67.8	53.5	34.90	27.2	21.9	15.4	8.9
组合三		100	92.6	83.8	67.8	53.5	40.20	30.4	21.9	15.4	8.9
组合四		100	92.6	83.8	67.8	53.5	40.30	27.4	21.9	15.4	8.9

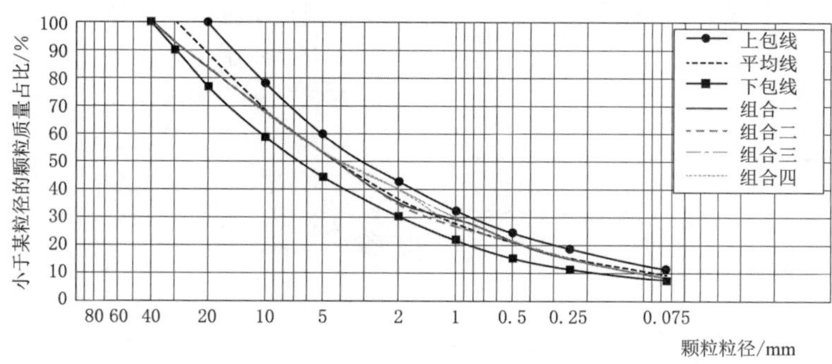

图 4　各试验组合级配曲线

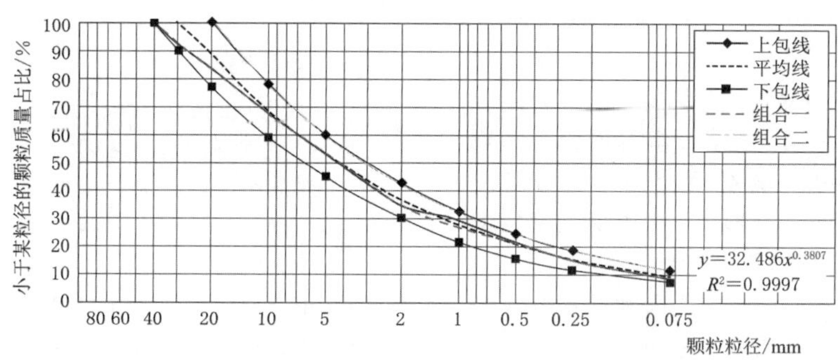

图 5　组合二（2mm 圆孔＋1mm 圆孔）级配曲线

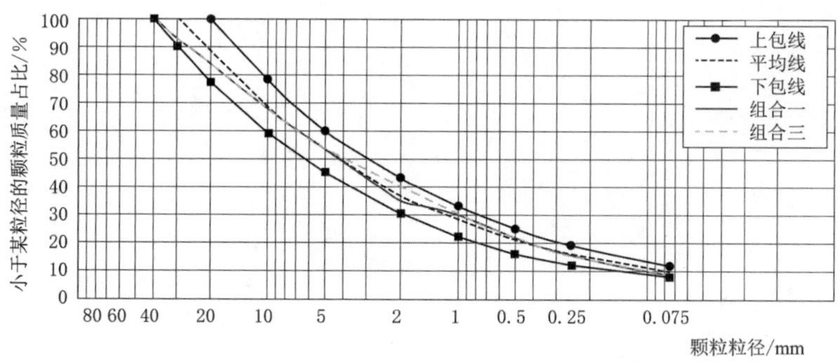

图 6　组合三（2mm 方孔＋1mm 方孔）级配曲线

质量占比由 4.8%提高到 7.7%，变化比例达到 60.4%；2mm 圆孔试验筛换成 2mm 方孔试验筛后，小于 2mm 粒径的颗粒质量占比由 35%提高为 40.2%，变化比例为 14.9%，而 1～2mm 粒径的颗粒质量占比由 4.8%提高到 9.8%，变化比例达到 100%。通过对比试验进行反向推演，得到如下结论：因粗粒土级配曲线是累积曲线，1mm 试验筛筛孔的形状如由统一的圆孔突变为方孔，将使较多颗粒通过试验筛，减少了留滞于 1mm 试验筛上的颗粒质量，使得原本属于 1～2mm 粒径的料骤减 37.7%，直接导致粒径 1～2mm 处曲线的平缓[5]。

3. 曲线表观特征放大

对数函数曲线会从表观上放大曲线平缓的特征，导致参建各方对特殊垫层料级配曲线中某一档料缺失的判断产生一定的影响。

5 试验筛后续应用方案的确定

5.1 试验筛指标信息

根据《试验筛 金属丝编织网、穿孔板和电成型薄板 筛孔的基本尺寸》（GB/T 6005—2008）的规定，试验筛适用范围见表 6。

表 6 试验筛适用范围

试验筛类型	筛孔形状	筛孔直径或边长
金属丝编织网试验筛	方形	20μm～125mm
金属冲孔板试验筛	圆形或方形	圆形 1～125mm，方形 4～125mm
电成型薄板试验筛	圆形或方形	圆形 5～500μm，方形 5～500μm

5.2 试验筛的选用

根据当下行业的常规做法，土工试验筛的筛孔一般用圆孔，根据表 6 中试验筛的适用范围，计划采用 0.5mm、0.25mm、0.075mm 圆形筛孔的电成型薄板试验筛进行粗粒土颗粒筛分试验，以确保试验曲线的真实性，并能够在同一检测水平、满足筛网尺寸设计分级的条件下客观地反映大坝填筑料质量，进一步对垫层料及特殊垫层料生产过程中所使用的合理的成品骨料掺配比例提出指导性意见。

6 结语

本文对粗粒土颗粒筛分检测中特殊垫层料粒径 1～2mm 组分含量偏低的问题进行初步分析，拟出比选试验方案，通过对比和分析试验组合，最终得出其主要原因是检测器具标准未统一。基本可以认为使用地弄系统掺配所获得的特殊垫层料的级配连续、良好，满足设计要求，降低了误判为不合格料的概率。同时，通过研究分析，使项目避免了在砂石骨料加工系统中引进棒磨机、增加单独生产粒径 1～2mm 料并与成品料掺配的生产线，节省了特殊垫层料被当作不合格料处理所需花费的挖装、运输费用，节约了砂石加工系统改造建设和特殊垫层料重新掺配的成本，创造了极其可观的经济效益。

参考文献

[1] 陈瑞. 岩土工程勘察土工试验中的常见问题剖析与处理方法探讨 [J]. 建筑工程技术与设计，2017 (24)：1655.

[2] 杜俊，侯克鹏，梁维，等. 粗粒土压实特性及颗粒破碎分形特征试验研究 [J]. 岩土力学，2013 (S1)：155-161.

[3] 刘杰. 混凝土面板坝碎石垫层料最佳级配试验研究 [J]. 水利水运工程学报，2001 (4)：1-7.

[4] 谢向东，张泽琳，章智伟，等. 振动筛筛孔形状和筛网材料对筛分效率影响的仿真研究 [J]. 中国矿业，2022 (2)：135-140.

[5] 宋玉琴. 粒子形状对筛分分级特性的影响 [J]. 矿山机械，2001 (10)：42-47.

审稿人：李林

受限空间高水头潜孔弧形闸门安装

吉智勇/中国水利水电第十二工程局有限公司

【摘　要】 贵州省夹岩水利枢纽及黔西北供水工程泄洪洞弧形工作闸门由于受边界条件变化、交叉施工、受限空间、工期等因素限制，安装过程中遇到了诸多安装技术难题。本文介绍了施工主要过程，通过增设临时吊装平台、在液压启闭机平台位置预埋吊装穿引孔等方法，解决了安装技术难题。

【关键词】 泄洪洞　受限空间　潜孔　弧形闸门　安装

1　引言

大型水电站的设计水头普遍较高，为适应大型水库调度需要，确保工程安全，一般均在泄洪洞出口设置高水头弧形闸门，用于宣泄洪水。高水头弧形闸门与低水头弧形闸门相比，安装过程复杂，精度要求高，且安装工序需在土建施工过程中穿插进行，安装难度更高。贵州省夹岩水利枢纽及黔西北供水工程泄洪洞弧形工作闸门是高井筒布置型式的潜孔式弧形闸门，由于现场施工条件变化，弧形闸门安装过程中受变化边界条件、交叉施工、受限空间、工期等多重因素叠加影响，常规安装方法无法实施。如何在采用非常规施工方法的情况下确保安装质量和施工安全是必须解决的技术难题。

2　闸门特性

夹岩水利枢纽泄洪洞弧形钢闸门采用单吊点液压式启闭机进行动水启闭，布置在泄洪洞进水塔底部，弧形闸门底槛高程为1265m，工作时弧形闸门顶部高程为1272.5m，液压启闭机平台高程为1286.9m，塔筒顶部高程为1329.2m。

弧形闸门共1套，采用1台QHSY3000kN/1100kN－9.8m/10m深孔弧形闸门液压式启闭机进行启闭，操作方式为现地手/电动、远控。液压启闭机上方布置有1台QD320kN/50kN－16m检修桥机，操作方式为现地电动。弧形闸门主要参数见表1。泄洪洞进口布置如图1所示。

表1　弧形闸门主要参数

序号	名　称	参　数
1	闸门型式	潜孔式弧形钢闸门
2	孔口尺寸/m	5.6×6
3	孔口数量/孔	1
4	设计水头/m	62
5	总水压/kN	31380
6	运行方式	动水启闭
7	支承方式	直支臂、球面关节轴承
8	最大运输单元尺寸（长×宽×高）/(m×m×m)	5.48×3.2×1.3
9	运输、吊装单元最大重量/t	28.3

3　安装难点分析

1. 吊装位置及空间受限

由于泄洪洞井筒为高耸结构，周边无可供汽车吊吊装布置站位的场地，并且弧形闸门吊装时，顶部启闭机平台已形成，受平台阻隔，大部分闸门构件吊装需在约5.6m×12m×22m（长×宽×高）的受限空间内完成。

2. 受限空间内吊装难度大

由于受液压启闭机平台阻隔，且弧形闸门安装位置狭小，弧形闸门吊装受到限制。

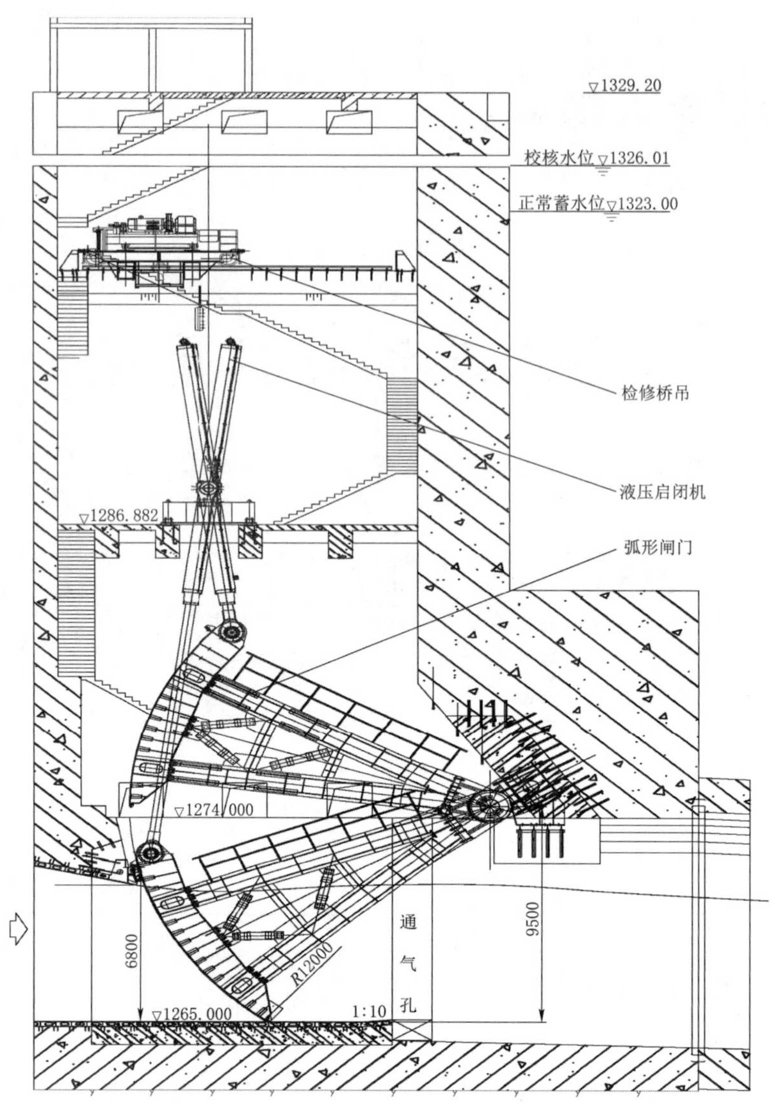

图1 泄洪洞进口布置图（高程单位：m，尺寸单位：mm）

3. 交叉施工难度大

由于总体进度要求，顶部井筒塔体浇筑施工时，弧形闸门安装同步进行，对弧形闸门安装作业人员安全影响大。

4 安装前规划

针对该工程弧形闸门安装的特点，由于受吊装场地限制、液压启闭机平台阻隔、场地狭小等问题影响，常规吊装作业受到限制，需提前在土建开始施工前或施工过程中进行规划吊装设置。在井筒左侧增设临时吊装平台，便于支铰大梁采用汽车吊吊装就位。考虑到支铰吊装时，支铰大梁顶部转角混凝土影响，将转角部位混凝土由一期改为二期，并在支铰顶部原一期混凝土位置预埋吊钩，便于吊装就位后，采用手拉葫芦将活动支铰临时调整到位。为打通液压启闭机平台隔断，顺利实现检修桥吊采用液压启闭机室吊装，根据闸门各构件就位吊点位置，在各吊点正上方液压启闭机平台位置预埋吊装用钢丝绳 PVC 管穿引孔，然后利用吊装钢丝绳将闸门构件与检修桥吊连接，辅以手拉葫芦和导向系统，将闸门各构件吊装就位。为确保安装人员交叉施工安全，在液压启闭机室检修桥吊上部设置防护网和防护棚。预埋吊装钢丝绳穿引管布置如图 2 所示。

5 安装程序

泄洪洞弧形闸门安装流程如图 3 所示。

6 安装方法

6.1 底槛安装

弧形闸门底槛分 5 节制造，节间采用封板连接，厂内组拼合格后运输至安装现场，单件卸车至泄洪洞洞口

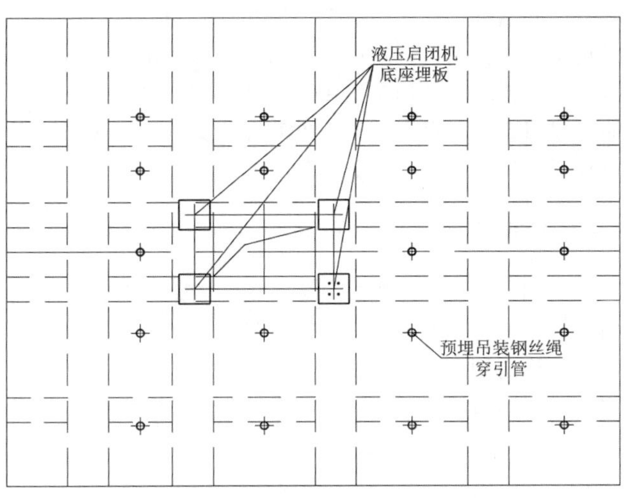

图 2　预埋吊装钢丝绳穿引管布置图

底板处，采用手拉葫芦移运至安装位置。先焊单节底槛与搭接筋连接焊缝，再焊搭接筋与插筋连接焊缝，最后焊接各分节底槛节间底封板连接焊缝。底槛固定后其高程、对孔口和门槽中心线的偏差、工作表面平面度及扭曲度应符合设计及规范要求。底槛安装完成并检查合格后浇筑二期混凝土。弧形闸门底槛布置如图 4 所示。

6.2　支铰钢梁安装

支铰钢梁的安装在塔体浇筑至不影响汽车吊臂杆工作仰角且液压启闭机平台未施工前完成，利用布置在泄洪洞塔体左侧回填石渣平台处的汽车吊进行吊装。支铰钢梁吊装示意如图 5 所示。吊装前，将钢梁座板安装在支铰钢梁上，支铰钢梁吊装至钢梁平台后，采用 2 只手拉葫芦与千斤顶将支铰钢梁缓慢移运至已安装好的钢梁支架上。支铰钢梁安装以底槛上的孔口中心线及高程为基准，调整、测量、焊接加固完成后，采用经纬仪、水平仪、钢丝线等复测安装尺寸，做好安装记录。

6.3　侧轨安装

单侧侧轨分节制造，在现场采用节间螺栓连接，面板采用单侧 V 形坡口封焊。为确保闸门安装质量，侧轨待闸门启闭划弧试验确定无卡阻后，再行调整加固。因此侧轨安装分为两步，第一步，待弧形闸门支铰及油缸吊装完成后，将侧轨采用液压启闭机室顶部检修双梁桥吊吊装至安装位置，初步吊装就位后固定。第二步，待闸门划弧试验合格后，将侧轨精调并加固到位。因到现场场地狭小，可先吊一侧侧轨，待支铰吊装到位后，再吊装另一侧。门体划弧试验合格后，为减少焊接变形，搭接筋先与侧轨焊接，再与一期锚筋焊接，焊接过程中采用挂线锤方式监测变形，及时调整。安装完成后复测其安装尺寸，做好安装记录。

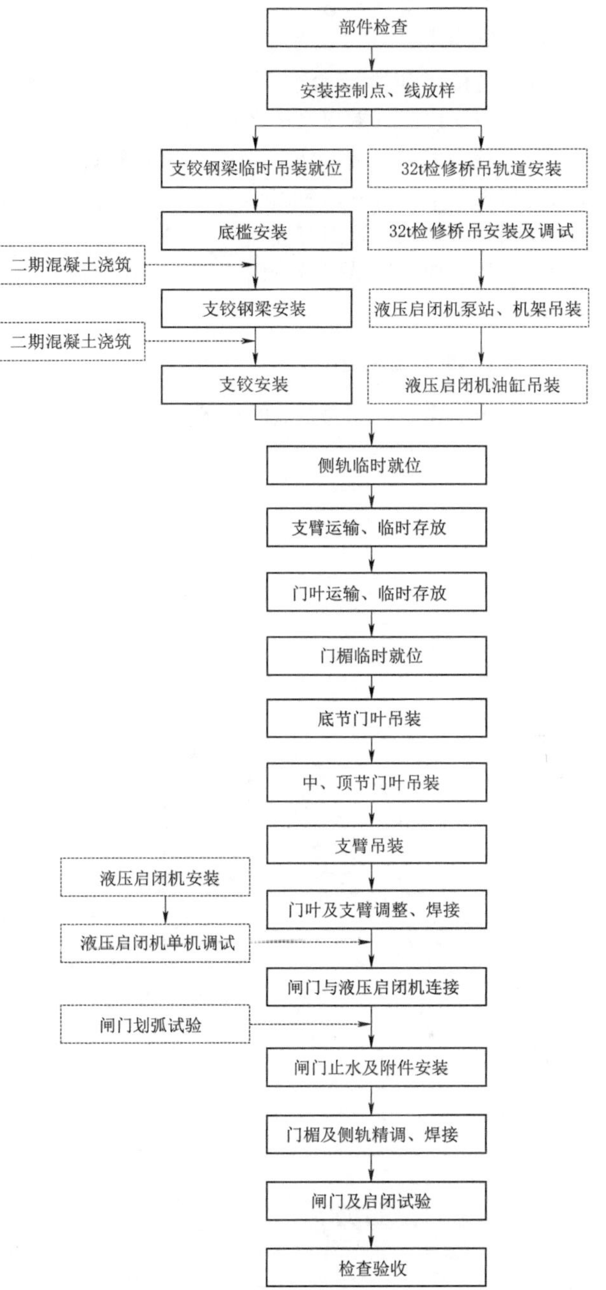

图 3　泄洪洞弧形闸门安装流程图

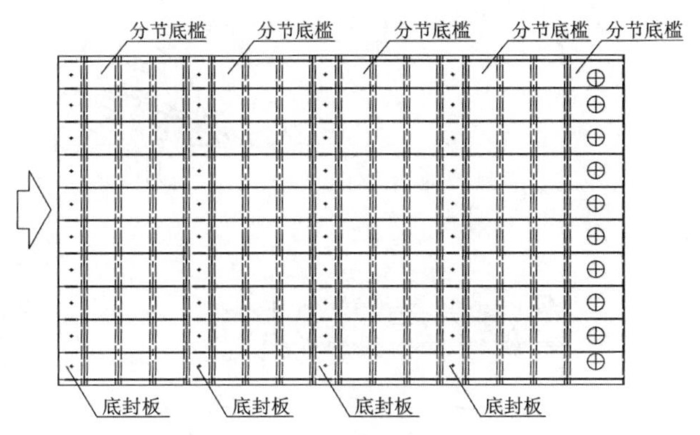

图 4　弧形闸门底槛布置图

6.4 支铰安装

支铰沿施工便道运输至泄洪洞洞室内钢梁下方附近，采用液压启闭机室顶部检修双梁桥吊卸车，利用手拉葫芦移运至安装位置下方，为汽车吊布置腾出位置，然后采用汽车吊将支铰吊装到钢梁上，拧紧螺母，并利用钢丝绳将滑动铰位置固定好。先吊装一侧支铰，调整固定好后按同样方法吊装另一侧支铰。支铰吊装示意如图 6 所示。

6.5 支臂卸车及移运

弧形闸门在支臂厂内制造时分成上支臂和下支臂两部分，其余杆件、连接板等均为散件发货。支臂沿施工便道运输至泄洪洞洞室内，采用液压启闭机室顶部检修双梁桥吊卸车。利用布置在钢梁下方的手拉葫芦配合检修桥吊将支臂移运至钢梁下方暂存。支臂卸车及移运示意如图 7 所示。

6.6 门楣安装

门楣于厂内整体制造，运输至洞室内后采用液压启闭机室顶部检修双梁桥吊卸车与吊装，由于洞内空间受限，先将门楣吊至侧轨顶部，再将门楣空中转体至横向位置，利用布置在梁板下方的手拉葫芦于空中接入安装

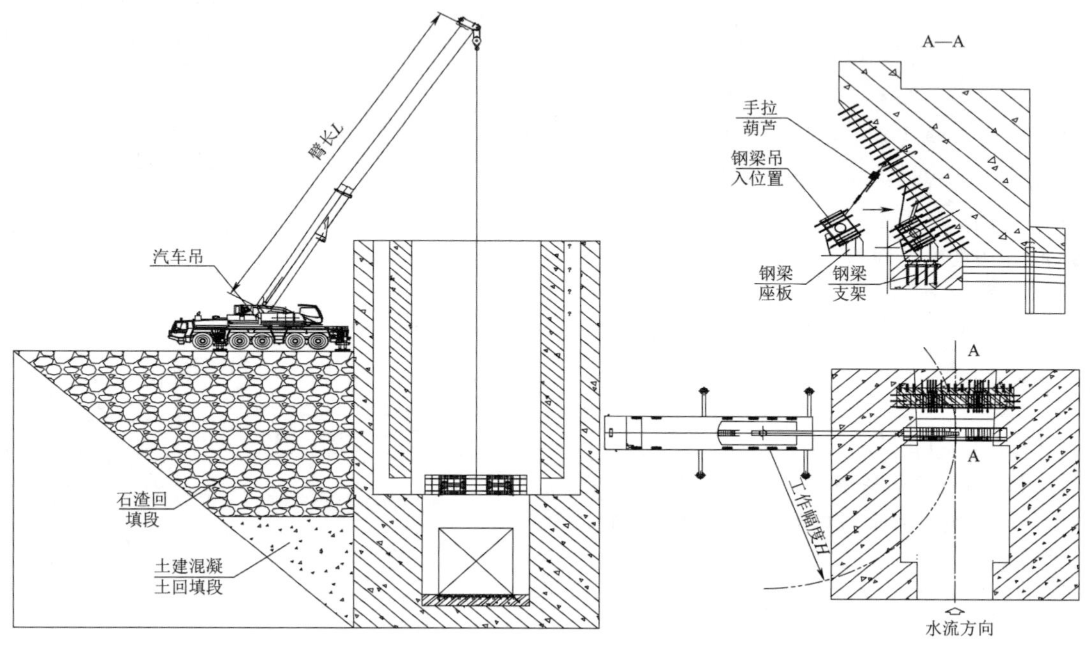

图 5　支铰钢梁吊装示意图

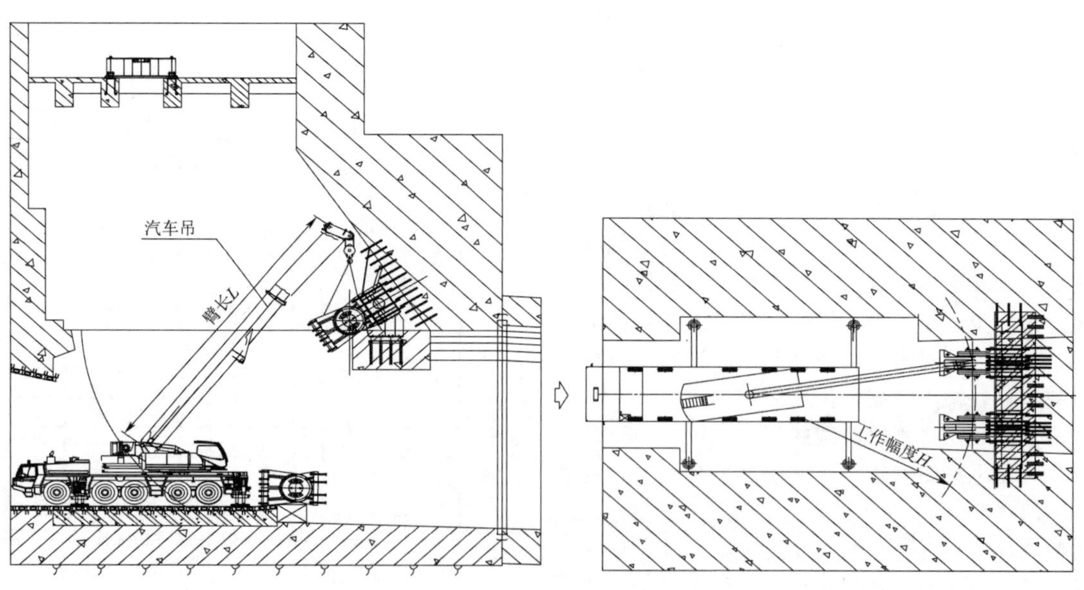

图 6　支铰吊装示意图

位置，在两侧轨上的挡板将门楣临时固定于安装位置，待门叶启划弧试验合格后，将门楣与转铰水封一起精调到位，加固焊接。弧形闸门门楣及底节门叶吊装示意如图 8 所示。

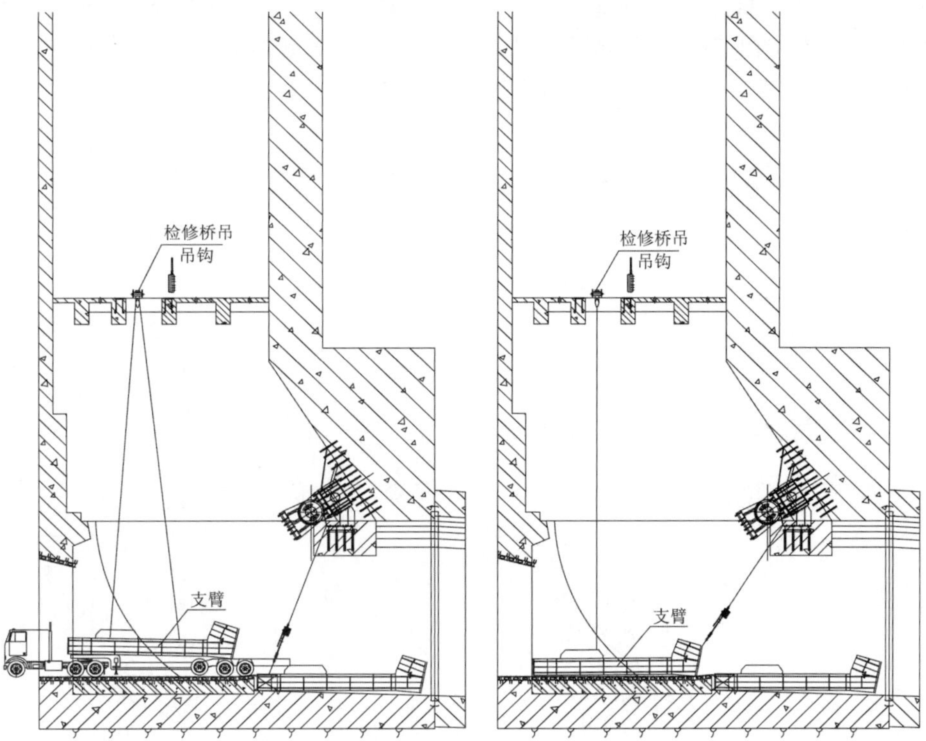

图 7　支臂卸车及移运示意图

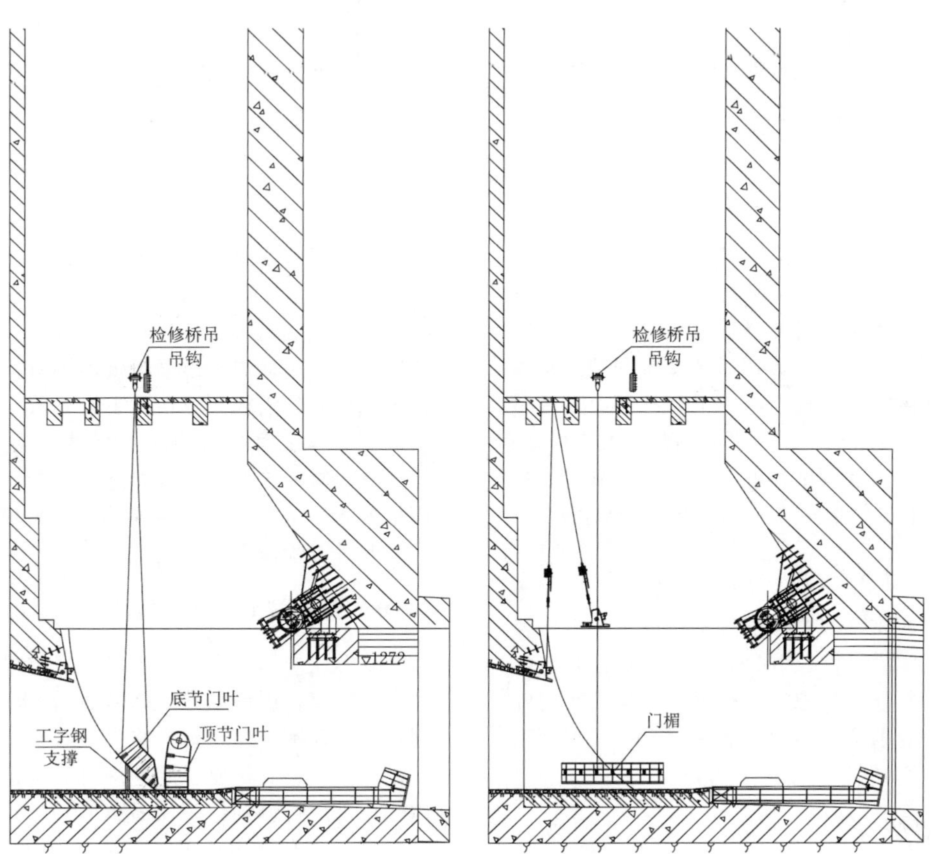

图 8　弧形闸门门楣及底节门叶吊装示意图

6.7 门叶安装

弧形闸门门叶于厂内分三节制造，运输及卸车按顶节、底节、中节顺序进行。各节门叶按序运输至洞室内后，利用液压启闭机房顶部检修桥吊卸车，先将各节门叶吊至侧轨顶部，再将各节门叶空中转体至横向位置，缓慢将门叶吊至底槛上，然后利用手拉葫芦将门叶移运至相应位置。按水流方向，其摆放顺序分别为中节、底节、顶节。弧形闸门中节、顶节门叶吊装及摆放示意如图 9 所示。

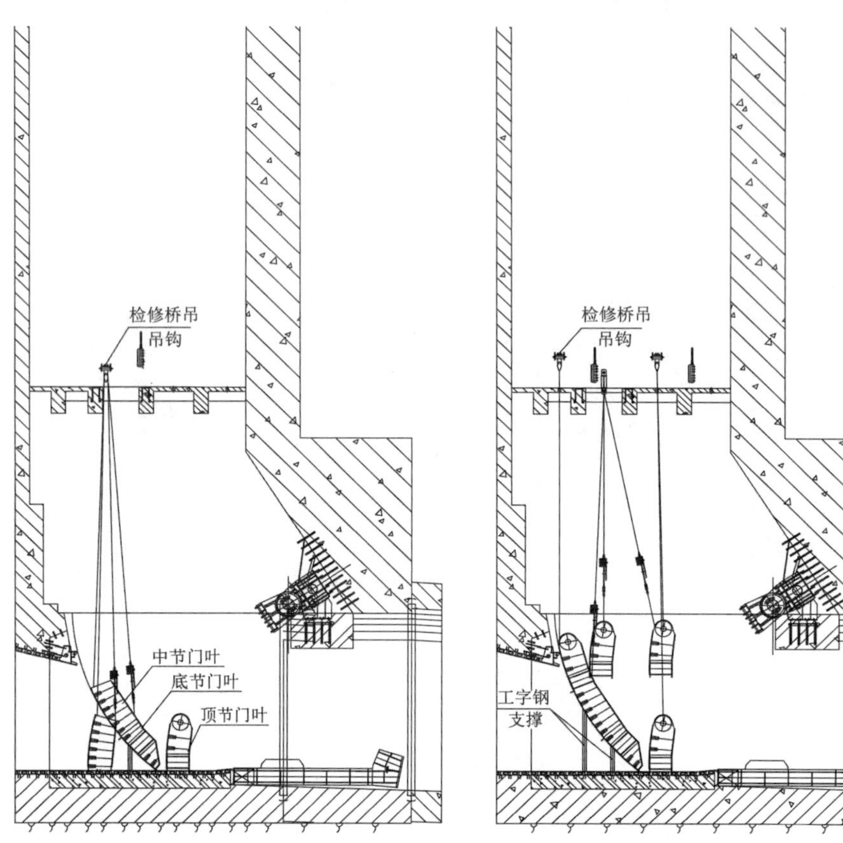

图 9 弧形闸门中节、顶节门叶吊装及摆放示意图

各节门叶采用液压启闭机房顶部检修桥吊吊装，辅以手拉葫芦配合进行。底节门叶吊装前，在底槛中心下游侧设置限位挡块，将底节门叶缓慢吊至底槛上，门叶位置稍微朝上游侧倾斜一些，以便后续支臂安装。采用千斤顶控制好门叶侧止水座板与不锈钢面的距离，调整好后，在侧轨上设置限位挡块，并采取必要的加固措施，按同样方法吊装中间节和顶节门叶。底节、中节门叶吊装就位后采用挡板和工字钢支撑，将门叶固定牢靠。

6.8 弧形闸门支臂安装

利用液压启闭机室顶部检修桥吊及手拉葫芦将支臂吊装就位，位置调整好后，从侧面插入支臂前端连接板，拧紧与主梁后翼连接的螺栓，利用手拉葫芦将门叶与支臂拉紧，将支臂前端与连接板点焊固定牢。支臂吊装示意如图 10 所示。

6.9 门叶及支臂焊接

为防止发生焊接变形，采取对称、分段、退步的焊接方法，偶数名焊工同时焊接，并保持焊接参数基本一致。先焊接上支臂与裤衩间的连接焊缝，待支臂连接焊缝焊接完成后，再焊接门叶拼装焊缝。门叶拼装缝焊接顺序如下：对称焊接边梁腹板内侧对接缝→对称焊接隔板翼缘板间、隔板翼缘板与主梁翼板对接缝→从中间向两侧对称焊接面板内侧连接焊缝→对称焊接隔板腹板间、隔板腹板与主梁腹板焊缝→从中间向两侧对称焊接面板外侧连接焊缝→对称焊接边梁腹板外侧对接缝（待门叶起升至检修平台后）。

6.10 划弧试验及水封安装

待液压启闭机安装并单机调试完成后，将油缸与门体吊耳连接，缓慢起升门体做 3～5 次全行程划弧试验，利用经纬仪测量侧止水安装座板垂直度，无异响且运行平稳为合格。满足要求后，将两侧轨止水不锈钢面按门体侧止水座精调到位并加固。

安装水封顺序如下：先装底水封，再装两侧水封。水封安装应符合设计和规范的要求。将门叶提高至距离

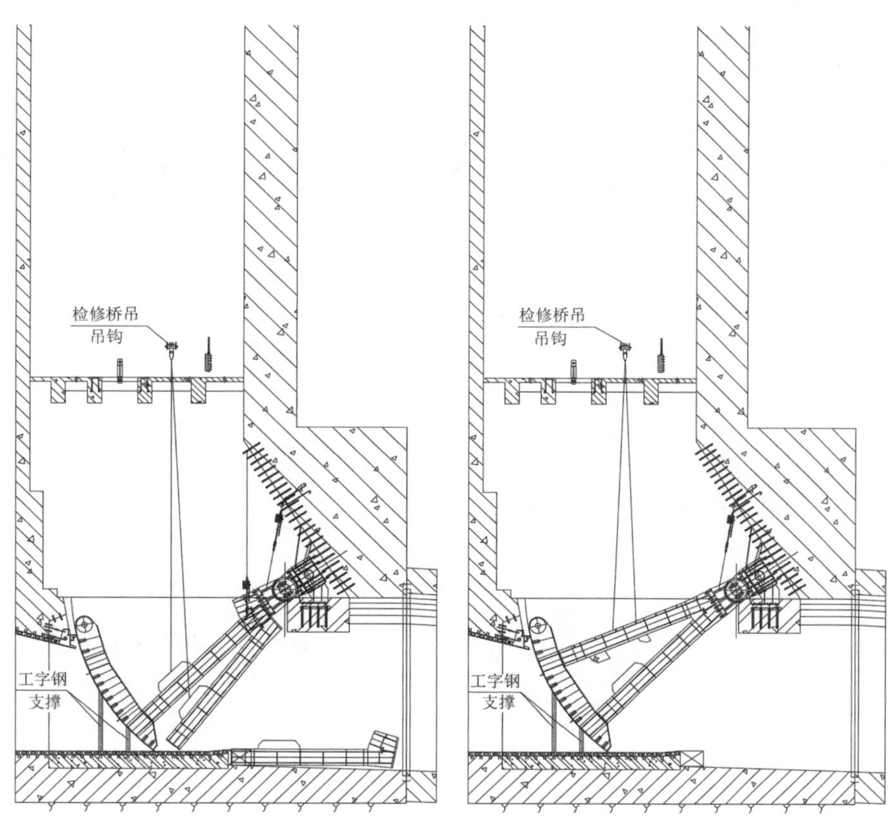

图 10　支臂吊装示意图

底槛面约 1m 高时安装底水封，在门叶底缘提升至侧轨顶部高程时，安装两侧水封及侧轮。橡胶水封的螺栓孔采用专用钻头旋转法加工，其孔径比螺栓直径小 1mm。

6.11　无水启闭试验

无水启闭试验前，将侧轮、轴套等注满润滑脂，闸门下降和提升过程中用清水冲淋橡胶水封与不锈钢止水板的接触面；无水启闭试验时，检查侧轮、油缸的运行情况，闸门升降过程中有无卡阻现象，止水橡皮有无损伤。在闸门全关位置，对闸门水封进行漏光检查。

7　相关问题及措施

7.1　底槛的预浇筑安装方式

泄洪洞弧形闸门底槛采用钢衬结构形式，整体面积为 $6m\times10m=60m^2$，分 4 件制造。为确保底槛下部混凝土浇筑密实，要求运输至安装现场后先对每件底槛预浇混凝土，再行安装。在实施过程中，由于门槽各隔槽内填充满 C30 混凝土，整个底槛呈钢筋混凝土块状结构，二次调整平面度较为困难。另由于搭接筋提前焊接在底槛底部，与现场预埋插筋无法精确搭接，且内部空腔仅有 60cm，焊接人员进入内部焊接较为困难。

针对钢衬式结构底槛预浇筑混凝土制约安装问题，并同时考虑混凝土浇筑密实问题，取消了预浇筑混凝土，在底槛面板上增设了回填孔和接触灌浆孔，于后期进行封堵焊。经超声波检测，底槛底部混凝土密实，未发现明显空腔。

7.2　相关设备配合吊装

根据相关进度要求，弧形闸门安装、调试与塔筒混凝土浇筑同步进行，液压启闭机、检修桥吊必须在塔筒封顶前完成吊装。由于液压启闭机油缸未按要求到货，无法按期在石渣回填平台采用汽车吊进行吊装，如等塔筒封顶后从吊物孔吊下，将直接影响闸门调试进度。为确保闸门调试进度要求，利用液压启闭机底座孔，采用检修桥吊空中接钩方式在闸门安装前吊入。此方法对作业人员水平要求高，实施过程中安全风险大。

8　结语

贵州省夹岩水利枢纽及黔西北供水工程泄洪洞弧形工作闸门安装过程受边界条件变化、交叉施工、受限空间、工期等多重因素限制，通过对弧形闸门安装的前期布置、吊装等关键工序进行优化，成功解决了安装过程中的一系列吊装难题。运用该安装技术，在保证闸门安装安全、质量的同时，可缩短总体工期，同时可减少采用汽车吊及布置卷扬机系统吊装，节约费用，具有较好的经济效益和社会效益，可供类似工程借鉴和参考。

黄金峡水利枢纽竖井压力钢管安装

李　岩　赵瑞雪/中国水利水电第十二工程局有限公司

【摘　要】 本文以黄金峡水利枢纽工程竖井压力钢管安装为例，对受限空间内竖井压力钢管吊装设备布置及竖井压力钢管安装进行阐述，通过架设吊装钢梁及卸车钢梁配合电动葫芦、卷扬机、滑轮组等设备实现竖井压力钢管卸车、平移、下放等功能，解决了受限空间内无法架设移动式门机进行竖井段压力钢管吊装的难题。

【关键词】 有限空间　竖井　压力钢管　吊装钢梁系统

1　引言

引汉济渭工程黄金峡水利枢纽工程布置有 7 台泵站机组，通过 6 个岔管汇集至扬水总管，再通过 200m 水平洞室段及竖井段将水从 421m 高程输送到 542.73m 高程的出水池，通过隧洞自流输送出坝区。泵站扬水总管立面示意如图 1 所示。扬水总管包含约 121m 的竖井，竖井段压力钢管总重为 694.81t，共计 43 节，压力钢管内径为 6.0m，材质为 Q355ND，壁厚有 28mm、30mm、32mm、36mm 四种厚度，单节最大高度为 3m，最重单节重量为 17t。加劲环也采用 Q355ND 材质，厚度为 28mm、高度为 250mm。

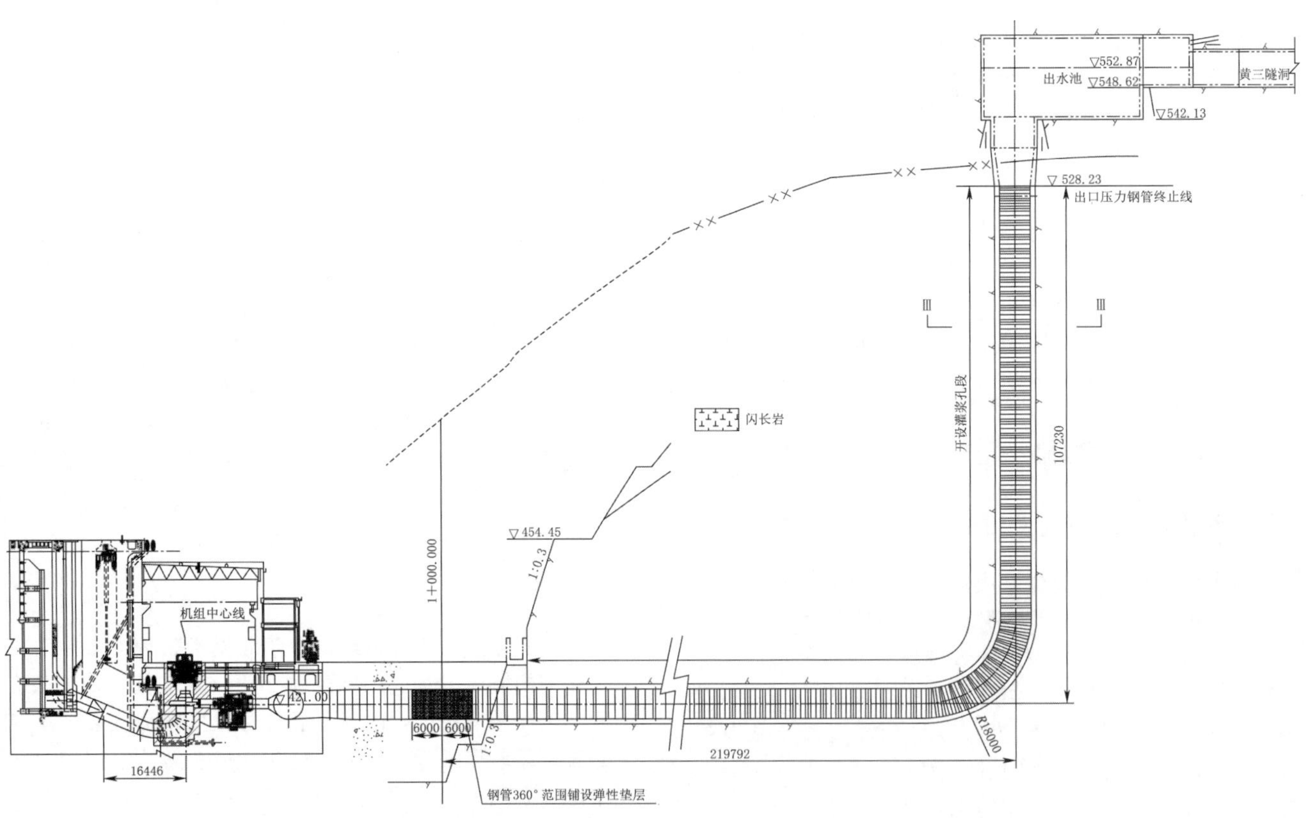

图 1　泵站扬水总管立面示意图（单位：mm）

黄金峡水利枢纽竖井具有深度深、出水池结构难以布置门机或桥机等难点，对竖井压力钢管吊装设备布置及施工过程进行详细研究，以保质保量完成竖井压力钢管安装为目的，同时实现降本增效。

2 竖井压力钢管吊装临设布置方案的制定

2.1 竖井压力钢管吊装临设选择

黄金峡水利枢纽工程竖井段压力钢管由竖井及下弯两部分组成，压力钢管安装前考虑了两种方案：①根据出水池尺寸及管节最大重量定制具备足够安全系数的35t门机；②根据设计制作钢梁，以钢梁作为卸车及吊装承受荷载结构，配合卷扬机及台车完成竖井段压力钢管吊装。两种方案优缺点对比见表1。

表1　两种方案优缺点对比表

方案	优　　点	缺　　点
方案一	（1）仅需一台移动式门机即可满足压力钢管的卸车及吊装工作需求，无需布置过多临时设施； （2）移动式门机回收利用率高，泛用性强； （3）设备布局紧凑，对出水池地面空间占用少	（1）移动式门机需根据出水池结构进行定制，造价高； （2）出水池竖井洞口边缘距边墙面仅20cm，轨道需临空架设，门机自身加压力钢管总重量大，临空部分轨道需进行特殊加固； （3）门机属于特种设备，制作、安装及拆除均需办理相关手续，程序复杂，施工准备周期长； （4）洞内空间狭小，宽度为10m，高度为14.4m+3.16m（出水池顶部为拱形结构，拱顶高度为3.16m），压力钢管单节最大高度3m。若门机具备卸车能力，则起升高度至少为9.19m（管节高度3m+钢丝绳60°夹角时垂直高度5.19m+运输板车高度1m），再加上本身上部结构高度，则至少为10m，且门机门腿结构处于出水池边缘，拱顶顶空间无法利用，门机安装相对困难
方案二	（1）钢梁结构简单，可充分利用拱顶部分高度便于汽车吊吊装布置，钢梁可在钢管加工厂进行制作； （2）制作及安装成本低，可充分利用10t卷扬机、滑轮组等自有设备及材料； （3）吊点中心调整准确后，后续吊装无需调整吊点中心位置，减少钢管下放过程中的碰壁风险	（1）前期布置时轨道、简易台车及卷扬机等设备较多，布置复杂； （2）无法移动，需另外制作吊装钢梁、卸车钢梁及运输台车； （3）设备较多，布置后对地面空间占用多

经过分析讨论，由于黄金峡项目管节数量不多，仅43节，吊装设备使用周期约50d，若定制门机成本较大，且设备安装、拆除困难。利用自制钢梁作为吊装承重机构的方案可充分利用自有设备进行布置，且钢梁下料、焊接等制作流程可在钢管加工厂进行，钢梁焊接质量有保证。因此选择方案二，自制钢梁吊装系统作为竖井压力钢管吊装设备，技术上可行、经济上投入较少。

2.2 钢管吊装临设系统布置

钢管吊装临设系统主要分为卸车机构、洞内运输机构、吊装机构三个部分。竖井钢管吊装临设系统布置平面图和立面图如图2和图3所示。

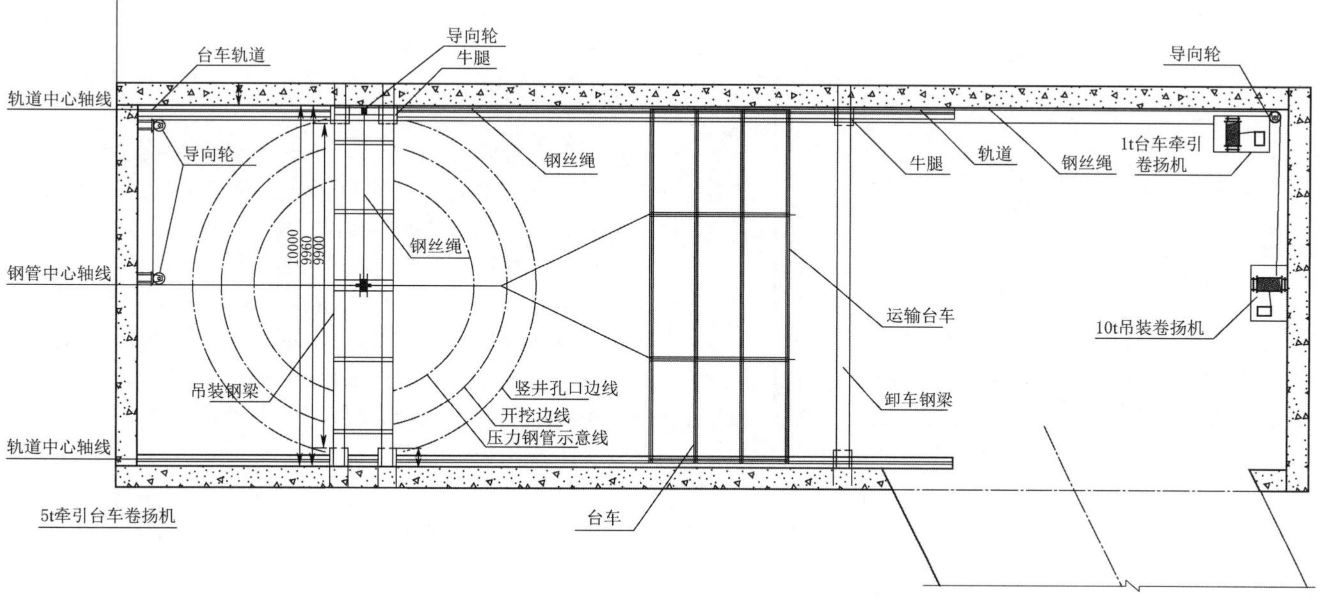

图2　竖井钢管吊装临设系统布置平面图

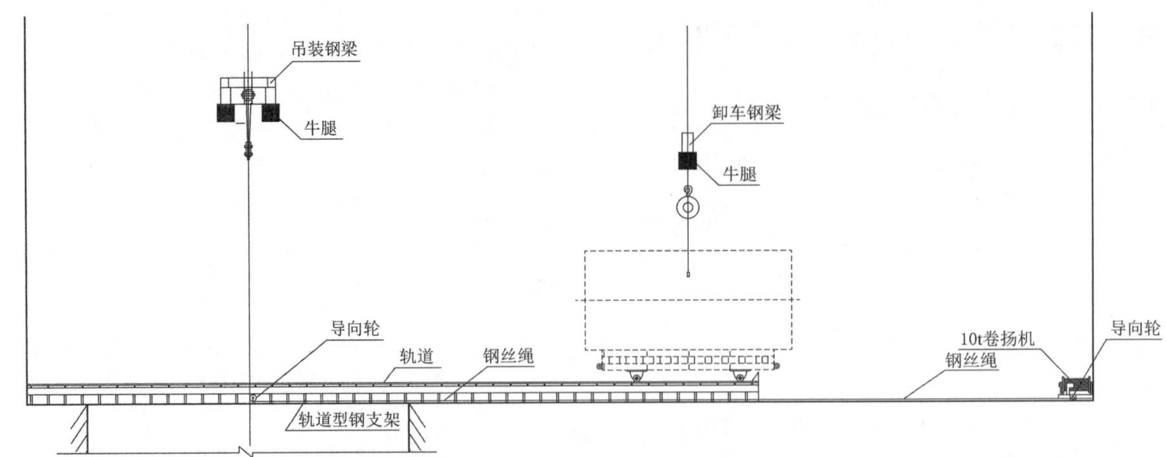

图 3　竖井钢管吊装临设系统布置立面图

2.2.1　卸车机构

卸车机构由卸车钢梁及电动葫芦组成。卸车钢梁采用 Q355B 材质、厚度 20mm 钢板焊接而成，为箱梁结构，截面尺寸 350mm×600mm，箱梁内每隔 1000mm 设隔板，单根钢梁长度为 9700mm，在中心两侧 3150mm 位置各设置一个吊耳。卸车钢梁架设在出水池侧墙预留牛腿上。钢梁吊耳上悬挂 2 个 10t 电动葫芦，作为钢管卸车动力系统，卸车系统布置示意如图 4 所示。

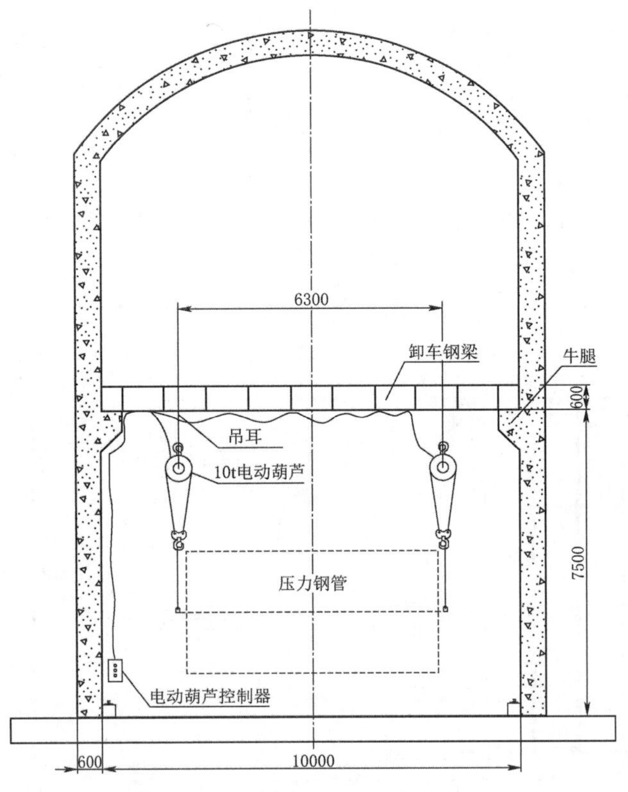

图 4　卸车系统布置示意图（单位：mm）

2.2.2　运输机构

运输机构由台车、钢轨及 5t 卷扬机等组成，台车利用 20a 工字钢制作而成，台车轨道采用 28kg 轻轨，轨道下部利用型钢制作轨道托架，轨道下部中空，以便布置吊装系统钢丝绳。

2.2.3　吊装机构

吊装机构由吊装钢梁、滑轮组及卷扬机等组成。吊装钢梁是采用 Q355B 材质、厚度 20mm 的钢板焊接而成的箱梁结构，截面尺寸 300mm×500mm，箱梁内每隔 1000mm 设隔板，共有 2 个主梁作为承重结构，单根钢梁长度为 9700mm，竖井中心位置架设截面尺寸为 300mm×300mm 的吊装钢梁，钢梁套装 2 块钢板作为定滑轮固定钢板。吊装系统主梁架设在出水池侧墙预留牛腿上，牛腿顶面高度为 9m。钢丝绳采用 ϕ20mm 的 35W×7 钢丝绳，通过固定在钢梁上出水池侧墙位置的导向轮导向地面，与 10t 卷扬机连接，作为钢管吊装动力系统。吊装系统布置示意如图 5 所示。

3　竖井压力钢管安装

3.1　下弯管段压力钢管安装

下弯管段共计 13 节，下部 6 节从水平洞室段通过水平段布置的台车、轨道及 10t 卷扬机运至弯管段位置，安装时利用卷扬机及竖井吊装系统联合进行吊装并临抛。下弯管段下部 6 节吊装布置如图 6 所示。

下弯管段下部 6 节临抛就位，均向上部偏移 5cm，以便后期调整安装，就位后利用型钢进行临时支撑，型钢与加筋环焊接牢靠，确保弯管临时放置稳固。待下部 6 节临抛后，水平段浇筑完成后即可自下而上逐节进行安装工作。

下弯管段上部 7 节管节因斜拉角度不大且不会碰触洞壁，所以利用竖井吊装系统将管节从出水池下放至竖井内，到达安装位置时利用手拉葫芦及临时锚点水平牵引管节，就位后利用型钢进行临时支撑，再利用地样点或全站仪精调管节方位。每安装调整一节即焊接加固一

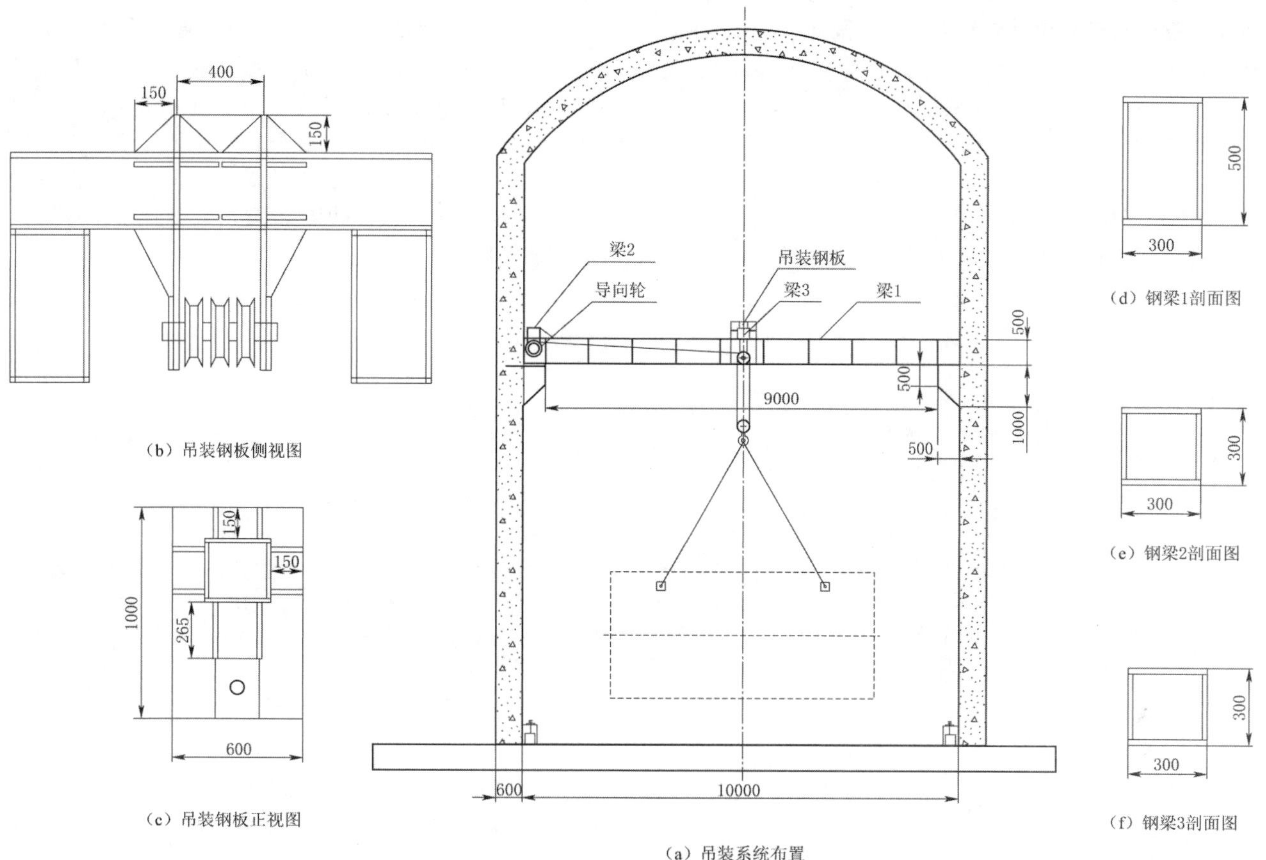

图5　吊装系统布置示意图（单位：mm）

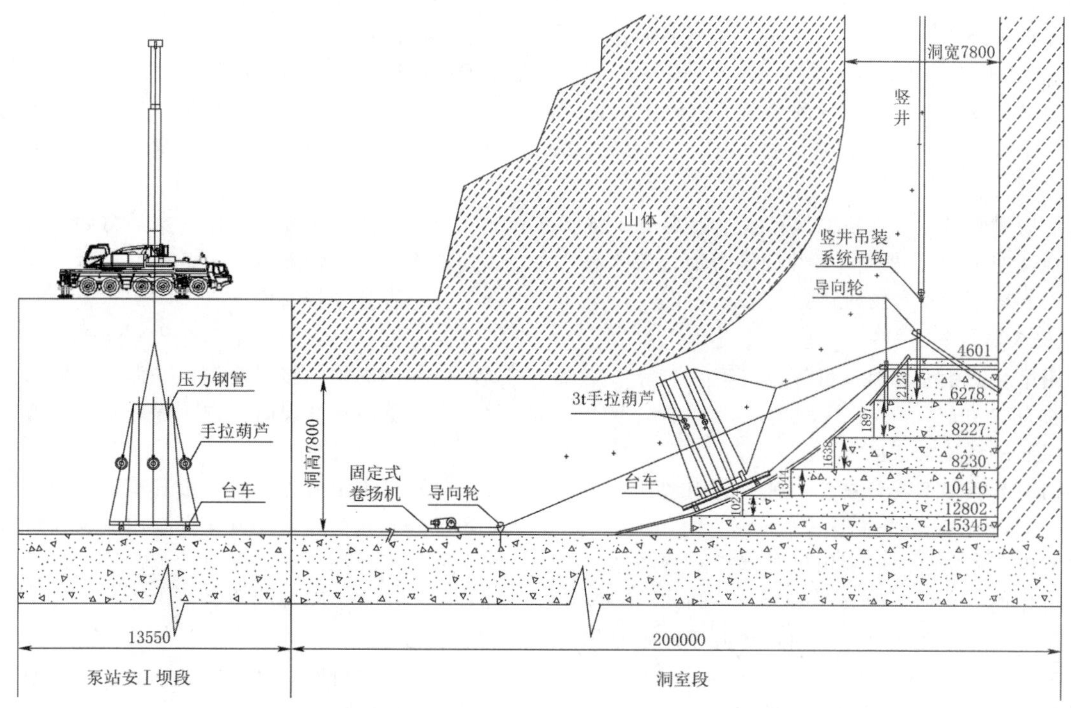

图6　下弯管段下部6节吊装布置图（单位：mm）

节，除初步加固支撑型式类似外，管壁四周成“米”字形加固，逐个进行后续管节安装，弯管段管节全部安装完毕后浇筑混凝土。

3.2 竖井段压力钢管安装

3.2.1 竖井段压力钢管安装作业平台

竖井段压力钢管内部焊缝在作业平台上进行，作业平台利用 ϕ22mm 直径 35W×7 型钢丝绳先挂装在焊接于压力钢管内壁的吊耳上。下一节管节吊入竖井就位后，利用吊装系统将作业平台提升至下一节管节管口位置，再进行管节内壁环缝焊接。其他管节往复此操作，作业平台不再吊出竖井，直至钢管安装完毕。外壁环缝施工时，利用型钢、钢筋以及踏脚板在加筋环上搭设临时焊接平台进行。压力钢管环缝内外部焊接作业平台示意如图 7 所示。

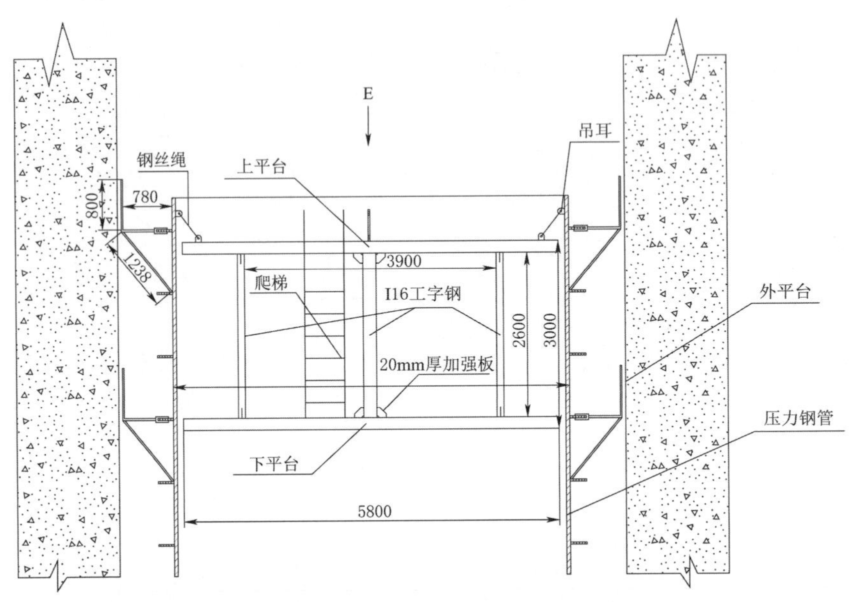

图 7 压力钢管环缝内外部焊接作业平台示意图（单位：mm）

3.2.2 竖井段洞口防护平台布置

竖井压力钢管外边缘直径为 6.25m，在距钢管直径外缘 10cm 间距的位置，利用 I10 工字钢、ϕ40mm 钢管及防护板焊接搭设安全平台，以便监控压力钢管下放以及保护上部施工人员安全。

3.2.3 钢管安装

竖井段压力钢管待下弯管段浇筑完成并且混凝土强度达到设计强度的 75%后进行，竖井段压力钢管从出水池位置，利用起重钢梁及卷扬机运输就位。

1. 竖井段底部第一节安装

（1）利用吊装钢梁配合卷扬机等，将第一节管节从台车上缓慢提起 20cm，并悬停一段时间，再小幅度上下起降，确保起吊系统状态良好。

（2）将第一节缓慢下放至安装位置，利用型钢初步固定牢靠。

（3）将钢管作业平台同样利用吊装钢梁配合卷扬机吊装就位，将作业平台四角钢丝绳利用 10t 卸扣，固定在钢管内部吊耳上，并在管壁外侧加劲环上焊接外侧作业平台及护栏。

（4）根据测量数据及下部弯管段管口位置，利用 4 个均布 10t 千斤顶调整钢管位置、垂直度以及上管口水平，调整完毕后再进行定位焊接。

（5）定位焊接完毕后，在钢管四周利用型钢撑在洞壁上，确保钢管稳固牢靠。

（6）钢管加固完毕后利用内部作业平台及外侧临时作业平台对压力钢管进行焊接，先进行钢管内壁焊接作业，内壁焊接完毕后再进行外侧焊缝清根及焊接作业。

2. 其他管节安装

（1）其他管节安装程序与第一节安装程序一致。钢管内部作业平台每就位一节，提升至本节钢管位置，作业平台一直处于管道内。

（2）管节每安装 15m（5 节）浇筑一次，混凝土浇筑时应在四周均匀缓慢浇筑，并派专人监视。当发生位移及变形等不良情况时，立刻停止浇筑，查找原因，待问题解决好再进行浇筑。

（3）浇筑至上方最后一个管节位置时，浇筑高度不能超过灌浆孔位置，此方式可利用灌浆孔将竖井段洞壁渗水从灌浆孔流出。确保下一节钢管管口无积水从焊缝位置留出导致影响焊缝质量。

3. 管节加固

待每一节管节焊缝焊接完毕后，利用型钢在钢管外壁呈“米”字形方向进行支撑，型钢需与洞壁接触充分并牢靠。型钢不得焊在管壁外壁，需焊接在加劲环上，以防伤害钢管本体。

3.3 环缝压装和焊接

对缝间隙、错边利用压缝装置进行压缝调整。调整合格后进行定位焊，然后进行安装初检验，安装初检验合格后加固。焊接并检验合格后进行整体检验，合格后回填混凝土。现场环缝焊接采用二氧化碳气体保护焊，环缝焊接逐条焊接，不得跳越，不得强行组装。不得在混凝土浇筑后再焊接环缝。由于竖井段风速较大，焊接时利用薄铁皮制作挡风罩，焊接在挡风罩内进行。钢管安装中心极限偏差应满足表2规定。

表2　钢管安装中心极限偏差表　单位：mm

始装节管口中心极限偏差	与岔管连接的管节及弯管起点的管口中心极限偏差	其他部位管节管口中心极限偏差
5	12	25

注　始装节的里程极限偏差为±5mm，始装节两端管口的平面度不应大于3mm。

3.4 附件拆除及油漆补涂

安装完毕，拆除钢管上的工具卡、吊耳、内支撑和其他临时构件时，严禁使用锤击法，用碳弧气刨或氧-乙炔火焰在离管壁3mm以上处切除，严禁损伤母材，切除后钢管内外壁上残留的痕迹和焊疤用砂轮磨平。

在安装环缝两侧各200mm范围内、灌浆孔周边100mm范围内以及漆膜损坏部位进行除锈，然后人工涂刷涂料。

4 施工注意事项

施工中有一些需特别注意的事项：

（1）竖井段压力钢管焊接时，由于内部风速较大，作业平台底板必须采用全封闭底板。焊接时在平台与管壁间缝隙利用棉被进行封堵，避免风速太大影响二氧化碳气体保护焊的焊接质量。

（2）竖井段压力钢管分仓浇筑时，最顶部浇筑高度应低于最上部管节灌浆孔位置。洞内不可避免地存在一些渗水，若不留有排水通道，渗水会从钢管顶部溢流，无法对焊缝进行焊接作业。

（3）每一节钢管循环作业在上一节已安装的管节焊接加固完成、人员撤离后方能进行，避免上部吊装、下部施工的交叉作业行为。

5 结语

黄金峡水利枢纽工程竖井压力钢管安装工作已成功实施，去除混凝土浇筑时间，43节管节安装共计用时50d，并通过验收。通过布置适合现场实际情况的吊装临时设施，顺利实现了竖井压力钢管安装降本增效的目的。竖井吊装系统的设计与实施，对有限空间竖井压力钢管吊装系统的选型提供了一种思路，为其他类似工程提供了宝贵经验，具有一定的借鉴意义。

夹岩水利枢纽尾水闸门吊装方案比选

黄云桂/中国水利水电第十二工程局有限公司

【摘　要】本文主要从工期、技术难度、安全、经济等方面论述了夹岩水利枢纽及黔西北供水工程尾水机组检修闸门吊装方案，通过综合对比分析移动龙门吊吊装、尾水渠回填石渣汽车吊吊装和直联式启闭机吊装三种方案，最终确定通过尾水渠回填石渣、采用汽车吊吊装的方案。

【关键词】水利枢纽　尾水闸门　吊装　方案比选

1　引言

贵州省夹岩水利枢纽及黔西北供水工程包括水源工程、毕大供水工程、灌区骨干输水工程三大部分，工程任务以供水和灌溉为主，兼顾发电，并为区域扶贫开发及改善生态环境创造条件。

水源工程坝址位于七星关区与纳雍县界河六冲河中游潘家岩处，右岸布置发电引水系统和坝后电站厂房。坝后电站厂房尾水处布置有3扇机组检修闸门，其中，尾水大机组检修闸门2扇，单扇重量为22.1t（整节），采用QPG2×400kN－40m固定卷扬式启闭机进行启闭；尾水小机组检修闸门1扇，单扇重量为15.5t（整节），采用QPG2×250kN－38m固定卷扬式启闭机（以下简称为“固卷”）进行启闭。

根据技术文件要求，尾水机组检修闸门原吊装方案如下：待启闭机平台形成后，先安装固卷，形成启闭条件后，将闸门平躺放置（面板朝下），其下布置重物移运器，利用卷扬机将闸门拖运至检修平台孔口附近，采用固卷将闸门吊起并沉放至门槽内。

2019年12月25日，闸门埋件的安装完成并移交工作面；2019年3月31日，门槽二期混凝土浇筑完成，此时距节点工期仅有一个月，而土建固卷安装平台按计划浇筑完成并移交安装工作面时间为2019年5月底，尾水机组检修闸门无法按期完成汛期前下闸挡水任务。因此，设计3种吊装变更方案，并确定一种最优吊装变更方案，确保汛期前按期下闸挡水。

2　吊装变更方案

2.1　移动龙门吊吊装（方案1）

方案1为移动龙门吊吊装，其主要内容如下。

（1）在尾水机组检修闸门孔口平台（1218.00mm高程）处布置轨道及一台临时移动龙门吊，其上布置2台5t卷扬机，用于起吊闸门。移动龙门吊吊装布置示意如图1所示。

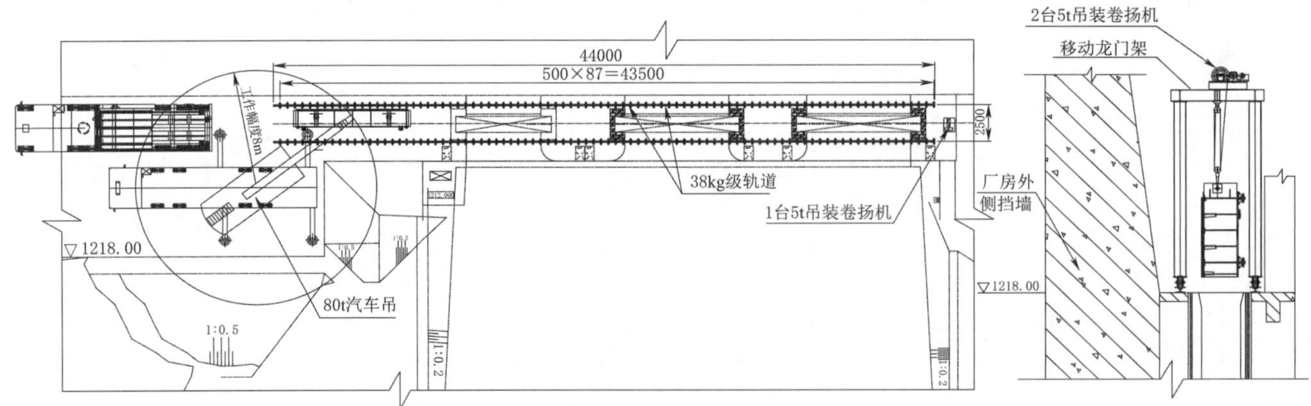

图1　移动龙门吊吊装布置示意图（高程单位：m，尺寸单位：mm）

（2）将闸门运输至厂房右侧平台（1218.00m高程），采用80t汽车吊卸车将闸门呈竖立状态放置于地面上，面板朝向上游侧。

（3）将移动龙门吊开至闸门下方，利用2台5t卷扬机将闸门吊起，并与移动龙门吊底横梁固定。

（4）利用布置在厂房左侧的5t牵引卷扬机将闸门从厂房右侧运至各闸门孔口上方。

（5）最后利用移动龙门吊上方的2台5t卷扬机将闸门沉放至门槽内。

2.2 尾水渠回填石渣汽车吊吊装（方案2）

方案2为尾水渠回填石渣汽车吊吊装，其主要内容如下。

（1）在尾水检修闸门孔口下游侧尾水渠1：4坡面处回填石渣并压实，石渣回填高程为1203.93m。

（2）在尾水渠石渣回填平台处布置一台240t汽车吊，汽车吊沿尾水渠纵向中心布置，满足3孔闸门吊装要求。240t汽车吊吊装布置示意如图2所示。

（3）将闸门沿施工便道运输至尾水渠石渣回填平台处，利用240t汽车吊将闸门直接吊入孔口内。

2.3 直联式启闭机吊装（方案3）

方案3为直联式启闭机吊装，其主要内容如下。

（1）在尾水机组检修闸门孔口平台（1218.00mm高程）处布置11个固定龙门架，在龙门架设置工56b工字钢轨道，布置一台2×16t直联式启闭机（电动葫芦）用于起吊及运输闸门。直联式启闭机吊装布置示意如图3所示。

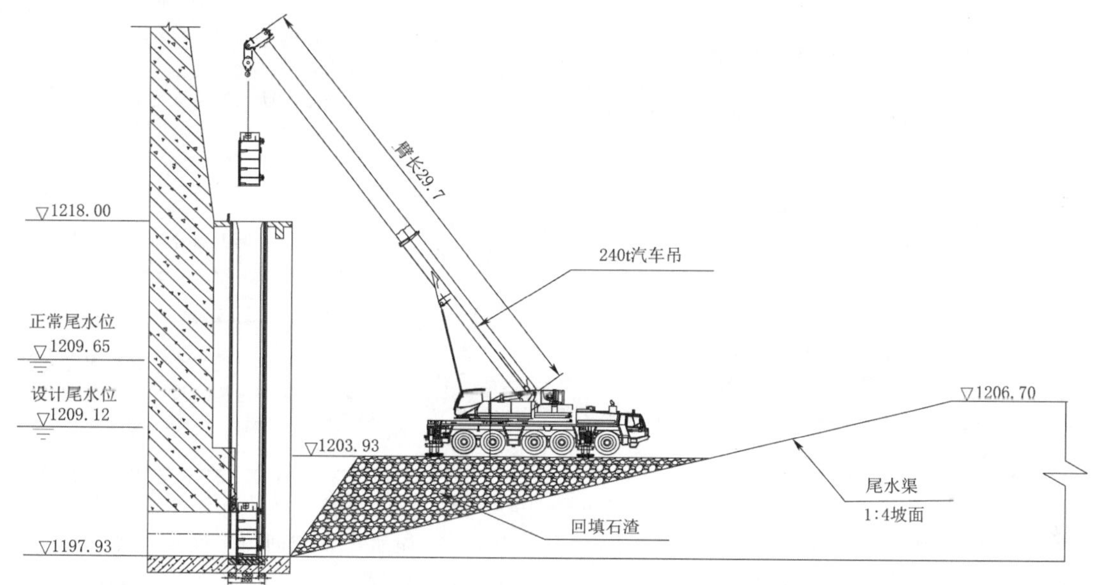

图2　240t汽车吊吊装布置示意图（高程单位：m）

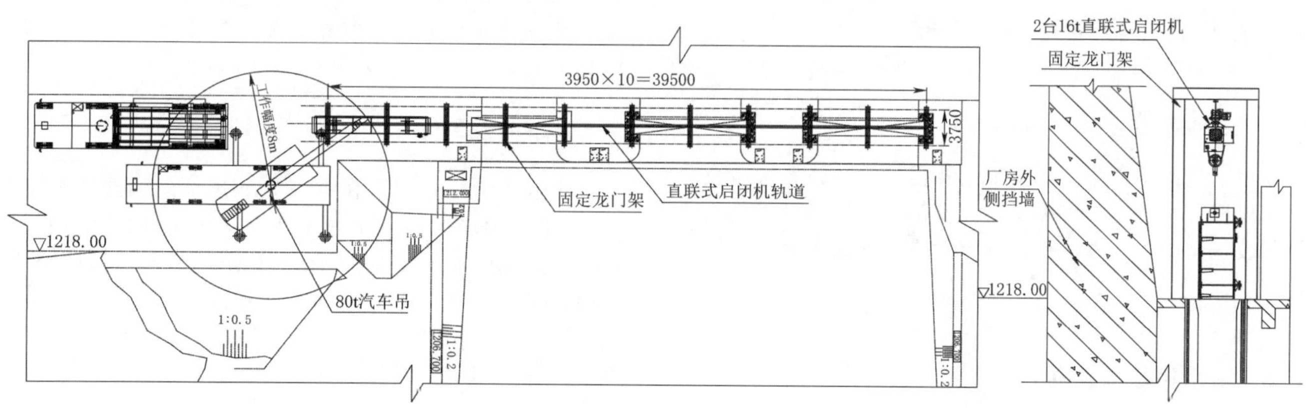

图3　直联式启闭机吊装布置示意图（高程单位：m，尺寸单位：mm）

（2）将闸门运输至厂房右侧平台（1218.00m高程），采用80t汽车吊卸车将闸门呈竖立状态放置于地面上，面板朝向上游侧。

（3）然后将2×16t直联式启闭机（电动葫芦）移动至闸门下方，将闸门吊起。

（4）利用2×16t直联式启闭机行走机构将闸门运输

至孔口上方，沉放闸门至门槽内。

3 各吊装变更方案的对比分析

各吊装变更方案对比分析见表1。

从表1各方案对比分析中可以看出，在工期方面，方案2因施工准备时间较少，占有很多优势。在费用方面，方案1费用投入最少，主要是由于起吊及牵引卷扬机可利用现有施工设备，无需额外采购；方案2费用投入居中，主要是由于回填石渣投入相关运输机械费用较大；而方案3中，2×16t直联式启闭机需外购，在投入费用中占比很大。在技术难度、施工协调方面，方案2明显较其他两个方案风险小，虽然方案2存在一定安全风险，但通过控制回填石渣每层压实度及坡底压载等措施，风险是可控的。

表1　各吊装变更方案对比分析

序号	分析项目	方案1：移动龙门吊吊装	方案2：尾水渠回填石渣汽车吊吊装	方案3：直联式启闭机吊装	对比分析结论
1	准备时间	25d	13d	40d	方案2最好
2	安装工期	3d	3d	2d	方案3较好
3	费用投入	21万元	27万元	55万元	方案1较好
4	技术难度	（1）移动龙门架制作安装的技术要求高；（2）起吊及牵引卷扬机需相互配合，技术要求较高	直接采用汽车吊吊装，起重技术要求低	（1）固定龙门架需采用土办法竖立，难度较大；（2）直联式启闭机起吊后，可自行移至孔口上方，吊装技术要求低	方案2较好
5	施工安全	检修孔口梁板受闸门及移动龙门架合力，梁板受力较大，安全风险较高	回填石渣需采用压力机压实，对回填压实度要求较高，存在一定安全风险	固定龙门架大部分布置在闸墩上，梁板受力较小，安全风险小	方案3较好
6	施工协调	厂房右侧平台场地狭小，布置移动龙门吊时需占用较长时间，与土建交叉施工时，施工协调难度大	尾水渠已施工完成，石渣回填及清运不受土建施工影响	检修平台场地狭小，布置固定龙门吊时需占用较长时间，与土建交叉施工时，施工协调难度大	方案2较好

经建设单位、设计单位、监理单位等参建方讨论，最终确定采用方案2（尾水渠回填石渣汽车吊吊装）为吊装变更方案。

4 吊装变更方案的实施过程

4.1 工艺流程

尾水机组检修闸门安装工艺流程如下：施工准备→尾水渠底部渣土回填并碾压→布置吊装汽车吊→闸门门体吊装→闸门止水透光检查→布置临时连接吊索（热镀锌钢丝绳）→固卷吊装（待启闭平台形成后）→固卷安装→固卷与闸门连接→闸门试验→检查、验收。

4.2 尾水渠坡面防护

为减少尾水渠回填石渣对现有坡面造成的损伤，根据各方意见，在回填前铺设防护毯对坡面进行防护。

4.3 尾水渠石渣回填

回填石渣由潘家岩脚弃渣场运入，运输距离约为4.5km。根据现场实际情况，回填石渣范围及高程均有所调整。尾水渠石渣回填平面示意如图4所示。原方案为尾水渠高程1203.93m整个横向截面范围内全部回填；吊装变更方案的回填高程为1206.70m，两侧约5m范围内留坡面，经实测回填方量为2700m^2。该方案与原方案回填方量（2500m^2）差异不大，得到建设及监理单位的认可。

4.4 运输及卸车

尾水机组检修闸门在夹岩工地现场运输路线如下：R0道路→进场道路→下游永久跨河大桥→R12道路→R14道路→尾水渠底板处。尾水机组检修闸门运输至安装位置后，直接用240t汽车吊卸车。

4.5 闸门吊装

闸门吊装时，在尾水渠回填石渣上布置一台240t汽车吊，回转中心在尾水渠厂横0+26.008m桩号、距门槽中心下游12.7m处，为确保汽车吊站位稳定，其支腿距边坡大于4m，支腿与回填石渣之间布置2m×3m钢板垫。

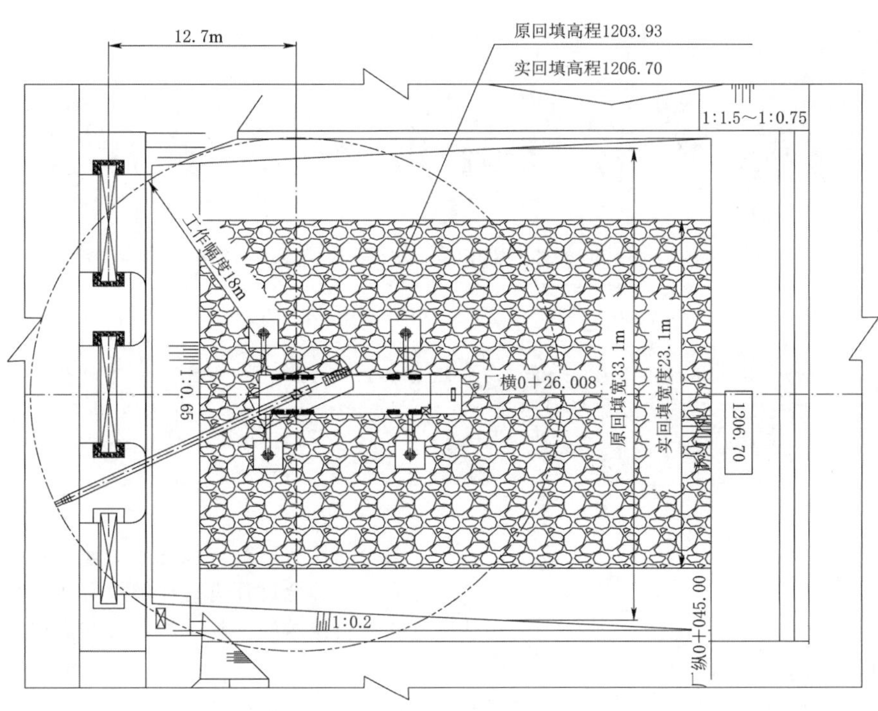

图 4　尾水渠石渣回填平面示意图（高程单位：m）

4.6　尾水渠回填石渣清运

吊装完成后，其石渣弃至陈家大沟石料堆场内，运输距离约为 4km。为避免机械清运时损伤尾水渠底板，在机械清运后留 300mm 厚石渣由人工清理。经检查，坡面无明显损伤，达到了保护尾水渠底板的目的。

5　工程最终成效

2019 年 4 月 19 日，厂房尾水机组检修闸门顺利吊入孔口，提前 11d 完成了汛期前下闸临时挡水节点目标，得到了建设单位的肯定。对于夹岩水利枢纽及黔西北供水工程尾水机组检修闸门安装现场场地受限、工期紧等特点，采用尾水渠回填石渣作为吊装平台有着现实的意义，为今后类似安装工程提供了借鉴。

6　结语

水利工程建设常规计划中，一般是将闸门临时放置于孔口，待闸门井上方启闭机平台形成，启闭机安装调试结束后，借助启闭机进行闸门安装。但因工程实际进度及汛期前下闸挡水等原因，需要在启闭机平台尚未形成的情况下实现下闸挡水。通过回填石渣、设置临时汽车吊吊装平台并采用常规汽车吊直接吊装闸门下闸挡水的方式，减少了施工准备时间，使施工安全风险可控，是一种比较合理的闸门汛期下闸挡水施工方案。

非对称Y形月牙肋岔管展开工艺

李　岩/中国水利水电第十二工程局有限公司

【摘　要】 本文以黄金峡水利枢纽项目岔管为例，论述了利用CAD软件从岔管立体解析至岔管二维平面展开图绘制的过程，有助于技术人员掌握岔管下料工艺，从而提高岔管组装精度和制造质量。

【关键词】 岔管　立体解析　CAD展开

1　引言

黄金峡水利枢纽项目泵站出口压力钢管的岔管采用非对称Y形月牙肋岔管。泵站出口压力钢管通过6个岔管与主管相接，经过下平段、弯管段及竖井段、渐变段连接出水池，将水输出。压力钢管最大静水头为128m，考虑水锤现象后的设计水头取200m。主管直径为6.0m，支管直径为2.2m。泵站6个岔管的尺寸由右向左逐渐扩大，岔管重量为42.62～83.05t不等，岔管管壁主要材质采用45mm厚07MnMoVR钢板，月牙肋岔管采用相同材质、壁厚为80mm的钢板，各个岔管尺寸不一但结构相近。黄金峡水利枢纽项目中岔管具有尺寸大、板材强度高、形状复杂等特点。通过对岔管下料展开图的绘制，切实提高岔管组装精度及制造质量，进一步提高施工技术人员对制造工艺的理解和掌握。

2　问题的提出

在我国水利工程建设中，压力钢管的岔管按其加强方式的不同可分为贴边岔管、三梁岔管、月牙肋岔管、球形岔管和无梁岔管等型式，实际应用中采用月牙肋岔管的型式最多。月牙肋岔管的施工主要工序如下：工艺设计→排料→原材采购→切割下料→压头卷制→纵缝焊接→整形→组装→焊接→消应→水压试验→防腐。

岔管的展开图绘制是岔管制造工艺设计的重要组成部分，钢板涉及排料、原材采购、切割下料、卷制等多个工序，一旦展开图出现错误，将直接导致岔管后续制造流程出现问题，甚至影响成品质量。

以往所制造的月牙肋岔管，均为对称Y形月牙肋岔管，而黄金峡水利枢纽项目的6个岔管均为非对称Y形月牙肋岔管，展开图比较复杂。本文以黄金峡水利枢纽项目岔管制造为依托，对非对称Y形月牙肋岔管的展开图绘制技术进行详细介绍。通过对岔管下料由三维转变成二维的全过程进行详解及分析，加深技术人员对展开图绘制技术的理解，为以后的类似工程提供借鉴。

3　岔管外形分析

黄金峡水利枢纽项目岔管为非对称Y形月牙肋岔管，其主管为扩大渐变的圆锥，支管为收缩渐变的圆锥，主、支管公切于一假想球体，两支锥体贯穿的不平衡力由嵌入壳体内部的月牙形加强肋承担。根据黄金峡水利枢纽项目设计提供的图纸分析，岔管可由3个大小不一的圆锥体通过切割得到，岔管示意图如图1所示。

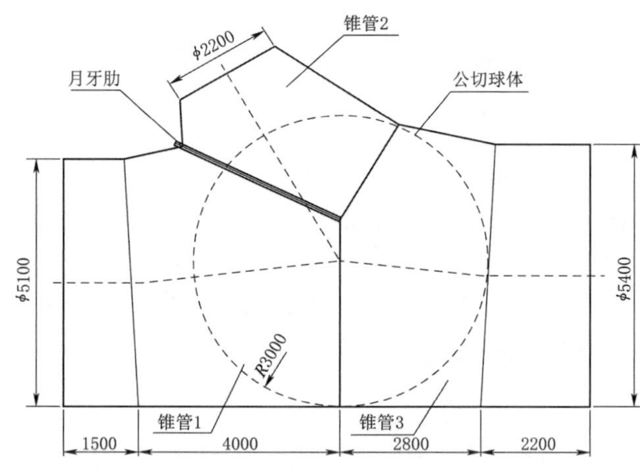

图1　岔管示意图（单位：mm）

4　岔管展开工艺详解

岔管的展开利用CAD软件进行，采用锥管射线投影法。即将锥体斜切几刀，得到几个斜切锥管的立体图形，将展开后的断面绘制在锥体展开平面图上，得到锥管1、锥管2、锥管3的平面展开图。本文以锥管1为例，详细描述锥管部件的展开过程。

4.1 锥管补全及展开

将锥管 1 取出，将轴线调整为水平，并将锥管补全为圆锥体，如图 2 所示。

过 E 点做垂直于轴线的线段并与 AB 边延长位置相交，即 F 点。在轴线位置画出 FE 断面处的三维图形，即圆形。将圆等分，等分数量根据钢管大小确定，等分数量越多、绘图越准确。在黄金峡水利枢纽项目中，实际将圆进行了 36 等分，本文中为方便介绍，将圆进行了 12 等分。过等分点做平行于轴线的线段并与 FE 断面相交，再以 O 点为原点过等分点在 FE 断面的投影点做射线即可得到锥管实际立面图的 12 等分线位置。等分射线如图 3 所示。

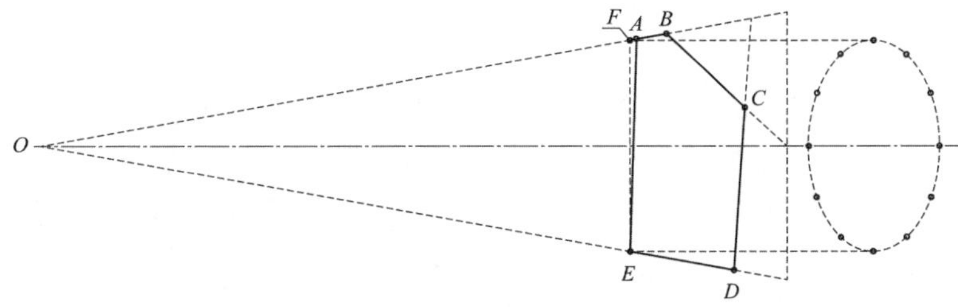

图 2　锥管补全图

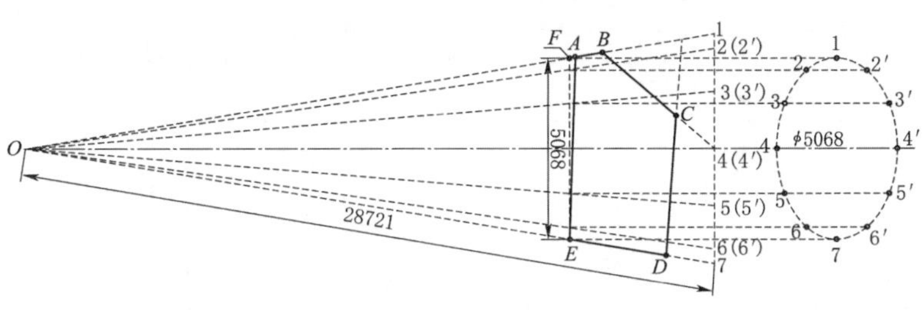

图 3　等分射线图（单位：mm）

展开时可以以 AB 边为中线进行展开绘制，也可以以 DE 边为中线进行展开绘制，但考虑实际下料时以 DE 边为中心展开得到的平面图排料时节约钢板，因此以 DE 边为中线进行展开绘制。将锥体平面展开即可得到补全锥体平面展开图，等分线绘制于图形上即可得到锥管补全展开平面及等分图，如图 4 所示。

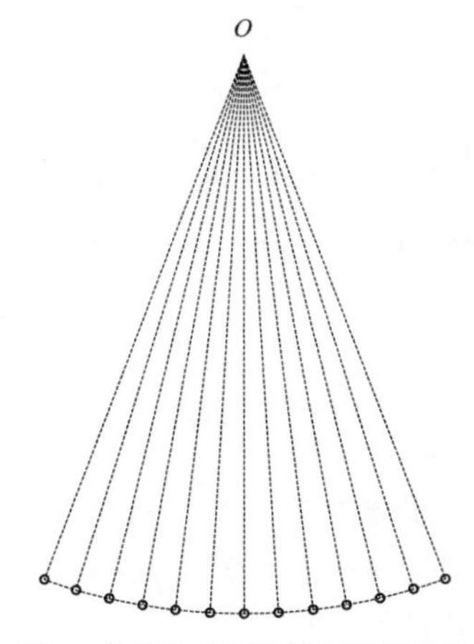

图 4　锥管补全展开平面及等分图

4.2 *AE* 断面展开绘制

在得到 12 等分的实际立面图后，从图 4 可以看出，每根射线与 AE 断面的交点是实际 AE 断面的点位，求得交点到 O 点的实际距离并绘制于补全锥体平面展开图上即可得到在平面上的点位。实际距离求法多种多样，为了直接在图上得到实际距离，可根据几何图形特性理解为以每个交点垂直于轴线正切锥体，所得的图形的斜边长即是该点实际至 O 点距离。

以等分线 3 与 AE 断面交点举例，G 点切线如图 5 所示。

过交点做垂直于轴线的切线并与斜边相交于 G 点，G 点至 O 点的距离即是锥体 AE 断面上 G 点至 O 点的实际距离。同理可得到所有射线与 AE 断面的交点至 O 点的实际距离，如图 6 所示。

绘制实际锥管 1 的展开图时，根据各射线与 AE 断面交点的实际距离，绘制补全锥管的展开图，再将各点位用样条曲线连接，即可得到锥管 1 平面展开图上段 AE 断面实际图形，如图 7 所示。

4.3 *BC* 断面、*CD* 断面展开绘制

采用 AE 断面展开绘制方式，可得到 BC 断面、CD 断面实际展开线，由图 3 可看出，BC 断面与射线实际有 6 个交点，CD 断面与射线实际有 8 个交点，但还需作出延长线多获得两个交点点位，以防绘图后缺失边角线段。BC 断面、CD 断面实际展开线如图 8 所示。

将多余线段删除，即可得到锥管 1 平面展开图，如图 9 所示。

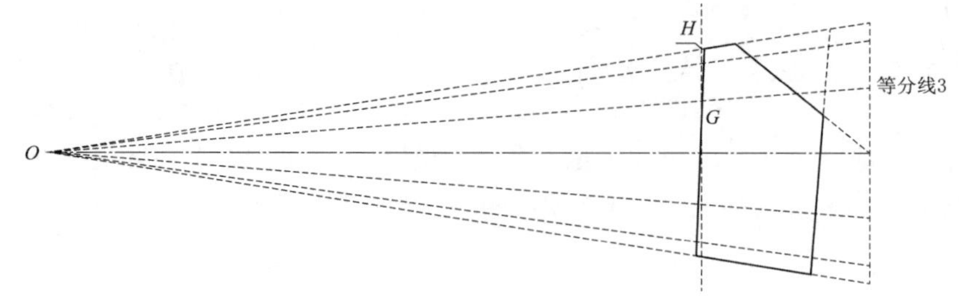

图 5　G 点切线图

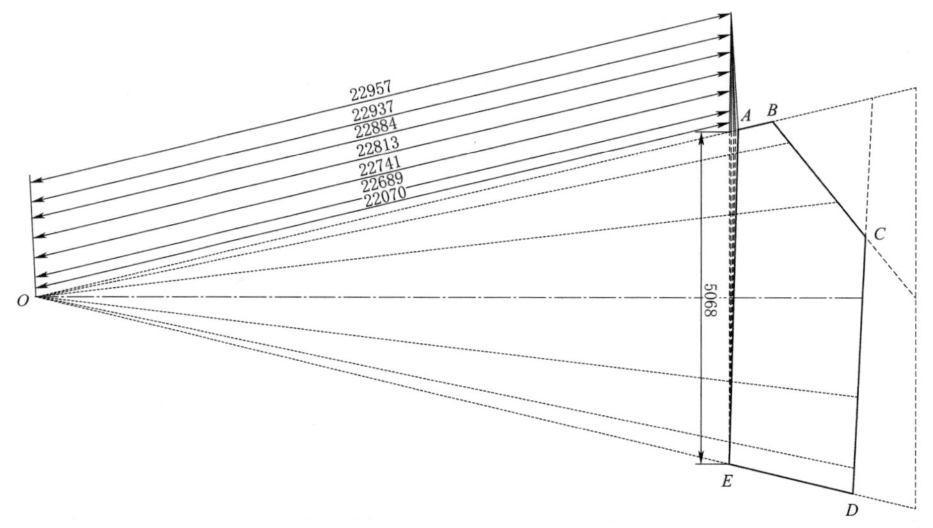

图 6　射线与 AE 断面的交点至 O 点的实际距离图（单位：mm）

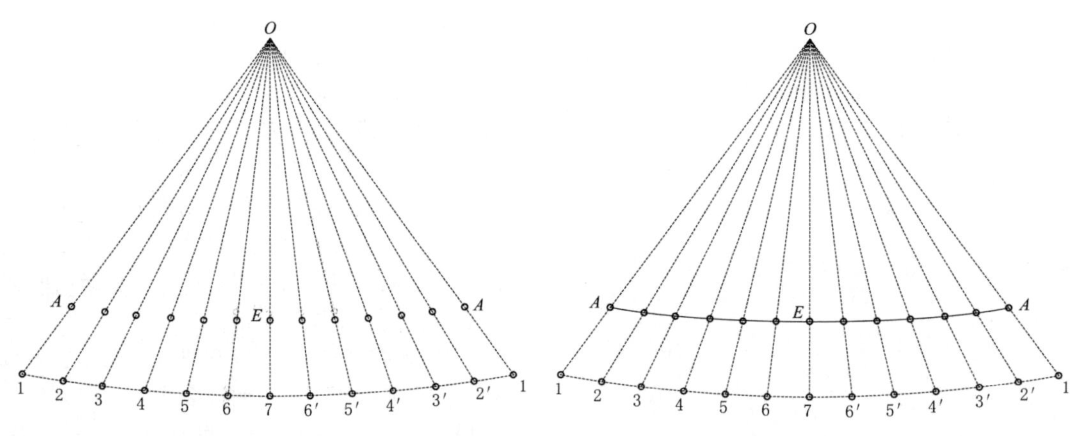

图 7　AE 断面实际展开线图

同理，可利用同样的方式得到其他岔管部件的平面展开图，完成岔管部件的平面展开绘制工艺。

5　施工过程注意事项

一般来说，设计图纸通常给出的是岔管内壁或者外壁的尺寸，但在平面展开工程中，因板材存在壁厚，如果以内壁或外壁的尺寸作展开工艺，卷板过程中会在钢板内外壁处发生延展或者压缩，造成尺寸改变，产生偏差。因此，需根据设计图纸绘出以岔管钢板材中心层为尺寸的图形，再进行展开。

岔管是压力钢管引水系统的重要组成部分，为保证岔管制作顺利完成，应检验 CAD 中放样图是否正确。可在岔管下料前，使用薄铁皮制作岔管模型；在 CAD 中将岔管各部件的下料图按一定比例缩小，导入数控程序，在薄铁皮上划线；使用相应的工具完成岔管模型各

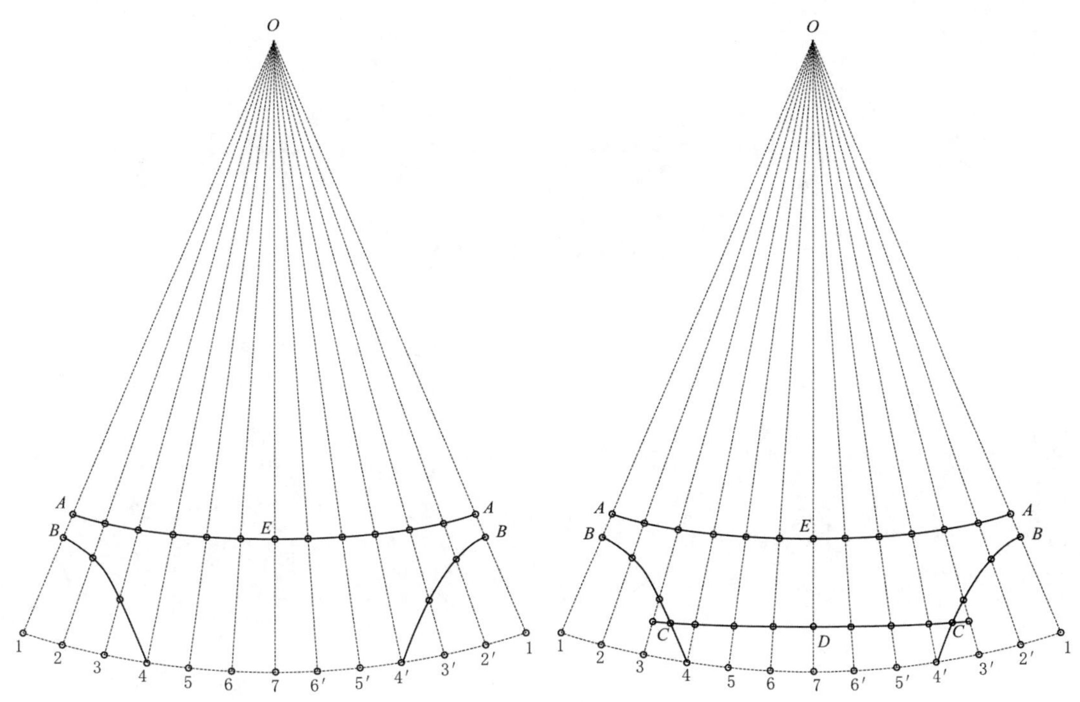

图 8 *BC* 断面、*CD* 断面实际展开线图

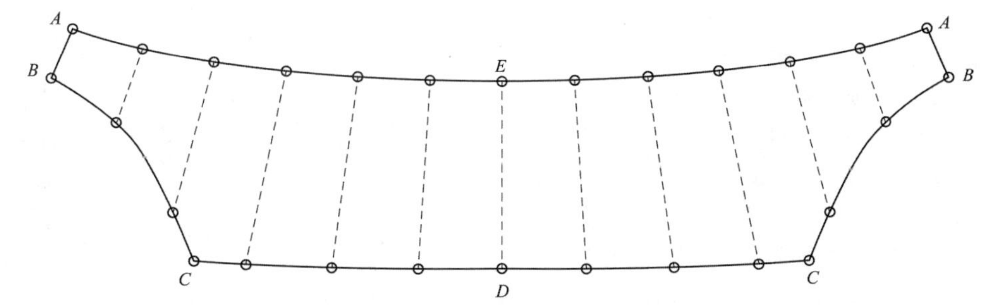

图 9 锥管 1 平面展开图

部件的下料，组拼各部件，完成模型制作。制作岔管模型不仅可以校核各拼装尺寸，还可用于指导岔管制作。

6 结语

通过对岔管展开设计的方式进行细致论述，有助于技术人员对于非对称 Y 形月牙肋岔管展开工艺的掌握，从而提高岔管制造精度及工艺水准。另外，岔管放样方式多种多样，利用 CAD 软件完成岔管的平面展开可以有效减轻技术人员计算负担，使采用数控切割机下料切割的材料更加理想，提高了岔管组装时尺寸的精度，可优质、高效地完成管件的制作。

移动式可拆卸吊车在渡槽栏杆安装中的应用

刘海顺　王　琦　向　健/中国水利水电第十二工程局有限公司

【摘　要】 本文以广西驮英灌区驮英东干渠工程施工中渡槽栏杆安装为例，简要说明了移动式可拆卸吊车的研发目的，介绍了移动式可拆卸吊车的基本结构和特点，分析了其在施工中的实际应用效果，最后通过对比分析，总结了移动式可拆卸吊车在施工中的显著优势。

【关键词】 栏杆安装　移动式可拆卸吊车　吊装施工　应用效果

1　引言

广西驮英灌区驮英东干渠工程全长 64.21km，共设有渡槽 18 座，总长 10.21km，占比 15.9%，渡槽槽身人行桥板顶面两侧均设置混凝土防护栏杆。防护栏杆的主要安装方式为车载电动小吊机和移动型小吊机吊装，同时辅以人工操作。为达到降本增效的目的，结合这两种吊机的优点，重新设计一种移动式可拆卸电动小吊车，这种吊车不仅能够解决当前现场栏杆安装中的问题，而且可以降低成本，提高工作效率。可以预测，这种吊车能够在各种现场作业中发挥重要作用，更好地完成施工安装工作。

2　移动式可拆卸吊车研发设计

车载电动小吊机是一种安装在皮卡车货箱内的小型吊装设备。它以电动绞盘为主要动力，操作方便，可以由 2 人完成吊装。这种吊机的优点在于其立柱内设压力轴承，可实现一定范围内的旋转，提高了作业半径，并可以进行远距离运输。然而，车载电动小吊机需要加固货箱底部，以保证吊装时的稳定性，不能单独使用。

移动型小吊机结构简单，主要由手动绞盘、双支腿、承插式立柱与插销组成。这种吊机拆装快速简洁，但随着栏杆安装高度的升高，手动绞盘操作会变得不便。且吊机底部万向轮无制动，吊装时吊机会明显晃动，安装时需要 3 人配合。

现针对两种吊车在工程实际应用中的缺点进行改良，设计一种新的移动式可拆卸吊车。这种吊车应能适应多种环境下的吊装作业，并适用于一定重量范围内的货物；可以采用车载电动小吊机的优点，同时增加移动型小吊机便捷性和可拆装性的优点；在保持作业半径和稳定性的同时，还应提供更广泛的应用范围和更好的工作效率。

3　移动式可拆卸吊车结构组成及使用优点

3.1　移动式可拆卸吊车结构组成

移动式可拆卸自动吊车主要由底盘行走支架、支撑立柱及吊臂、电力系统三部分组成。

底盘行走支架可使移动式可拆卸吊车保持平衡稳定，是短距离移动施工的基础构架，主要包括底座、支腿、扶手以及移动轮。移动轮安装在底座和支腿上，支腿与底座通过连接件转动连接，扶手安装在底座上。支腿至少设置两组，安装在底座的两侧，采用若干根内径不同的方钢管，内部方钢管构成伸缩部，能够根据所吊货物重量调整支腿长度，以避免小吊机发生倾覆风险。与单支腿相比，双支腿的设置使设备支撑更加平稳，提高了设备的稳定性和安全性。在吊装重物时，双支腿可以分散受力，减少设备晃动和倾倒的可能性。扶手的设计为操作人员提供了良好的操作舒适度，也有助于提升设备的稳定性和安全性。

支撑立柱及吊臂包括立柱、吊臂和起吊部。立柱底部设置固定法兰盘，通过螺栓与底座固定。吊臂臂身采用长度可调节的设置，即伸缩结构，由 2 根方钢管制作而成，伸缩结构与支腿部的伸缩部类似。2 根方钢管上均设 3 个定位孔，定位孔中可插锁销，用以调节臂长。在吊臂的端部设置滑轮，吊索从滑轮上绕过。起吊部包括电动绞盘、吊索和吊钩。电动绞盘为6000磅电动绞盘，通过遥控器进行控制。电动绞盘单绳最大起重600kg，双绳最大起重800kg。起吊部的设置可以轻松地实现重物的吊装和运输。电动绞盘的高效性和灵活性使其成为施工现场的理想选择之一。

电力系统用于为起吊部供电，在底座部上设置有电瓶座，用于放置电池，也可使用电源线接入市电供电。移动式可拆卸自动吊车装配图如图1所示。

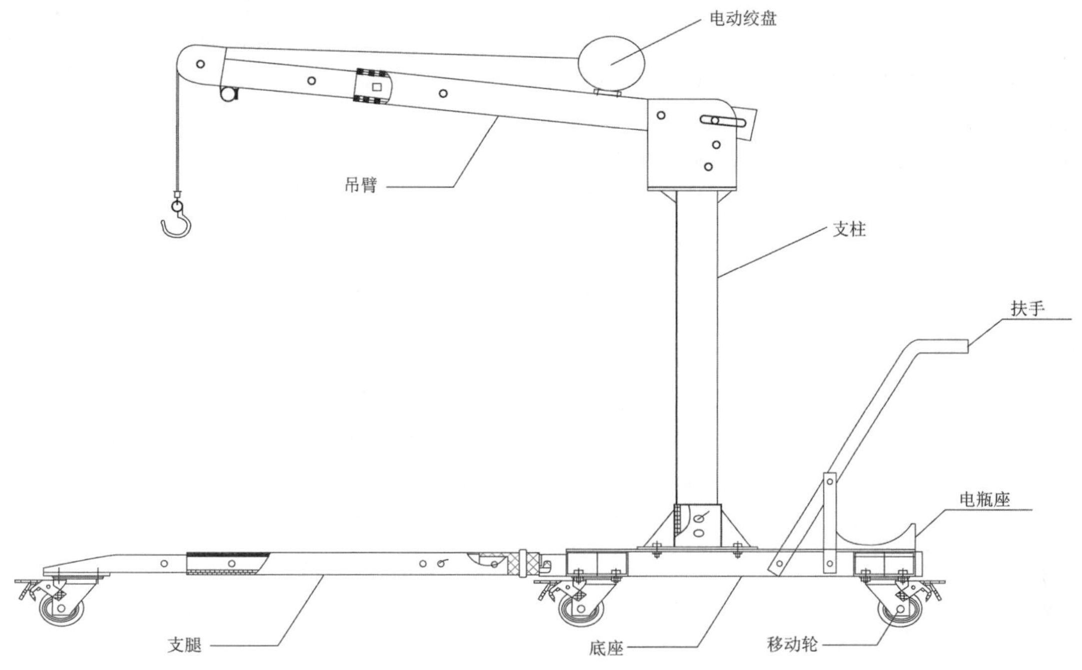

图1 移动式可拆卸自动吊车装配图

3.2 移动式可拆卸吊车使用特点

移动式可拆卸吊车是一种适用于施工现场的移动式设备，设计结构简单、具有多种功能，如吊装重物、调节吊臂角度等。移动式可拆卸吊车的连接部分均采用承插配以插销等可拆卸方式，方便快速安装和拆卸，无须使用工具即可实现连接件的更换或调整。双支腿的设置使设备支撑更加平稳。万向刹车轮的使用提高了移动的稳定性和刹车性能，确保了设备在各种路况下的使用安全。伸缩部的设计增强了设备的适应能力，使其能够适应不同尺寸和形状的作业需求。先进的电气控制系统可实现自动化操作，提高了施工效率。同时该设备采用模块化设计，各部分结构紧凑、拆卸方便，操作简单、成本低、运行平稳安全、体积小、适应能力强[1]。综上所述，移动式可拆卸吊车是一种高效、便捷的施工现场设备，具有多种优点和特点。其紧凑的设计、可拆卸的连接方式以及电动绞盘的应用使其适用于多种环境和作业条件。

4 移动式可拆卸吊车在施工中的应用与效果

渡槽栏杆在混凝土预制场中制作，在混凝土强度达到设计强度的80%以上后采用运输车将栏杆运至施工现场，再利用移动式可拆卸吊车对混凝土栏杆进行安装。渡槽栏杆安装作业高度为3.35～24.45m，可施工作业空间宽度约为1.5m，施工场地狭小且处于高空作业。渡槽栏杆安装人员的安全绳系在渡槽槽身拉杆顶面安放的水平杆上，同时在施工平台底部、支架外侧挂安全网（密目网）[2]。

预制栏杆在吊装、运输、安装过程中，确保栏杆的外观质量，同时，现场应提前做好测量放样工作，控制混凝土栏杆顶面标高及栏杆两侧边线。渡槽栏杆安装流程如下：渡槽栏杆安装前先根据设计要求，按图纸间距、边距标定好位置，在渡槽拉杆上钻孔；钻孔结束后利用空气压力吹管等工具将孔内浮灰及尘土清除，保持孔内清洁，并将锚固胶插入洁净的孔中[3]；最后利用移动式可拆卸吊车将预埋在预制混凝土栏杆中的螺杆对准插入锚固胶孔内，根据混凝土栏杆重量调整吊臂长度、角度，将混凝土栏杆绑扎、挂在吊钩上，操作遥控器使其吊离地面，推动小吊车到安装位置；再次操作遥控器起吊混凝土栏杆达到安装高度，采用人工辅助完成安装。

移动式可拆卸吊车采用自动化控制系统，操作简便、吊装速度快、施工效率显著提高；虽然初期投入成本较高，但其在施工过程中的高效率、低故障率、可拆卸、便于运输的特点，使得其综合成本相对较低；同时移动式可拆卸吊车设置多重保护结构，如带刹车的承重万向轮、可伸缩的辅助支腿等，能够在施工过程中减小潜在的安全隐患，确保施工安全。与传统吊车相比，移动式可拆卸吊车施工效率提高了约30％，同时降低了约20％的施工成本。

5 结语

在建筑施工过程中，吊装作业是不可或缺的重要环节。与传统吊车及人工搬运相比，移动式可拆卸吊车在施工效率、施工成本、施工安全性和施工灵活性等方面均表现出明显的优势。随着科技的不断进步和建筑行业的快速发展，移动式可拆卸吊车将在未来的建筑施工中发挥更加重要的作用。

参考文献

[1] 刘海婴，杨锦涛．模块化设计方法及其在机械设计中的应用［J］．科技风，2023（4）：65－67．

[2] 王磊，张晓明，魏晓祥，等．超高层建筑钢结构施工安全网下挂技术研究与应用［J］．施工技术，2015，44（8）：34－36．

[3] 罗仕刚，姚淑芳，徐温，等．高性能注射式锚固胶的制备及性能研究［J］．新型建筑材料，2023，50（9）：125－128．

黄金峡水利枢纽泄洪表孔弧形闸门安装技术

林海伟　李　岩/中国水利水电第十二工程局有限公司

【摘　要】 本文以黄金峡水利枢纽工程泄洪表孔坝段4孔大型焊接弧形闸门安装为例，对多孔大型弧形闸门同步施工、工序安排合理化进行阐述，通过优化施工作业流程、优化吊装设备布局，解决了施工工期紧、闸门部件吊装只能依靠坝顶门机施工、无法停驻大型起重机的难题。

【关键词】 水利枢纽　表孔弧形闸门　安装　循环作业

1　引言

引汉济渭工程黄金峡水利枢纽金属结构安装工程泄洪表孔坝段共布置有5套弧形闸门，单套闸门总重427t，孔口宽14.0m，弧面半径为30m，门叶弧长26.94m。闸门为采用三主横梁、直支臂、球铰支承、双吊点的焊接弧形钢闸门。侧向支承导向为滚轮，侧止水橡皮为“L”形，底止水橡皮为“刀”形。闸门和埋件主要材质为Q355B，闸门利用2×5000kN液压启闭机启闭，弧形闸门立面布置如图1所示。

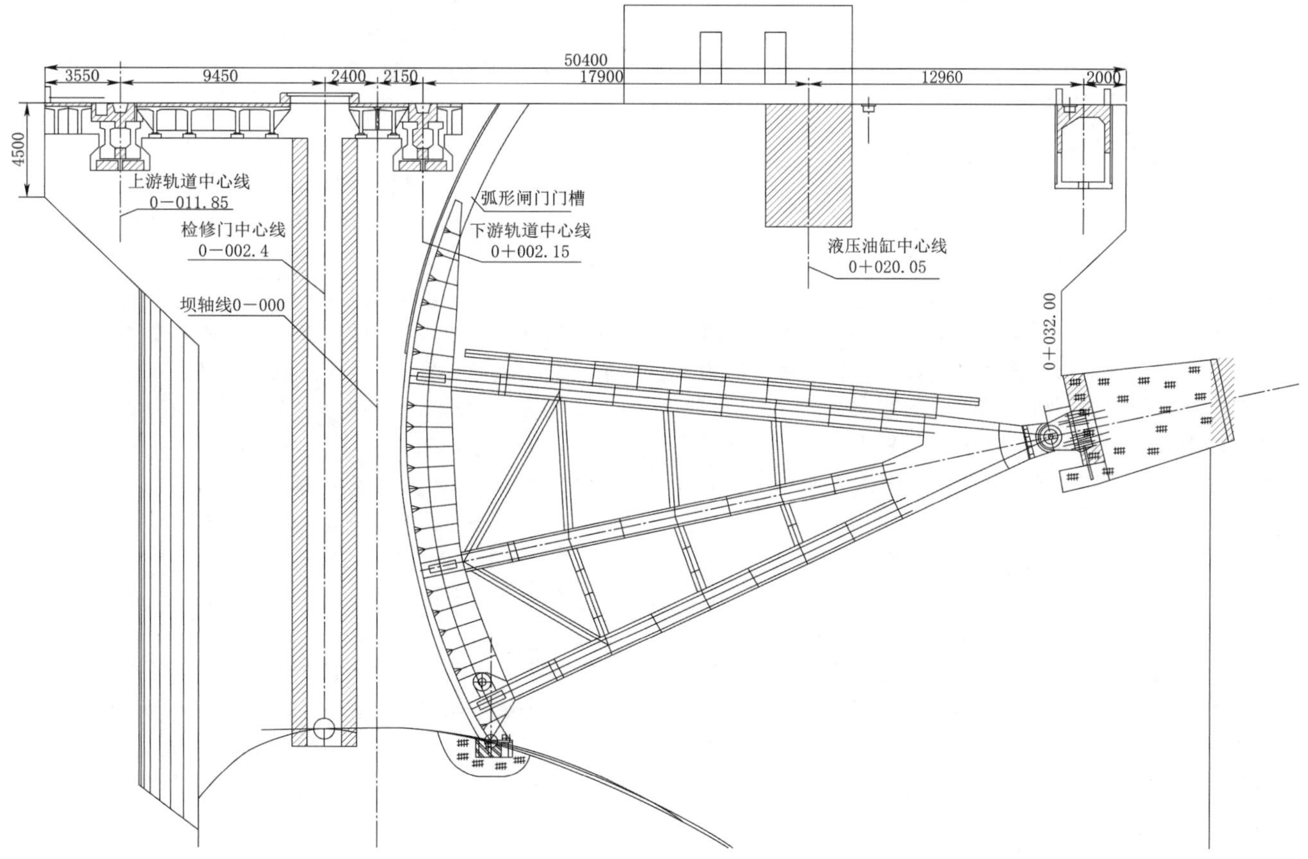

图1　弧形闸门立面布置示意图（单位：mm）

根据2023年度汛目标要求，在2023年4月30日汛期到来前，必须完成5套泄洪表孔弧形闸门及液压启闭机的所有安装工作。但受疫情等因素影响，项目工期严重滞后，在2023年2月10日时，仅完成了1套弧形闸门的安装，根据施工统计该套闸门安装共历时60天。原计划中5套闸门的工期为147天，但实际情况为剩余4套闸门实际安装工期仅有75天，工期相当紧张。因此，取消原定逐套安装闸门的方案，根据现场情况，从人、机、料、法四方面入手，提高施工效率，确保度汛目标实现。

2 施工方案的制定

2.1 弧形闸门安装制约因素

黄金峡水利枢纽工程泄洪表孔坝段弧形闸门安装工期短，4套弧形闸门及液压启闭机安装工期仅为75天。

弧形闸门重量大，总重427t，闸门分体部件重量大，最重分节门叶为33.75t，支铰座为31.24t。门叶分节多，共计8节门叶；吊装半径大，支铰座距坝顶公路直线距离约44m。

坝顶公路为连续T形混凝土预制梁，跨距14m，梁体较为单薄，设计时未考虑大型汽车在上部吊装作业的荷载，仅考虑通车荷载，因此无法在交通梁上布置大型汽车吊。坝顶布置1台带回转吊结构的门式启闭机，但受其自身结构限制，吊装半径固定在18m，实际使用时吊装效率不高。弧形闸门平面布置如图2所示。

2.2 应对办法

1. 安装工期短

取消原定利用门机逐孔安装方案，改为4孔同时进行安装作业，增加弧形闸门安装的吊装设备，每两孔配置1台大型汽车吊。针对支铰座重量大、吊装距离最远的情况，取消原定采用悬挑钢梁通过卷扬机配合滑轮组的方式以及利用坝顶门机辅助吊装的方案，该方案需进行大量的准备工作且施工时间较长。采用汽车吊直接吊装到位的方式，虽增加了吊装成本，但大大缩短了支铰座吊装占用时间。

2. 闸门结构部件多、吊装设备受限

必须增加吊装设备，才能满足4孔弧形闸门同时安装的节奏；受限于坝顶交通梁无法停驻大型汽车吊的条件，根据现场情况，将3号孔及5号孔检修闸门井右侧半孔利用工字钢及钢板制作的钢平台进行铺设，作为大型汽车吊行走及停驻位置，汽车吊斜向停驻，两个支腿支撑于实心混凝土闸墩上，另两个支腿支撑在门机组合预制梁上（组合梁荷载设计为300t）；优化吊装顺序，除支铰座外，每台汽车吊各负责两孔弧形闸门的吊装作业和两孔弧形闸门部件吊装循环作业。

3 弧形闸门安装技术

3.1 施工现场布置

1. 汽车吊驻车位置临设布置

用钢结构平台将3号、5号孔覆盖半侧，钢结构平台以工20a工字钢作为支承梁，20mm厚钢板作为面板，单根工字钢长度4.5m，支承点延长过交通T形预制梁中心，工字钢中心间距200mm。钢结构平台设计如图3所示，闸门井覆盖立面如图4所示。

2. 汽车吊驻车位置布置

分析弧形闸门各部件重量及吊装半径，利用500t汽车吊进行支铰座的吊装作业，利用220t汽车吊进行弧形闸门门叶及支臂的吊装，剩余附件利用25t汽车吊吊装。各型号汽车吊驻车位置及方式一致，2个支腿支撑于门机轨道梁上，另2个支腿支撑于闸墩上，支腿下方各放置一块3400mm×2500mm×200mm的支撑钢板，以扩大支腿受力面积。汽车吊位置布置如图5所示。

3.2 弧形闸门安装

3.2.1 安装程序

支铰座重量大，吊装半径大，需要利用500t汽车吊进行吊装。为尽力节约成本，四孔弧门8个支铰座从5号孔至2号孔逐孔进行吊装，500t汽车吊先驻车在4号、5号孔闸墩位置吊装4号、5号孔弧形闸门支铰座，吊装完成后立刻转移500t汽车吊至2号、3号孔闸墩位置进行2号、3号孔弧形闸门支铰座吊装。吊装完成后，为充分节约大型汽车吊配重拆卸、车辆撤场和220t汽车吊进场布置的时间，同时考虑到500t汽车吊吊装覆盖半径大，可一定程度上辅助其他孔位部件吊装，500t汽车吊吊装完2号、3号孔支铰座后不再更换220t汽车吊，继续进行2号、3号孔其他部件吊装。

在500t汽车吊转移至2号、3号孔闸墩位置后，220t汽车吊立即布置在4号、5号孔闸墩位置，负责4号、5号孔弧门除支铰座外其他部件吊装工作。泄洪表孔4套弧形闸门吊装作业流程如图6所示。

3.2.2 施工进度合理化安排

单套弧形闸门主要部件共计16件，分别为支铰座2套、下支臂及裤衩组合件（整体吊装，吊装前先行组装）2件、中支臂2件、上支臂2件、门叶8节。

每个弧形闸门部件吊装时间为1天，每两孔部件循环作业吊装，吊装完前一孔部件后隔一天吊装后一孔部件，该时间正好用于前一孔弧门部件调整加固。根据进度安排，完成弧门大件吊装的施工工期为33天：汽车吊进场布置及转移等时间共计5天；闸门门叶和支臂焊

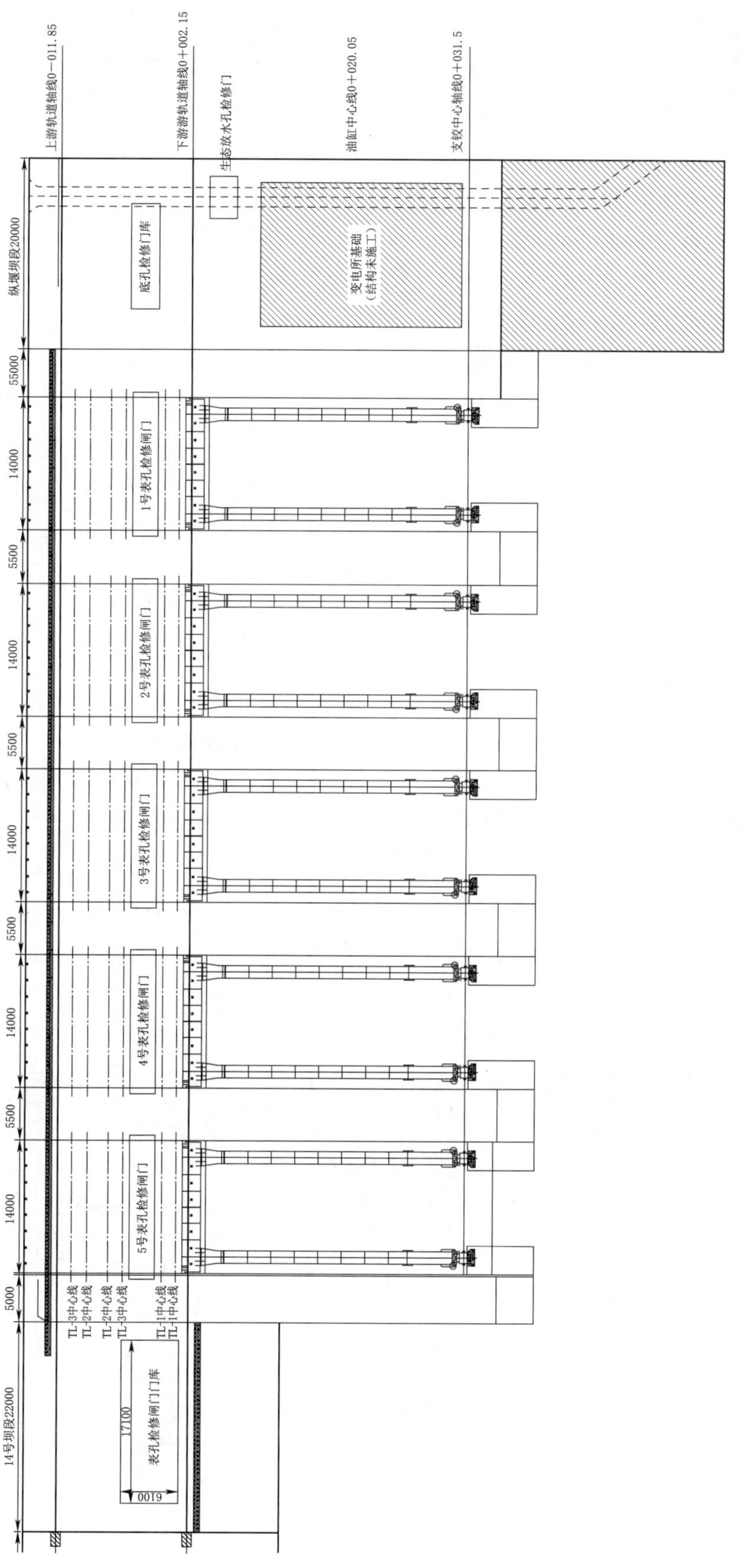

图2 弧形闸门平面布置图

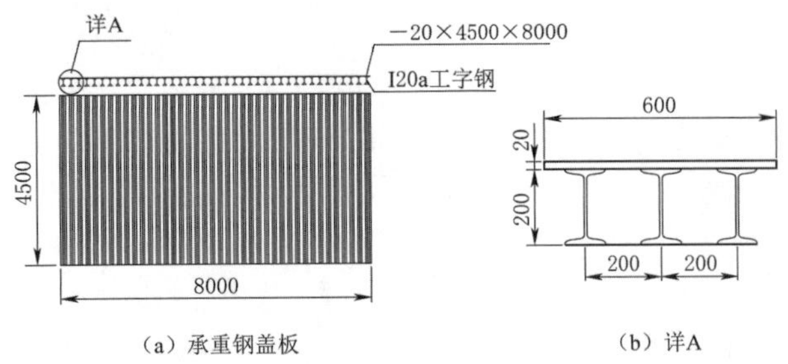

图3 钢结构平台设计图（单位：mm）

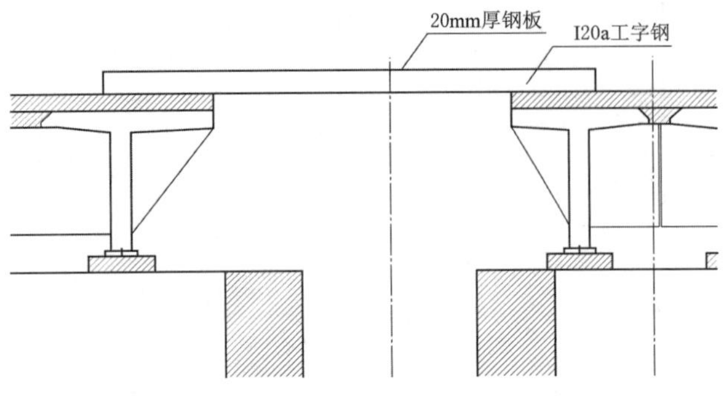

图4 闸门井覆盖立面图

接时间为15天，焊缝探伤时间为4天，辅件拆除及焊缝部位防腐时间为2天，闸门与液压油缸连轴安装时间为2天，闸门启闭试验及水封安装时间为4天，闸门全行程无水试验及闸门透光性检查时间为5天。计划总工期为70天。

由于现场多种制约因素，实际施工完成时间为74天。在汛期到来前4孔弧形闸门已具备启闭能力，在不影响弧门正常使用情况下后续消缺时间共计15天。

弧形闸门液压启闭机施工与闸门施工时同步进行施工作业，液压启闭机设备除油缸必须利用汽车吊进行吊装外，其他部件均利用土建施工塔吊及汽车吊空闲时进行。

3.2.3 施工流程

弧形闸门施工流程如图7所示。

3.2.4 弧形闸门安装技术难点及解决办法

1. 安装技术难点

(1) 弧形闸门从第二节门叶起，由于弧门垂直正上方为门机梁，无法直接吊装就位。

(2) 弧形闸门边梁为箱形梁结构，坡口为单面坡口，箱梁内部空间小，无法进行背缝气刨，且焊缝为一类焊缝，焊接时容易熔深不够，产生未焊透的质量缺陷。

(3) 四孔弧形闸门安装需要大量人、材、机等资源辅助，资源调配及安排不当容易造成工期延误及经济损失。

2. 安装解决办法

(1) 针对弧形闸门焊接门叶无法直接吊装就位的难点，根据现场实际情况，配置2个10t手拉葫芦辅助，手拉葫芦布置于分节门叶底部或上部两侧，手拉葫芦悬挂在表孔叠梁检修闸门吊耳上（黄金峡水利枢纽工程因坝体蓄水需要共计布置4套检修闸门，且前期已安装就位，门体面板侧吊装吊耳特意留存未割除），若无检修

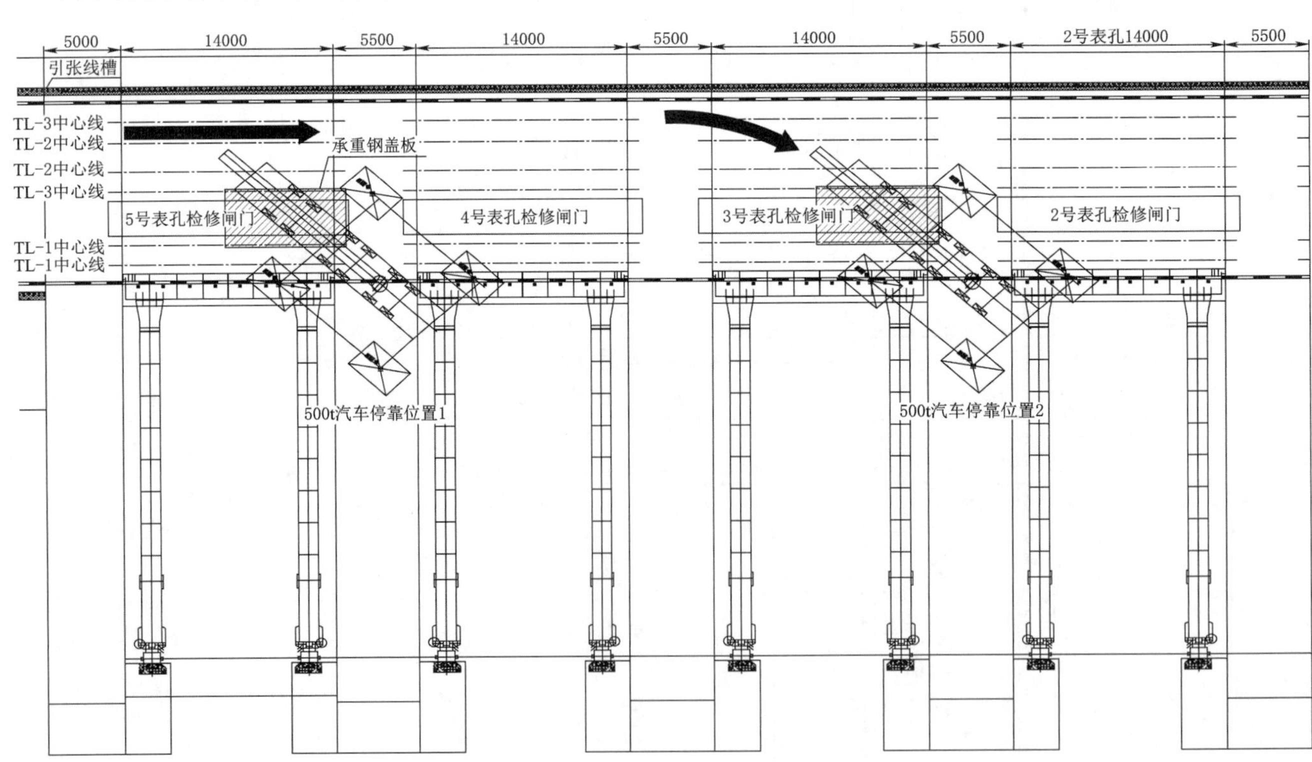

图5 汽车吊位置布置图

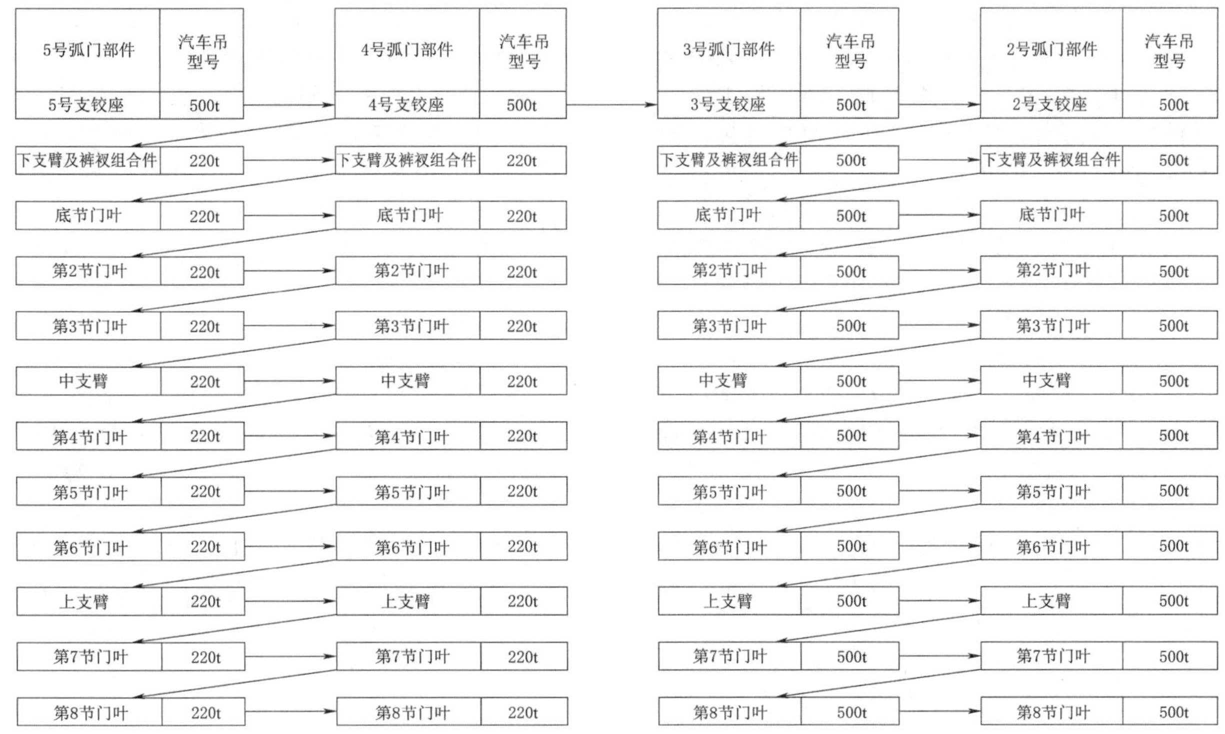

图 6 泄洪表孔 4 孔弧形闸门吊装作业流程

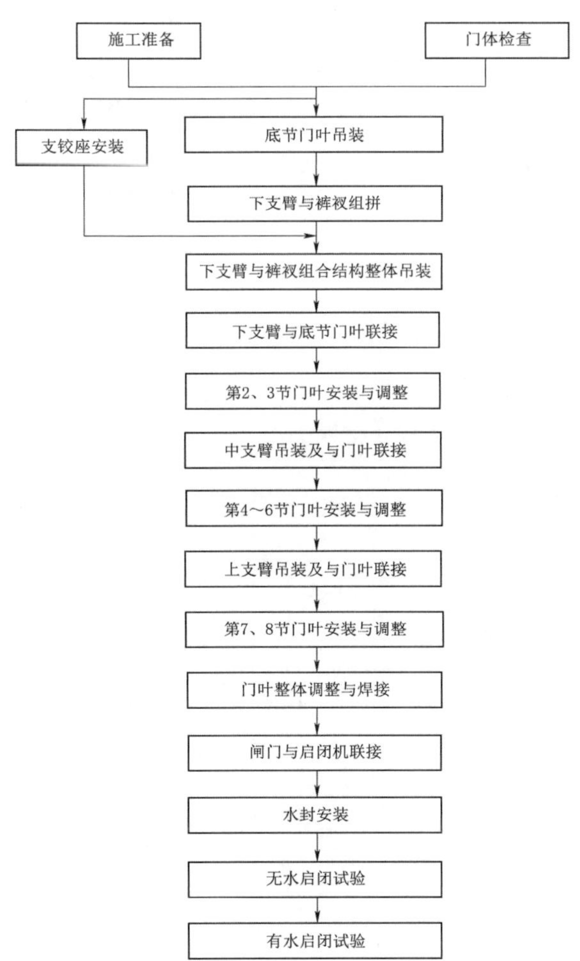

图 7 闸门安装工艺流程图

闸门，可在检修门槽二期混凝土内预埋钢板，再焊接吊耳。汽车吊将分节门叶吊装至接近于安装部位的高度，再利用手拉葫芦缓慢将门体拉至门叶安装位置。汽车吊钢丝绳与门机梁不可避免地会接触在一起，为保护钢丝绳，避免因摩擦破坏钢丝绳而产生安全事故，在门机梁与钢丝绳接触部位增加保护装置，利用圆弧钢管对钢丝绳加以保护。

（2）针对弧形闸门边梁为箱形梁，单面焊接容易产生焊接缺陷的难点，在闸门吊装前将焊接坡口打磨光滑，提前准备好宽 4cm、厚 5mm 的扁钢，在扁钢中心位置打磨出凹槽，以便焊接时增加背缝焊缝高度，并在扁钢两侧钻孔，穿入 2mm 细钢丝。在上一节分节门叶吊装时，将扁钢临时挂在箱梁内部，待上一节门叶调整就位后，将扁钢拉起附贴在焊缝处，并将扁钢四角与门叶点焊在一起，以免焊接时掉落。操作时应注意上节门叶就位时不要将钢丝压断。在坡口位置临时打磨出两个细小凹槽放置钢丝。

（3）针对人、材、机等资源用量大，易造成工期延误及经济损失的问题，项目部特意调集多个有经验的生产管理及技术人员，按照任务对人员职责进行划分，特别是设备运输、吊装、物资供应、技术管理 4 个方面，按照作业程序每两孔配置一组人员，并每天开展进度和质量总结会，对工期及质量进行把控。

4 天工程实施效果和建议

黄金峡水利枢纽工程 4 孔弧形闸门成功安装完

成，通过制定适合于该工程实际环境的循环作业施工方案，实现了在短工期内完成多套弧形闸门安装的目的。2023 年 4 月 29 日，多套弧形闸门流水施工作业工艺顺利实施，完成了“4・30”度汛节点目标，并通过验收。

但施工中仍然碰到了一些难以预见的问题。

(1) 下支臂及裤衩组合结构长度较长，在就位后未预见支臂的下挠状况，下支臂及裤衩组合结构就位后对下支臂前端与端板进行了大量焊接加固工作；在中支臂安装时，支臂无法直接对位，将部分加固部位割除后才对位成功，浪费了一定的时间。在以后类似工程的施工过程中，应在下支臂与门体对位固定时少量焊接加固，仅加固焊接箱梁上部翼板，并在下支臂底部增加型钢进行辅助支撑。

(2) 弧形闸门分节门叶吊装定位时，弧形闸门半径应控制在正偏差范围内，以免支臂与门叶前端板焊接时，焊缝收缩，缩小弧形闸门半径。

(3) 弧形闸门分节门叶后翼缘板焊接时，应将小块骑缝钢板先行焊接于后翼缘板对接焊缝两侧，防止焊缝焊接时的收缩影响弧形闸门尺寸，同时控制焊接电流、焊接层数、焊接速度等工艺参数，避免焊缝收缩量过大。

5 结语

黄金峡水利枢纽工程后 4 套弧形闸门的安装，通过制定合理的施工工艺，特别是制定适合该工程施工环境和符合工艺要求的循环作业、坝面采用钢平台进行闸门井覆盖以便行车及驻车等措施，达到了在短工期内完成多套大型焊接弧形闸门安装的目的。通过黄金峡水利枢纽工程多套弧形闸门的安装，进一步完善了大型弧形闸门的安装技术，为其他施工工期短、施工现场工况复杂的类似施工项目提供了宝贵经验，具有一定的借鉴意义。

审稿人：陈建苏

驮英灌区长线形大跨度渡槽施工规划及施工技术

魏　伟　应慧能　邓小飞/中国水利水电第十二工程局有限公司

【摘　要】 广西驮英灌区东干渠工程总长64.21km，沿线分布有18座渡槽，渡槽布置总长度约10.0km，最长渡槽长3.2km。本文重点论述了渡槽施工组织规划、方案规划及槽身衬砌施工技术。

【关键词】 施工规划　工区划分　槽身施工方案　槽身衬砌技术　模板支撑受力计算要点　驮英灌区

1　引言

广西壮族自治区崇左市驮英水库及灌区干渠总长243.36km，其中驮英灌区东干渠工程总长64.21km、渡槽18座，总里程占东干渠总长度的约16.0%，渡槽设计流量最大为8.95m³/s。渡槽分为U形断面槽身、矩形断面槽身两种类型，采用普通C30钢筋混凝土的槽身跨度分别为15m和12m，采用C40预应力钢筋混凝土的槽身跨度为24m，最大槽身高度为23.5m。

该工程渡槽施工线路长、施工难度大，沿线跨越乡镇多，是工程关键线路上的关键项目，工期延期风险大，是施工组织、施工技术两个方面的重点研究内容。为确保工程安全、按期完成，提出长渡槽快速施工技术并对模板支撑体系进行研究。

结合该工程渡槽施工项目的特点，根据不同槽高、槽身跨度，采用定型钢模板、配合多种支模体系，以达到控制成本、保障安全、加速工期的目标。

2　施工组织规划[1]

2.1　工区划分及渡槽工作面组织规划

将全长64.21km的东干渠工程划分为两大工区，上游段为第一工区，所属责任段干渠长度为25.8km，下游段为第二工区，所属责任段干渠长度为38.36km，两大工区独立组织施工。项目经理部设置于线路中部附近，负责两大工区总体的协调及管控。

结合施工条件、各段渡槽的布置特点与施工难点，渡槽施工分为三个工作面进行，各工作面长度相当，按照3.0～3.5km分配。其中第一工区开辟一个渡槽工作面，第二工区开辟两个渡槽工作面。第一工区总体安排以顺序施工为主，局部穿插平行施工面；第二工区开辟两个工作面，分别为：①旧城渡槽→米改渡槽→东门1号渡槽→东门2号渡槽→东门3号渡槽→米里渡槽，该工作面按照顺序施工安排；②坝引渡槽→琴柳渡槽→岜特渡槽（3.22km长渡槽）。

根据拟定的工区划分原则，渡槽工作面规划见表1。

2.2　施工布置规划

1. 生活营地

在1号工作面中部的柳桥河渡槽附近（柳桥高速进出口路口）、2号工作面中部的米改渡槽附近、3号工作面中部的岜特渡槽附近各布置一处生活营地，作为渡槽施工工人的生活居住区，满足施工工人及管理人员的日常生活需要。

2. 施工道路

该工程通过以下道路进入渡槽工作面，可以满足渡槽施工交通要求。

（1）利用G322国道、县道、乡道进入各渡槽工作面附近。

表 1　　　　渡槽工作面规划表

序号	桩号		名称	长度/m	所属工区	工作面
	起始桩号	结束桩号				
1	TD2＋417.757	TD3＋208.257	陆河渡槽	790.5	第一工区	1号工作面
2	TD5＋259.536	TD5＋560.720	山王渡槽	301.2		
3	TD7＋792.482	TD7＋979.482	六顶1号渡槽	187.0		
4	TD8＋339.207	TD8＋586.207	六顶2号渡槽	247.0		
5	TD9＋363.727	TD9＋925.727	柳桥河渡槽	562.0		
6	TD20＋942.513	TD21＋069.513	吉安渡槽	127.0		
7	TD22＋590.396	TD22＋982.396	新安1号渡槽	392.0		
8	TD23＋675.590	TD23＋847.590	新安2号渡槽	172.0		
9	TD26＋231.699	TD26＋413.699	旧城渡槽	182.0	第二工区	2号工作面
10	TD29＋921.267	TD31＋057.267	米改渡槽	1136.0		
11	TD31＋493.081	TD31＋945.081	东门1号渡槽	452.0		
12	TD32＋281.455	TD32＋907.455	东门2号渡槽	626.0		
13	TD34＋990.350	TD35＋052.350	东门3号渡槽	62.0		
14	TD45＋889.769	TD46＋489.769	米里渡槽	600.0		
15	TD47＋151.012	TD47＋838.454	琴柳渡槽	687.4		
16	TD49＋362.069	TD49＋660.185	坝引渡槽	298.1		3号工作面
17	TD57＋982.700	TD58＋138.700	新更杨渡槽	156.0		
18	TD58＋882.970	TD62＋108.122	邕特渡槽	3225.2		

（2）通过机耕路与沿渠纵向线路内的道路到达工作面。

（3）拓宽机耕路，铺筑泥结石路面作为对外交通道路；沿渡槽走向一侧修建宽约 4.5m 道路作为场内施工临时交通。

3. 混凝土生产系统

混凝土生产系统及附属加工厂结合生活营地所在位置进行布置，共布置 3 处 HZS50 型混凝土搅拌站，额定生产能力为 $50m^3/h$，可保障渡槽混凝土浇筑的正常连续供应。

4. 施工用电

渡槽施工工作面沿线分散布置施工用电，施工用电量不大，主要有电焊机、振捣器等小型施工用电设备，以小型移动式柴油发电机供电为主，少部分渡槽工点位于生活营地附近的，可就近接入供电网。

3　施工方案规划

该工程共 18 座渡槽，墩身分为重力式槽墩、单排架槽墩、薄壁式空心墩三种型式。槽身分为 U 形槽身和矩形槽身两种断面型式。

U 形槽身为复杂断面，是该工程的重点研究对象。为解决 U 形槽身结构复杂、高空模板支撑体系安全风险大、钢筋分布较密、混凝土振捣困难，仓面狭窄（槽身混凝土壁厚为 13～18cm）入仓难等难题，研究采用分段定型模板拼接、承重脚手架支撑体系与贝雷架支撑体系结合、合理改进入仓口等方式解决，通过分析和总结，在保证混凝土质量的同时加快施工进度。

3.1　施工工艺流程

每个工区采用流水作业，各自组织渡槽施工，互不影响。该工程渡槽总体施工工艺流程如下：槽墩基础开挖→混凝土槽墩基础→槽墩（重力式、排架、薄壁空心墩）→墩帽→槽身支撑系统搭设→预压→安装槽身模板及钢筋→浇筑槽身混凝土→养护。

3.2　基础土石方施工方案

渡槽基础施工主要包括土石方明挖及回填施工。

（1）土方开挖采用人工配合 $1.0m^3$ 反铲挖掘机，建基面预留保护层采用人工清挖。石方开挖主要采用液压破碎锤破碎解小、15t 自卸汽车运输，合格石渣料就近用于回填，弃料运到指定弃渣场。

（2）土石方基础开挖完成、地基承载力满足设计要求、隐蔽工程验收合格后，及时进行基础混凝土浇筑施工。

（3）基础回填料采用开挖的合格土石料回填至原地面高程，采用蛙式打夯机分层打夯回填，压实度等指标需满足设计要求。

3.3　槽墩混凝土施工方案

1. 重力式槽墩混凝土施工

重力式槽墩为 C20 钢筋混凝土结构，模板采用钢木组合模板，采用 $\phi50$ 钢管围檩固定，用 $\phi50$ 钢管斜撑加固四周。混凝土在搅拌站集中拌制，采用 $8m^3$ 混凝土搅拌车运至浇筑面、25t 汽车吊配合吊罐入仓浇筑、插入式振捣棒振捣密实。

2. 排架墩混凝土施工

排架墩混凝土为 C25 钢筋混凝土结构，模板采用定制钢模板，模板间用 U 形卡扣紧固，人工沿排架柱四周搭设钢管脚手架作为施工平台，平台上铺设 10cm 厚竹条板，并留出排架柱浇筑位置。排架混凝土分层浇筑成形。每块模板预留 400mm×400mm 孔，混凝土浇筑时，由低到高从预留孔放料。混凝土在搅拌站集中拌制，采用 $8m^3$ 混凝土搅拌车运至浇筑面、25t 汽车吊配合吊罐入仓浇筑、插入式振捣棒振捣密实。

3. 薄壁空心墩混凝土施工

薄壁空心墩混凝土为 C30 钢筋混凝土，外模板采用定制爬升模板加固，内模板采用钢木组合模板对撑加固。槽墩四周搭设钢管脚手架作为施工平台，平台上铺设 10cm 厚竹条板，并留出空心墩浇筑位置。分层浇筑及入仓方式与重力式槽墩及排架墩相同。

3.4 槽身混凝土施工方案

该工程槽高为 2.0～23.5m，通过技术、经济分析，拟定当槽高 $H\leqslant 8$m 时，槽体采用满堂盘扣式脚手架模板支撑体系立模；当槽高 $H>8$m 时，槽体采用贝雷梁模板支撑体系立模。

槽身模板采用定型钢模，由底模、外模、外模支撑、内模、内模支撑架组成，模板支撑系统吊装完成后，进行钢筋安装，验收合格后进行内模板安装，槽身内模每侧布设两排入仓口。

槽身钢筋分为底板钢筋、边墙钢筋与拉杆钢筋两大块。钢筋成型主要在现场焊接或绑扎。槽身钢筋骨架的制作流程为：在钢筋加工厂内按型号下料、加工→运至施工现场→底板及边墙钢筋绑扎→拉杆钢筋绑扎。

在槽身钢筋及模板安装完成并检查合格后，分序浇筑槽身混凝土。混凝土浇筑连续、对称进行。采用 25t 汽车吊配合吊罐入仓。

4 槽身衬砌施工关键技术及模板支撑受力计算要点

4.1 槽身衬砌施工关键技术

槽身衬砌关键要解决的技术难点主要包括槽身模板支撑体系的选择及施工、槽身混凝土浇筑两方面内容。

1. 槽身模板支撑体系的选择及施工

在施工方案策划阶段，通过技术分析、经济比较，确定了采用满堂盘扣式脚手架模板支撑体系（图 1）和贝雷梁模板支撑体系（图 2、图 3）两种支撑体系。

在搭建脚手架范围内的基础面处理完成后，开始搭建满堂架。盘扣式支撑架全部杆件均是系列化和标准化的，投入 2～3 名工人即可快速完成搭建。

沿着渡槽轴线方向，一跨槽身单组贝雷梁由两种尺

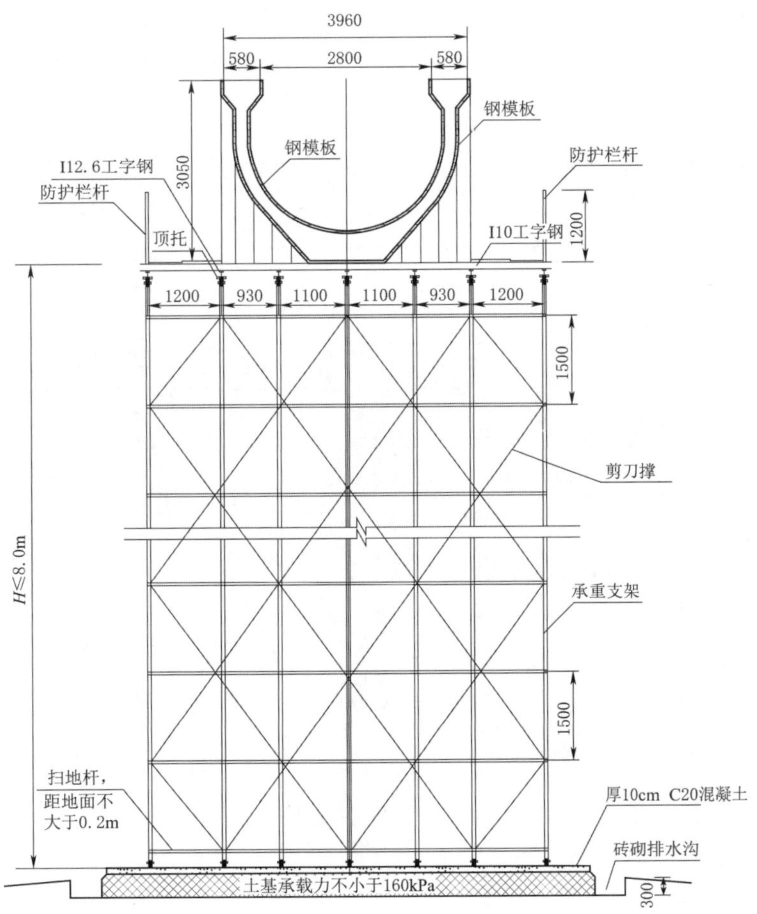

图 1 满堂盘扣式脚手架模板支撑体系示意图（单位：mm）

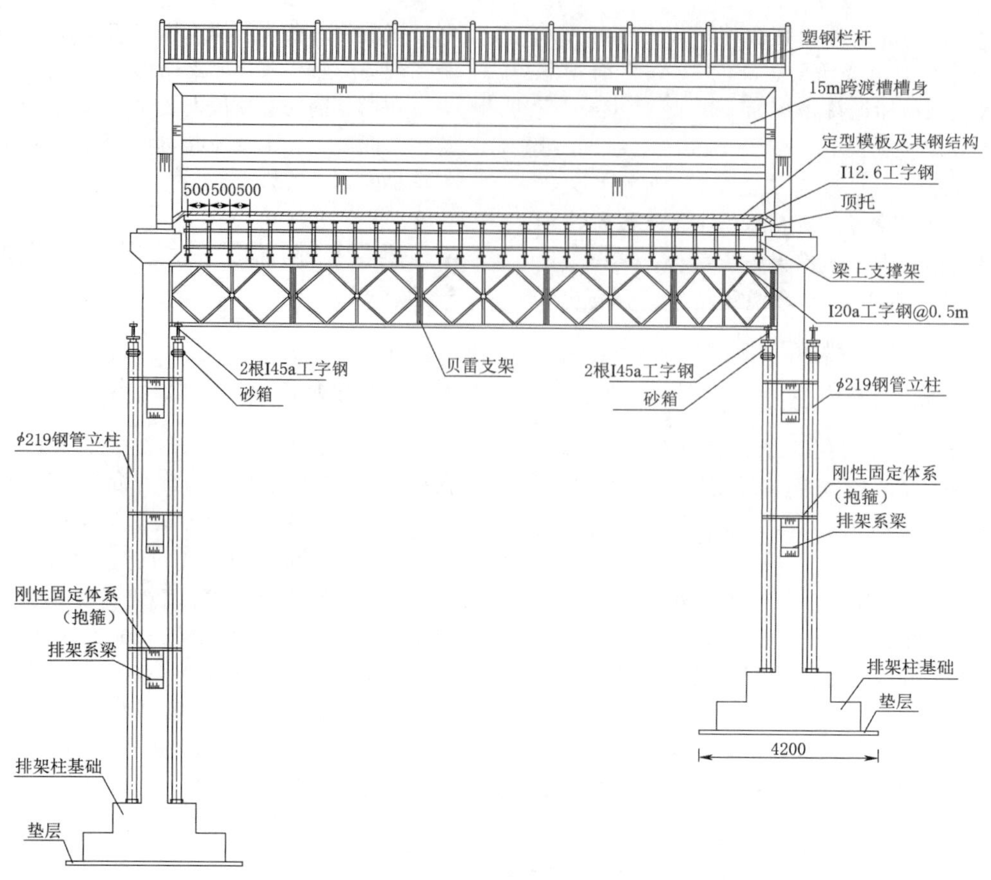

图2 12m或15m跨渡槽槽身贝雷梁模板支撑体系示意图（单位：mm）

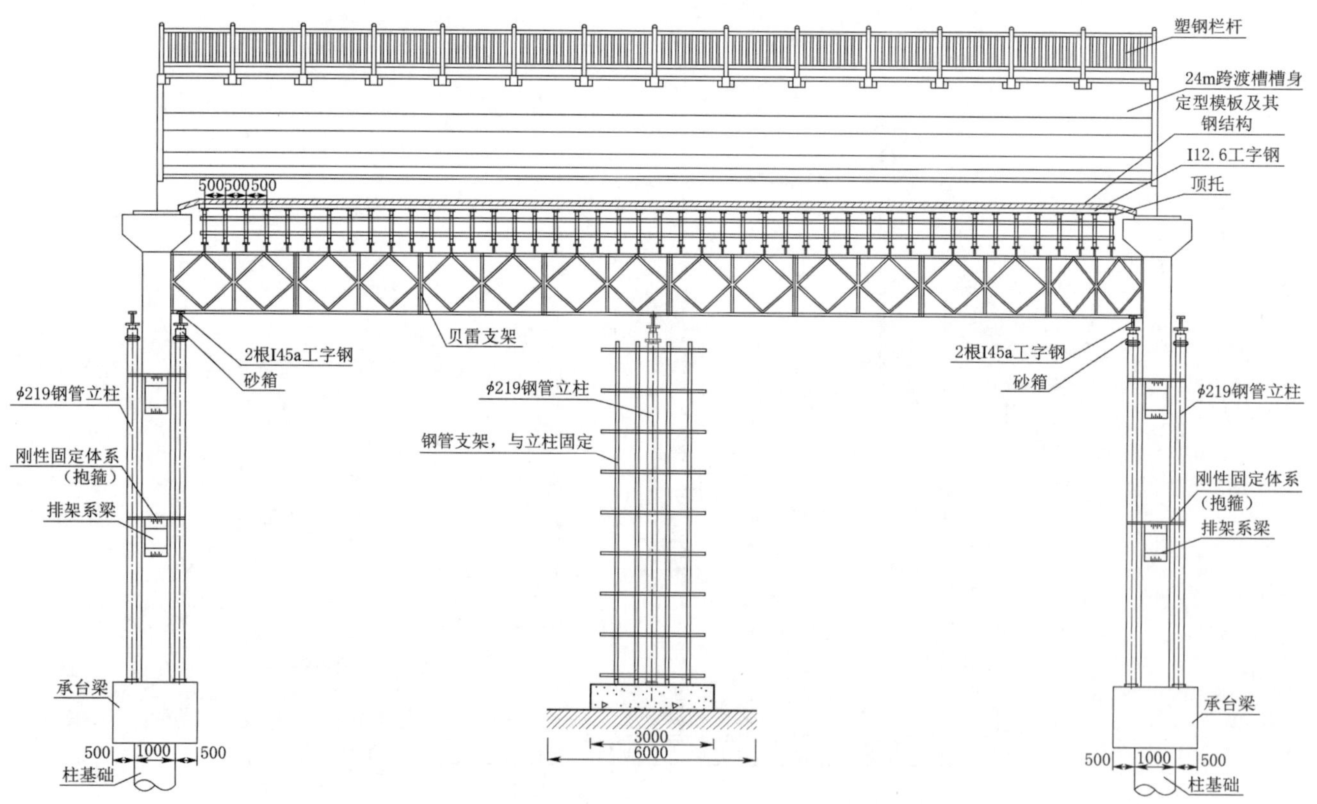

图3 24m跨渡槽槽身贝雷梁模板支撑体系示意图（单位：mm）

寸型号贝雷片拼接而成：①长 3m、高 1.5m，单片重量为 270kg；②长 2m、高 1.5m，单片重量为 240kg。贝雷梁模板支撑体系采用砂箱卸载，在槽墩上均匀布设砂箱，作为重要受力点承载上部荷载。贝雷梁模板支撑体系的吊装采用 25t 汽车吊进行。

用砂袋对支架进行预压。选择适当大小的砂袋，根据预压荷载计算砂袋数量，采用汽车吊吊放砂袋，加载时，从支架中部向两侧对称、分层加载。支架预压分 4 级加载，各级荷载值分别为 60%、80%、100%、120% 的预压荷载值。

2. 槽身混凝土浇筑

槽身混凝土分区对称浇筑、平衡上升，浇筑分区示意如图 4 所示。渡槽槽身由拌和站自拌供应混凝土，采用 $8m^3$ 混凝土搅拌车运输至现场。混凝土主要采用 25t 汽车吊配合吊罐、缓降溜管入仓。混凝土平仓采用人工进行，插入式振捣器振捣密实。

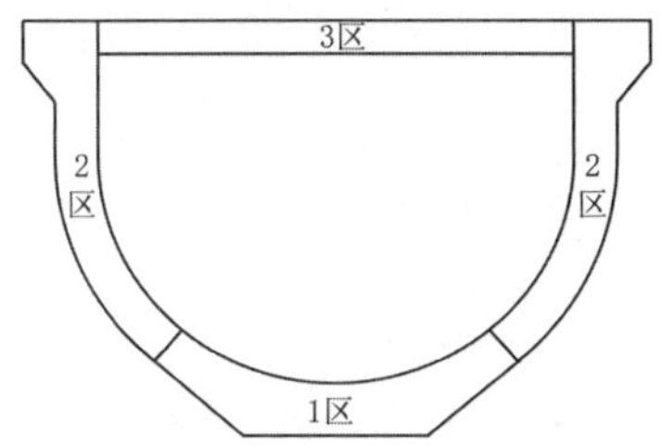

图 4　浇筑分区示意图

混凝土采用水平分层的方式连续浇筑，先从两个边墙处下料浇筑底板及边墙与底板结合处的混凝土（1 区），该区混凝土浇筑连续、对称进行，该区混凝土浇筑的高度不得超过 0.6m，振捣采用插入式振动棒，使混凝土向底板流动；待边墙与底板结合处混凝土浇筑满后，再浇筑两侧腹板混凝土（2 区），并及时摊平、补足、振捣，控制好标高，达到设计要求；最后浇筑顶部拉杆（3 区）。浇筑两侧腹板混凝土时，采用同步对称浇筑方式，每层厚度以不超过 30cm 为宜，防止两边混凝土面高低悬殊，造成内模偏移或其他后果。

混凝土浇筑完毕后，在混凝土表面覆盖养护毯，采用水管喷湿养护。

4.2　模板支撑体系受力计算要点

以 24m 跨渡槽贝雷梁模板支撑体系受力计算为例进行说明，主要进行以下方面的受力验算。

1. 贝雷梁模板支撑布置

24m 跨渡槽槽身贝雷梁模板支撑体系典型布置如图 5 所示。

2. 截面组合荷载计算

截面组合荷载计算时，取渡槽槽身纵向长度 $L=1m$ 进行。

按照 U 形渡槽设计形状，将其分为三块截面，并分

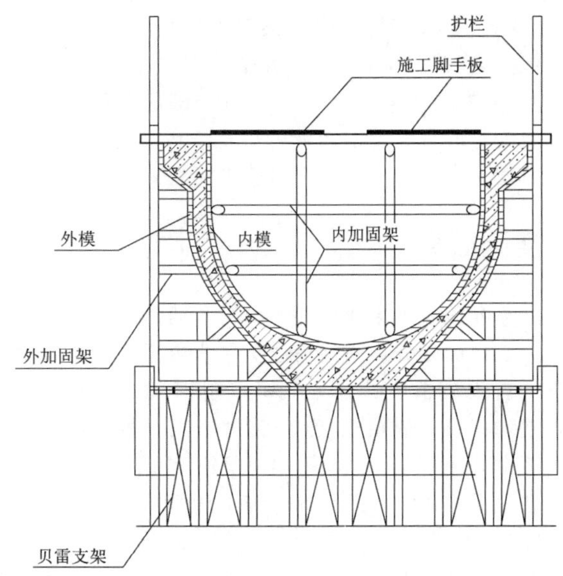

图 5　24m 跨渡槽槽身贝雷梁模板支撑体系典型布置图

别计算组合荷载，第一块截面组合荷载计算结果为 34.9kN；第二块截面组合荷载计算结果为 36.8kN；第三块截面组合荷载计算结果为 34.9kN。24m 跨渡槽槽身贝雷梁模板支撑体系受力分解如图 6 所示。

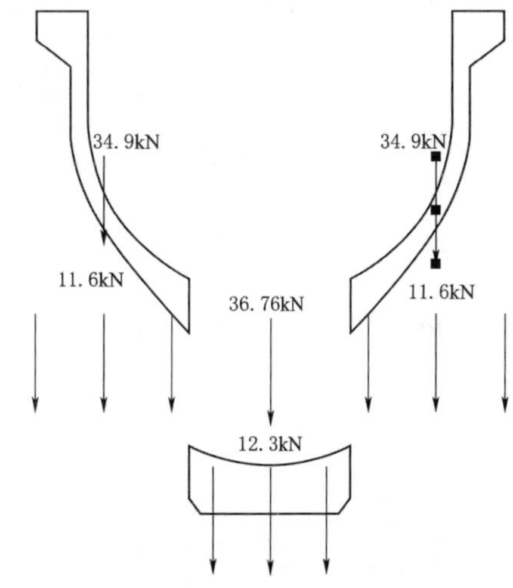

图 6　24m 跨渡槽槽身贝雷梁模板支撑体系受力分解图

3. 安全结构验算[2]

以标段内最大断面槽身的陆河渡槽为例进行 24m 跨度槽槽身安全结构验算，槽身混凝土截面面积为 $1.95m^2$，单跨长度为 15m、24m。

（1）弯矩计算（受力分配到单排单层）。由受力分解图得每排梁跨中贝雷支架正弯矩为 $ql^2/8=12.3kN/m\times(24m)^2/8=885.6kN\cdot m$。

（2）剪力计算（受力分配到单排单层）。$ql/2=12.3kN/m\times24m/2=147.6kN$。查阅桁架结构容许内力表，选用加强型结构 9 组单排单层（或三组三排单层）桁架可以满足结构安全要求。

（3）挠度计算。均布荷载下计算贝雷梁挠度得到

$y_{max}=0.044m$；许可挠度与梁跨长的比值［f/l］按照设计规范值取 1/400；若$|y|_{max}/l\leqslant[f/l]$，则满足要求。$|y|_{max}/l=0.044/24=1/545<1/400$，满足许可挠度。

经安全验算，24m 跨渡槽槽身模板支撑架选用三组三排单层加强型贝雷梁可满足施工要求。

5 实施效果

驮英灌区东干渠渡槽共 665 跨，通过合理进行工区划分、工作面划分，采用满堂盘扣式脚手架模板支撑体系及贝雷梁模板支撑体系，将定制钢模板分片吊装到位，平均每月完成接近 25 跨渡槽施工。相较原投标文件采用常规的施工方法（平均每月约 20 跨的施工强度），施工进度明显加快，而且各项施工技术质量满足设计及规范标准，未发生任何质量与安全事故。该施工规划及施工技术加快了工期目标的完成速度，培养了一批具有线性工程长渡槽施工经验的作业人员和施工管理人员，为类似工程施工积累了经验。渡槽实体完工效果见图 7。

6 结语

依托于广西驮英灌区东干渠工程，开展了复杂断面长线形大跨度渡槽高效施工技术研究，通过合理的工区及工作面规划，针对不同工况下模板支撑体系的分析对比，保证了施工质量，安全高效地完成了渡槽施工。该工程施工中涉及的工区划分原则、渡槽支撑体系设计、渡槽完成进度指标等，可以为类似引调水工程渡槽施工项目提供借鉴。

图 7 渡槽实体完工效果

参考文献

［1］ 康世荣，陈东山．水利水电工程施工组织设计手册 第一卷 施工规划［M］．北京：中国水利水电出版社，1996．

［2］ 中华人民共和国住房和城乡建设部．钢结构设计标准：GB 50017—2017［S］．北京：中国建筑工业出版社，2019．

驮英灌区东干渠引水工程质量管控要点及采取的对策

张正贵　王佳强　孙少帅/中国水利水电第十二工程局有限公司

【摘　要】驮英灌区东干渠引水工程施工线路长、建筑物类型多，质量管控要点不一致，质量管理范围广泛。本文介绍了该引水工程各类构筑物施工质量管控的核心重点以及实际采取的技术对策，解决了质量管控难题。

【关键词】引水工程　质量管控　重点　技术对策　驮英灌区东干渠

1　引言

广西驮英灌区东干渠引水工程全长64.21km，其中明渠29段，总长4.5km；渡槽18座，总长10.2km；隧洞2座，总长1.8km；倒虹吸2座，总长3.6km；还包括明渠渠系建筑物机耕桥、排洪建筑物、分水闸等工程。通过对渡槽槽墩和槽身施工、明渠开挖和衬砌施工、隧洞开挖和衬砌施工、倒虹吸管道安装施工工序的质量控制，并采取有效可行的技术对策，完成了工程建设目标，建成了一座合格的引水工程，同时实现了工程经济效益与社会效益。

2　工程质量管控要点

驮英灌区东干渠引水工程为线性引水工程，该工程不同类型结构建筑物多，如渡槽、明渠、隧洞、倒虹吸等工程施工工艺复杂，质量控制要点不同，工程实施期开展的作业面分散，质量管理人员少，工程质量管控难度高，主要体现在以下几个方面。

（1）工程施工期间开展作业面多且较为分散，项目专职质量管理人员较少，现场施工时无法全过程旁站监督，质量管控风险大。

（2）渡槽槽墩与槽身结构型式多，各种结构施工工艺不同，槽墩混凝土施工质量管控难度大；渡槽槽墩高，渡槽工程地形复杂，作业环境狭窄，控制槽身混凝土浇筑质量难度大；渡槽不同跨槽身间伸缩缝止水施工质量难以保证，渗水风险高。

（3）明渠施工线路长，渠坡较陡，明渠衬砌厚度薄，混凝土难以平铺与振捣，混凝土衬砌完成后表面平整度难以保证，施工质量难以管控；明渠伸缩缝止水施工工程量大，引水工程对伸缩缝止水要求高。

（4）隧洞断面小，地质复杂，局部岩层破碎，爆破开挖质量难以控制；小断面长隧洞施工作业面小，混凝土衬砌施工质量难以控制。

（5）倒虹吸沿线地势起伏，施工作业面狭窄，管径大，对PCCP管安装质量要求高。

3　采取的对策

3.1　建立健全质量管理制度

自工程开工以来，为确保工程施工质量，项目部制定了《质量管理办法》《质量奖惩实施细则》《质量管理领导小组》《质量管理“三检制”考核办法》《质量检查制度》《质量旁站制度》《质量检验与评定制度》等27项质量管理制度。同时建立了项目部各级各类人员质量责任制，层层签订质量责任书，明确各级质量责任目标、责任内容，并制定了质量责任考核程序，实行定期考核，奖惩兑现。

履行质量计划和项目管理文件中规定的职责，明确其工作目标、内容和方法，以责任人的角色解决各种质量问题，为实现质量目标做好充足准备。对参与影响质量活动的全体工作人员进行质量意识教育及技能培训，使全体质量工作人员能熟悉发包人的质量规定、项目部质量管理制度及相关法律法规，提高全员质量意识。

分区段进行质量管理，工程划分为2个区段，每个区段安排1名专职质检人员、2名兼职质检人员，在重要结构部位施工时全程旁站监督，确保工程施工质量。

3.2 技术对策

3.2.1 渡槽施工技术对策

1. 槽墩混凝土施工质量管控

(1) 渡槽混凝土结构型式分为重力式槽墩、排架式槽墩、薄壁空心式槽墩和桩基础槽墩4种。重力式槽墩及薄壁空心式槽墩施工脚手架采用钢管脚手架，在脚手架顶部搭设工作平台以便钢筋笼安装及浇筑混凝土。渡槽槽墩分层浇筑，分层高度为3.0m。圆弧段采用定型模板，其他部位采用普通钢模板拼接而成。薄壁空心式槽墩内部设木块支撑，以免浇筑变形，影响成型质量。

(2) 排架柱高度为7.5～14.0m，中间每隔3m设有联系横梁，采用钢模板拼接一次成型，在联系横梁顶面预留下料振捣口，并在联系横梁上搭设溜槽，采用汽车吊配合溜槽下料入仓，混凝土入仓后及时振捣。由于排架柱较小，振捣棒插入后保持在柱身中间部位，避免触碰钢筋模板、发生变形，影响混凝土成型质量，同时采用橡胶锤锤击柱身四周，以免出现集料集中、混凝土蜂窝麻面等质量问题。待浇完横梁部位后进行上层排架柱身及横梁浇筑，依次浇筑至柱身顶部。横梁部位浇筑完成后及时抹面收光，待其强度不受上层混凝土下料挤压而发生变形时，即可进行上层混凝土施工。

(3) 桩基础槽墩底部设有灌注桩，采用成孔冲击钻进行钻孔，钻进时，先用小冲程开孔，并使初成孔的孔壁坚实、竖直、圆顺，能起到导向作用，待钻进深度超过钻头全高加冲程后，方可进行正常的冲击。钻孔作业分班连续进行，整个过程中做好钻进记录，并注意地层变化，在地层变化处捞取样渣保存，随时根据不同地质情况调整泥浆指标和钻进速度。灌注混凝土前需对混凝土输送管路及容器洒水润湿，然后在填充导管内安装隔水设施，待储料斗储满混凝土后，开始灌注水下混凝土。

2. 槽身混凝土施工质量管控

渡槽槽身较高，施工作业面狭窄，混凝土浇筑方式的选择尤为重要。根据槽身混凝土方量以及控制浇筑时间，选用汽车吊配合吊罐进行浇筑。24m预应力槽身施工时在首末两端各布置一辆汽车吊，浇筑时同时启用，以缩短混凝土浇筑时间，避免出现初凝现象。由于槽身为U形混凝土结构，所以预先定制U形钢模板，在U形内模直线段与弧形段交接处两侧每隔2m布设一个井盖口，以便混凝土入仓后有振捣入口。为确保混凝土振捣密实，在U形内模弧形段中间位置每隔2m设置一台附着式振捣器（见图1），混凝土入仓后先开启附着式振捣器，之后再用插入式振捣棒进行局部振捣，避免出现蜂窝麻面。同时在槽身内壁封模前，在槽身面层钢筋固定3.5cm预制垫块，以确保混凝土保护层厚度满足要求。

图1 槽身内模布设附着式振捣器及振捣口

槽身混凝土强度满足要求后，拆除模板。由于槽身内部空间较小，且安装拆卸内模多有不便，在拉杆顶部安装滑轨，在下一跨槽身安装内模时利用滑轨移动模板，可避免汽车吊移动模板导致槽身顶部拉杆棱角破损，确保槽身混凝土外观质量。

3. 槽身伸缩缝止水施工质量管控

渡槽槽身原设计采用内嵌式橡胶止水，但实际施工过程中发现其工序复杂，所用材料费用昂贵，最重要的是经蓄水试验发现止水效果不佳，容易发生渗水现象。经研究后决定采用外贴式止水系统，利用改性（FPO）防水胶带以及一系列不同特殊性能组合的环氧黏合剂进行槽身间伸缩缝的止水，先进行基槽混凝土面处理，再填充密封胶，然后铺设防水胶带，最后涂刷胶粘剂，施工时操作简单，使用效果好，未发生渗水漏水现象。

3.2.2 明渠施工技术对策

1. 明渠衬砌混凝土质量管控

采用人工衬砌的明渠渠坡面凹凸不平，衬砌厚度不均，混凝土难以平铺振捣，衬砌质量达不到设计要求，因此根据现场试验，采用明渠衬砌机进行渠坡混凝土衬砌施工，衬砌前先采用挖掘机进行渠道边坡开挖，待开挖至设计倒梯形轮廓形状后，利用削坡成型机修整渠道边坡（见图2），以确保边坡少超挖少欠挖，然后进行明渠渠底混凝土施工。待底板混凝土强度满足要求后，在底板上安装衬砌机滑轨（见图3），滑轨由铺在轨道支架的槽钢和焊接槽钢内的角钢组成，以保证滑模的钢轮在固定的线路上滑行，衬砌时将混凝土料放入受料斗中，经摊铺带均匀运送至两侧边坡，再由操作平台控制施工，以便混凝土振捣密实，最后采用磨光机抹面，使得表面平整度达到设计要求。

2. 明渠伸缩缝止水质量控制

渠坡混凝土衬砌完成后，在混凝土初凝前，采用自制的间宽2cm、长10cm牛角刮刀片将标记好的每隔5m设置的明渠止水伸缩缝间的混凝土刮除，确保伸缩缝宽度、深度满足设计要求。然后在伸缩缝中填充细砂，并用细钢棒捣密实，防止灌入沥青后出现沉降。最后用长嘴壶将成品沥青均匀灌入伸缩缝中，待凝结后将表面整平。

图 2　削坡成型机进行渠道修整

图 3　衬砌机进行明渠渠道衬砌

3.2.3　隧洞施工技术对策

该工程隧洞地质条件复杂，岩层局部破碎，其中断层破碎带段洞身开挖采用分部台阶法进行施工。对位于风化严重且裂隙内有大量填充物的断层破碎带的洞身采用人工配合风镐的方式进行施工，其他断层破碎带内的洞身采用预裂爆破开挖。由于隧洞断面小，若采用钢支模和钢管架衬砌，混凝土难以振捣，外观质量难以保证，且施工缓慢易发生初凝现象，影响混凝土施工质量。因此经研究决定采用组装的小型钢模台车进行洞身衬砌（见图 4），钢模台车上设有附着式振捣器，混凝土入仓后可及时振捣，施工质量得以保证。

3.2.4　倒虹吸施工技术对策

倒虹吸沿线地势起伏，对 PCCP 管安装质量要求高，特别是斜坡段钢管安装。由于斜坡段坡度较大且施工作业面小，在斜坡边缘位置每隔 30cm 设置锚板，用铆钉将锚板插入斜坡面中，作为临时安装压力钢管及人工焊接作业平台。为确保安全，压力钢管吊装入槽后，工人方可进入作业面，同时在斜坡上设置锚筋，将压力钢管上的加劲环与锚筋连接，作为临时的抗滑措施，防止钢管顺坡滑移。水平段与斜坡段相交处采取加强顶撑等措施，避免管道在施工过程中下滑，破坏钢管接口，

图 4　正在组装的小型钢模台车

影响焊接质量。

管道安装前，清洗管道的承插口环工作面，在承口工作面涂刷食品级植物类润滑油。橡胶圈在套入插口环凹槽之前，将橡胶圈涂满润滑剂，或在装有润滑剂的专用容器内浸泡，然后套入插口环凹槽，使用一根钢棒插入橡胶圈下绕整个接头转一圈，将胶圈在插口的各部位上粗细调匀，使其均匀地箍在插口环凹槽内，确保无扭曲、翻转现象。待 PCCP 管安装完成后进行接头打压试验，检测合格后采用灌浆封堵接缝。

4　工程管控效果

（1）渡槽槽身采用定型模板浇筑，利用槽身内模附着式振捣器进行人工振捣，并预留井盖口，成型后的槽身混凝土圆弧段光滑，直面平整，施工质量优良（见图 5 和图 6）。

图 5　渡槽槽身外观质量

（2）明渠工程施工采用削坡机、衬砌机等智能化设备，明渠质量经现场检测，达到工程验收质量标准，已顺利通过验收（见图 7 和图 8）。

（3）隧洞工程采用自制小型钢模台车衬砌，施工质量经检测机构现场检测，满足工程验收质量标准，已顺利通过验收（见图 9 和图 10）。

图 6　渡槽槽身内壁振捣后质量

图 7　削坡机修整成型

图 8　衬砌机衬砌成型

图 9　隧洞洞身衬砌质量

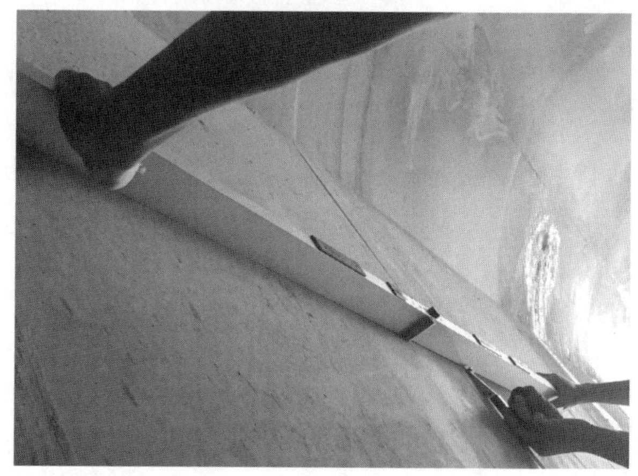

图 10　洞身衬砌平整度检测

图 11　倒虹吸管道接口安装

（4）倒虹吸管道安装采用履带式汽车吊配合人工进行，并逐段完成接头打压试验（见图 11）。

5　结语

通过建立健全质量管理制度，采取有效的施工技术对策，解决了工程施工质量管控难点，确保了工程施工质量。该工程自开工建设以来不曾发生过质量事故，满足工程质量建设要求。但在渡槽槽身混凝土浇筑过程中需注意附着式振捣器及内模开口振捣时间。振捣时间过长易出现骨料集中，槽身内壁表层浮浆，影响混凝土强度；振捣时间过短会造成槽身内壁出现蜂窝、空洞，影响混凝土外观质量。因此在实施过程中应严格控制混凝土配合比，按照试验配合比配料，并在槽身混凝土浇筑试验段实时记录振捣时间及槽身成型质量，通过试验确定槽身混凝土振捣时间。

复杂环境下引调水工程交叉穿越审批流程与办理要点

张深垒/中国水利水电第十二工程局有限公司

【摘　要】 湛江市引调水工程穿越高速公路和航道等复杂环境，需进行周密的交叉穿越审批事务办理工作安排。本文根据该工程在复杂环境条件下顺利履约的经验，围绕路政许可现场勘验、通航水域水上水下施工作业许可等审批流程关键环节，从前期准备工作着手总结工作要点，为类似管线工程施工中办理交叉穿越手续提供经验借鉴。

【关键词】 引调水工程　交叉穿越　审批　现场勘验　许可证

1　引言

近年来，引调水工程项目前期的移民征迁、政策处理等事务，有延后进入施工阶段办理的整体趋势，投资方会在合同中约定由承包单位负责实施。复杂环境条件的引调水工程交叉穿越审批尤其考验承包单位的履约能力和组织能力。

广东湛江市引调水工程由取水口、泵站前池、取水泵站、调压塔、输水管道等组成，在鹤地水库雷州青年运河枢纽上游东北侧约500m处，水库东岸兴建取水口。取水口处设防洪闸，后接一条长631m的引水隧洞（内径3200mm）至泵站前池，隧洞末端设事故闸门。泵站加压后接1条DN2800 SP管，从北往南沿主河东侧荒地敷设，穿越雷州青年运河主河后沿东环大道东侧布置至廉江市分水口。经由廉江市分水口后，沿东环大道东侧及规划道路廉湛快线西侧敷设1条DN2600 DIP管往南，途经河茂铁路、雷州青年运河主河、化廉高速至遂溪分水口，继续往南穿越G207国道、西溪河（遂溪河）、G15沈海高速、深湛铁路、湛江港铁路、G228国道、黎湛铁路，之后沿G228国道南侧向西至湛江大道，经湛江市分水口后输水管道变为1条DN2000 DIP管。管线继续往南敷设至湖光快线，连接湛江市供水一期工程管线向霞山水厂供水。

工程管线总长61.924km，沿线交叉穿越复杂，同时工期紧、任务重，办理各种交叉穿越手续面临巨大挑战。本文归纳总结了高速公路和航道等穿越手续办理过程中积累的一些经验，为类似管线工程施工中办理交叉穿越手续提供借鉴。

2　高速公路穿越审批流程

2.1　前期准备

前期需要赴现场实地全面排查，并做好测量放样工作，之后使用CAD绘图软件形成示意图，通过业主单位沟通相应产权单位负责部门及人员。办理交叉穿越手续时，需要业主单位出具路政许可申请书、授权委托书、承诺书、行政许可申请书、营业执照、法人及委托代理人身份证复印件；设计单位需提供设计方案、营业执照；监理单位需提供营业执照；安评单位需提供安全技术评价报告；施工单位需编制施工方案、交通组织方案、应急预案、安全保障措施等。

2.2　发征求意见函

根据路政执法部门提供的资料清单准备资料，待所有资料齐全后，以业主单位的名义拟定一个征求函并盖章，资料原件及扫描件呈送至路政养护技术部进行审批。一般资料内部审核后，产权单位会组织内部专家评审会，同时通知路政执法大队、业主单位、设计单位、安评单位、监理单位及施工单位参加，最后出具意见函。同时，路政执法大队会向公路局及交通管理大队出具询问意见的函，公路事务中心和路政执法大队会进行回函。

2.3　组织召开专家评审会

所有资料上报路政执法大队审核通过后，由业主单位组织召开安全技术评审会，参会单位主要为业主单位、设计单位、安评单位、施工单位、路政执法大队、公路局、交通管理大队7家单位，评审会议后需业主单位出具会议记录，送至路政执法大队。

2.4 安全协议签订

评审会议完成后，一般路政执法大队会要求签订安全协议，并会在协议中约定安全保证金，一般支付金额为5万～10万元，签订协议后，及时缴纳相关费用。待施工完成并按要求恢复原状后，经路政执法部门组织验收通过后，将退还相应保证金。

2.5 网上办理施工许可

根据专家评审意见完善资料，所有资料扫描件上传交通厅办事大厅，一般7～10个工作日出具审批意见。审批意见通过后，交通厅网上办事员会电话通知相应地区路政执法部门到现场做路政许可现场勘验笔录（见图1）、路政许可现场勘验图（见图2），完成后会正式下发路政许可通知。此时工程便具备开工条件，若后续不能按照许可批准的施工日期完工，要提前办理许可延期。

3 航道穿越审批流程

3.1 前期准备

穿越航道的前期准备工作基本与穿越高速公路的前期准备工作一样，要在现场进行全面排查，并做好测量放样工作。之后使用CAD绘图软件形成示意图，通过业主单位沟通航道事务中心具体负责部门及人员。办理交叉穿越手续时，需要业主单位提供航道行政许可申请书、授权委托书、承诺书、行政许可申请书、营业执照、法人及委托代理人身份证复印件；设计单位需提供建筑物设计文件（总体平面图、立面图、断面图）、建筑物所在河段近期水下地形测量图、设计通航水位分析计算报告；安评单位需提供航道通航条件影响评价报告。

路政许可现场勘验笔录

（路政机构印章） 案号：粤交跨许字2022012号

路政许可申请事项	穿越公路埋设输水管道审批			天气	阴
勘验地点	玉湛高速公路王爱仔中桥（桩号ZK66+868/YK66+862.5）、竹园互通C匝道桥（中心桩号CK0+800.800）及竹园互通D匝道1号桥（中心桩号DK0+196.400）下方。		勘验时间	2022年4月27日09时30分至2022年4月27日11时20分	
勘验人及职务	*** 路政管理员 *** 路政中队长				
申请人			联系电话		
代理人		身份		联系电话	
被邀请人	—	身份	—	联系电话	—
现场勘验情况及结论					

许可事项占（利）用公路及公路损失情况核定					
赔补偿项目	数量	单位	占用期限	赔补偿标准	赔补偿金额
—	—	—	—	—	—

勘验人签名：______ 记录人签名：______

被邀请人签名：______ 申请人（或代理人）签名：______

（勘验图及照片附后）

图1 路政许可现场勘验笔录

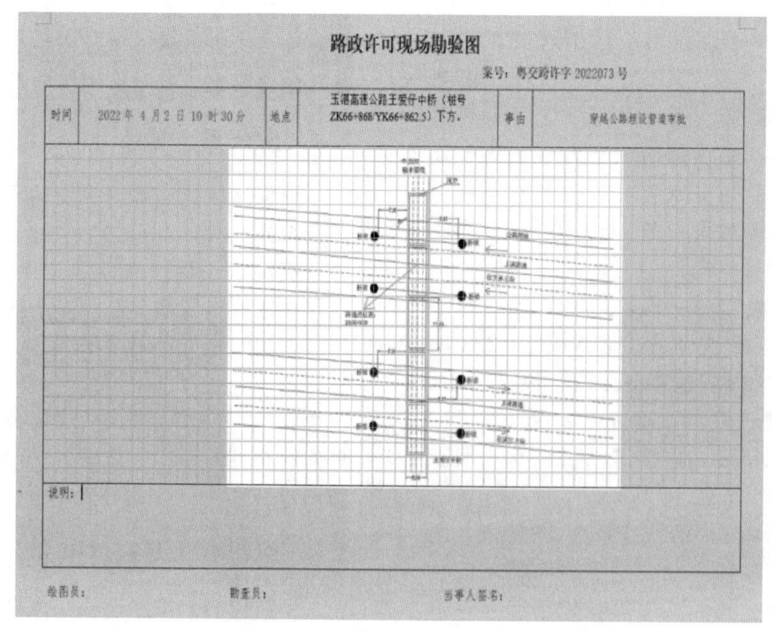

路政许可现场勘验图

案号：粤交跨许字2022073号

时间	2022年4月2日10时30分	地点	玉湛高速公路王爱仔中桥（桩号ZK66+868/YK66+862.5）下方。	事由	穿越公路埋设管道审批

说明：

绘图员： 勘查员： 当事人签名：

图2 路政许可现场勘验图

3.2 发征求意见函

前期准备资料基本由施工单位沟通协调准备，资料齐全后发函征求航道事务中心的意见，根据航道事务中心回复的书面意见进行修改完善后进行下一步工作。

3.3 组织召开专家咨询会

由施工单位招标安评单位。应向安评单位提供可行性研究报告、设计图纸、水下地形测量图、施工方案，涉及水下爆破的要提供爆破作业项目许可审批表。之后由安评单位编制完成航道通航条件影响评价报告，在编制中还需提供穿越航道通航条件影响评价报告图纸（见图 3）。由业主单位牵头组织召开专家咨询会，根据专家意见完善报告。

湛江市引调水工程输水管线穿越遂溪河 航道通航条件影响评价报告图纸目录		
序号	图名	图号
1	工程地理位置示意图	附图1
2	河势图	附图2
3	工程水域通航环境示意图	附图3
4	湛江市引调水工程输水管线穿越遂溪河水深地形图	附图4
5	第三标段（遂溪分水口～湛江大道段）输水管线跨西溪河沉管布置图(1-2)	附图5
6	第三标段（遂溪分水口～湛江大道段）输水管线跨西溪河沉管布置图(2-2)	附图6
7	管线标平面布置图	附图7
8	管线标结构图	附图8

图 3　需提供图纸目录

3.4 网上办理施工作业许可

根据专家咨询意见完善资料，将所有资料扫描件上传交通运输厅航道管理处，一般 7～10 个工作日出具审批意见，审批意见通过后交通厅网上办事员会电话通知航道事务中心到现场做航道许可现场勘验笔录、航道许可现场勘验图，这项工作完成后，一般 7 个工作日会正式下发通航水域水上水下施工作业许可证（见图 4）。此时便具备开工条件，若后续不能按照许可批准的期限完工，要提前办理许可延期。

4 铁路穿越审批流程

前期准备工作要现场实地进行全面排查，并做好测量放样工作。之后使用 CAD 绘图软件形成示意图。通过业主单位沟通相应管辖段铁路局及相关单位。办理交叉穿越手续时，首先由业主单位编制关于申请对湛江市引调水工程输水管道下穿铁路工程进行初步设计审查的函，并将函件发送至相应管辖段的铁路局的总工室，由总工室具体出具审查意见。根据总工室意见对设计图纸进行修改完善。根据铁路局要求，要委托具有铁路设计资质的设计单位进行图纸设计，如湛江市引调水工程下穿黎湛铁路的设计单位为中铁四院集团广州设计院有限公司。

各项工作落实后，根据《中国铁路总公司普速铁路工务安全规则》（铁总运〔2014〕272 号）要求，穿越部位工程实施必须由铁路局进行代建或者代管，如湛江引

通航水域水上水下施工作业许可证

粤交航许字〔2022〕第 236 号

根据《广东省航道管理条例》第十九条规定，经审查，准予 中国水利水电第十二工程局有限公司 在 遂溪县官湖村官湖桥下游约 1.3km 处穿越遂溪河 水域内进行 湛江市引调水工程输水管线穿越遂溪河 项目水上水下施工作业。

现场负责人：张深垒，联系电话：＿＿＿＿＿＿。

有效期限自 2022 年 12 月 22 日至 2023 年 5 月 30 日。如需延期，应在有效期届满 30 日前提出申请。

特发此证。

发证机关：

发证日期：2022 年 12 月 22 日

施工作业要求和航道通航保障措施

1. 施工作业应全面落实提交的施工组织方案中的航道与通航安全保障措施，确保施工区域航道畅通。
2. 施工期间禁止向航道抛弃废渣、废水和其他废弃物。
3. 按施工期临时助航标志配布方案设置助航标志和警示标志，并根据施工情况的变化及时调整、完善，同时加强标志的维护管理，施工期间应避免施工区域灯光与航标产生混淆。
4. 积极配合粤西航道事务中心实施技术核查工作，及时向粤西航道事务中心报送涉及航道、通航的施工情况等相关材料。
5. 施工完成后，按要求及时清除施工临时设施和其他遗留物，并对施工水域进行扫床。
6. 施工企业须严格落实安全生产主体责任，严格遵守工程项目相关行业主管部门安全监管有关要求，确保施工安全。

注意事项

1. 本证为在我省通航水域进行水上水下施工作业的航道行政许可证明。
2. 被许可人必须遵守航道管理有关法律、法规、规章的规定，施工作业必须服从航道行政执法人员的依法监督和管理。
3. 本证不得涂改、倒卖、出租、出借或者其他形式非法转让。
4. 本证必须存放在施工现场备查，遗失应当及时向发证机关报告。

图 4　通航水域水上水下施工作业许可证

调水工程下穿黎湛铁路代建单位为广西新宁铁项目管理有限责任公司，由代建单位和业主单位联合进行合同招标及商务谈判、合同签订，并最终招标相应施工单位。

5 办理要点

为了顺利办理交叉穿越手续，确保各项施工任务按时完成，还需要注意以下几点。

1. 核实数据和信息

在前期，项目部一定要组织人员前往现场复勘，对设计单位提供的桩号和其他数据进行核实，确保数据的准确性和完整性。同时，需要考虑现场的实际情况，如地形、地质、天气等因素，以确保设计的合理性和施工的安全性。

2. 审核材料

除了提交申请外，还要对业主单位、设计单位、安评单位等出具的材料进行认真审核。在审核这些材料时，应认真仔细地检查其准确性和完整性，并及时发现和解决问题，力求材料提交后一次过关或减少修改，有效节约办理时间。

3. 加强沟通和协调

在办理手续过程中，沟通协调非常重要。施工方需与业主单位、设计单位、监理单位、安评单位、路政执法大队、公路事务中心、交通管理大队等各方进行沟通和协调，以确保手续的顺利办理。同时，及时了解各方的意见和建议，以便能够及时调整和优化设计方案和施工方案。

4. 耐心和细心

办理手续需要耐心和细心，因为需要不断地与各方沟通和协调，同时也需要审核各种材料和数据。因此，在烦琐的工作中应保持细心和耐心，尽可能地与各方保持良好的沟通和合作关系，以确保最终目标的实现。

6 结语

本文对湛江市引调水工程复杂环境条件下交叉穿越手续办理进行了经验总结，详细介绍了前期资料准备、办理流程对接、各方协调沟通、专家咨询会及网上许可办理等方面的情况，充分的准备工作确保了湛江市引调水工程顺利履约。湛江市引调水工程沿线穿过各类建构筑物、高速公路、国道、河道、铁路、石油（天然气）管道、国防光缆、县乡道等。交叉穿越手续办理过程中虽然面临着施工技术难度大、工期紧张、各方协调沟通难度大、资料准备烦琐及履约压力大等问题，但为项目管理带来了新的突破和创新，为企业高质量发展积累了经验。